中等职业教育国家规划教材

模拟电子线路

（第 3 版）

熊联荣　李俊金　主编

U0216626

电子工业出版社
Publishing House of Electronics Industry
北京·**BEIJING**

内 容 简 介

本书是中等职业教育国家规划教材。

全书从内容上由模拟电子线路的基本内容和综合实训两部分组成。第一部分（第 1～7 章）主要内容有半导体器件、放大电路、放大电路中的反馈、集成运算放大器及其应用、正弦波振荡电路、功率放大电路、直流稳压电源。第二部分为综合实训，主要内容有直流稳压电源与充电电源套件的清点、直流稳压电源与充电电源元器件的检测、直流稳压电源与充电电源的组装及整机调试等。

本书可作为中等职业学校电类专业通用教材，也可作为岗前培训和自学用书。

图书在版编目（CIP）数据

模拟电子线路 / 熊联荣，李俊金主编. —3 版. —北京：电子工业出版社，2012.8

中等职业教育国家规划教材

ISBN 978-7-121-18105-4

Ⅰ. ①模… Ⅱ. ①熊… ②李… Ⅲ. ①模拟电路－电子技术－中等专业学校－教材 Ⅳ. ①TN710

中国版本图书馆 CIP 数据核字（2012）第 201927 号

策划编辑：杨宏利
责任编辑：杨宏利
印　　刷：北京虎彩文化传播有限公司
装　　订：北京虎彩文化传播有限公司
出版发行：电子工业出版社
　　　　　北京市海淀区万寿路 173 信箱　邮编　100036
开　　本：787×1 092　1/16　印张：17.75　字数：454.4 千字
版　　次：2004 年 3 月第 1 版
　　　　　2012 年 8 月第 3 版
印　　次：2025 年 2 月第 15 次印刷
定　　价：32.00 元

中等职业教育国家规划教材出版说明

为了贯彻《中共中央国务院关于深化教育改革全面推进素质教育的决定》精神，落实《面向 21 世纪教育振兴行动计划》中提出的职业教育课程改革和教材建设规划，根据《中等职业教育国家规划教材申报、立项及管理意见》（教职成［2001］1 号）的精神，教育部组织力量对实现中等职业教育培养目标和保证基本教学规格起保障作用的德育课程、文化基础课程、专业技术基础课程和 80 个重点建设专业主干课程的教材进行了规划和编写，从 2001 年秋季开学起，国家规划教材将陆续提供给各类中等职业学校选用。

国家规划教材是根据教育部最新颁布的德育课程、文化基础课程、专业技术基础课程和 80 个重点建设专业主干课程的教学大纲编写而成的，并经全国中等职业教育教材审定委员会审定通过。新教材全面贯彻素质教育思想，从社会发展对高素质劳动者和中初级专门人才需要的实际出发，注重对学生的创新精神和实践能力的培养。新教材在理论体系、组织结构和阐述方法等方面均做了一些新的尝试。新教材实行一纲多本，努力为教材选用提供比较和选择，满足不同学制、不同专业和不同办学条件的教学需要。

希望各地、各部门积极推广和选用国家规划教材，并在使用过程中，注意总结经验，及时提出修改意见和建议，使之不断完善和提高。

教育部职业教育与成人教育司

前　言

　　本书是职业院校电类专业学生必修的一门专业基础课程。本书的编写紧密结合职业教育的特点，定位在"懂理论、会操作"的层面，落实在学生的技能及职业岗位训练上；理论知识以"必需、够用"为原则，突出以应用为主线，对第 2 版进行优化重组，降低公式推导难度，增加图示、表格、图形、图像等方式，便于学生理解，增加学生学习兴趣；突出应用性、针对性；内容编排力求简捷明快、深入浅出。每章包括理论讲授、技能训练、检测题和综合应用题，突出了理论与实践相结合，体现了"应用性、实用性、综合性和先进性"的原则，并为学生学习后续课程打下坚实的基础。

　　本书从内容上由两部分组成，第一部分为基础部分（1～7 章），主要内容有半导体器件、放大电路、放大电路中的反馈、集成运算放大器及其应用、正弦波振荡电路、功率放大电路、直流稳压电源。第二部分为综合实训，主要内容有直流稳压电源与充电电源套件的清点及元器件的检测、直流稳压电源与充电电源的组装及整机调试。各学校可根据不同专业需求，对内容进行灵活选用，同时目录中带"*"的内容是难点，可选择授课。

　　本书由熊联荣、李俊金主编，熊联荣负责全书的统稿。参加编写的有熊联荣、李俊金、胡春萍、李郁文、姜有根、柳云梅、曹艳芬、张长永、胡国华、王旭东等同志。

　　随着科学技术的发展，集成电路工艺水平、集成度以及元器件功能不断完善和提高，电子技术的应用也愈加广泛，教材内容的更新势在必行，编者诚恳希望社会各界朋友多提改进意见，以共同促进职业教育的发展；同时由于我们的能力和水平有限，书中难免存在疏漏、错误和不妥之处，希望广大读者批评指正。

　　本书第 2 版主编宋贵林老师在第 3 版修订之前仙逝，在此谨表深切的怀念之情，并以此书的出版作为纪念。

编　者

2012 年 7 月

目　录

第1章 半导体器件

【学习目标】

- 了解半导体的性质，PN 结的形成过程；
- 理解晶体二极管、三极管的伏安特性曲线和主要参数；
- 掌握晶体二极管、三极管的基本特性、电路符号、工作原理及电压电流分配关系；
- 学会根据晶体三极管的各极电位，判断其工作状态；
- 了解场效应管的特性、工作原理及分类。

半导体是一种导电能力介于导体和绝缘体之间的物质。它在科学技术，工农业生产和生活中有着广泛的应用。将半导体经过特殊工艺可以制作成晶体二极管、晶体三极管和场效应管等。这些器件是近代电子学的重要组成部分。它们具有体积小、重量轻、耗能少和使用寿命长等优点。本章主要介绍半导体的导电规律，PN 结的单向导电原理，二极管的伏安特性及主要参数，三极管的电流分配、放大作用、特性曲线、主要参数及场效应管的结构和工作原理。

1.1 PN 结

1.1.1 半导体基础知识

1. 半导体的定义

自然界的物质，由于其内部原子本身的结构和原子与原子之间的结合方式不同而具有不同的导电性。根据物质的导电性，可分为导体、绝缘体和半导体。

导体是指导电性能良好的物质，主要靠自由电子导电，如金、银、铜、铁等。

绝缘体是指不能导电的物质，如塑料、橡胶、陶瓷、玻璃等。

半导体是指导电性能介于导体和绝缘体之间的物质，主要靠自由电子和空穴导电，如硅（Si）、锗（Ge）、砷化镓（GaAs）等。硅和锗是 4 价元素，原子的最外层轨道上有 4 个价电子，如图 1.1-1 所示。

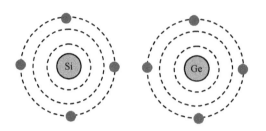

图 1.1-1　硅和锗的原子结构图

2．半导体的性质

（1）热敏性。

半导体对温度变化很敏感。当环境温度升高时，导电能力明显增强。温度每升高 10℃，半导体的电阻率将减少原来的 1/2。这种特性对半导体器件的工作性能有许多不利的影响，但利用这一特性可以制成自动控制系统中常用的热敏电阻，它可以感知万分之一摄氏度的温度变化。

（2）光敏性。

半导体受到光照时，其导电能力明显变化。例如，半导体材料硫化铬（CdS），在一般灯光照射下，它的电阻率是移去灯光后的数十分之一甚至数百分之一。自动控制中用的光电二极管、光电三极管和光敏电阻等，就是利用这一特性制成的。

（3）掺杂性。

当往纯净的半导体中掺入某些杂质，其导电能力明显改变。例如，在半导体硅中只要掺入亿分之一的硼（B），其电阻率就会下降到原来的数万分之一。因此，用控制掺杂浓度的方法，可以人为地控制半导体的导电能力，制造出各种不同性能、不同用途的半导体器件。

3．本征半导体和杂质半导体

（1）本征半导体。

纯净晶体结构的半导体，称为本征半导体。常用的半导体材料有硅和锗。由于它们原子结构的最外层轨道上有 4 个价电子，当把硅或锗制成晶体时，它们是靠共价键的作用而紧密联系在一起的，如图 1.1-2 所示。

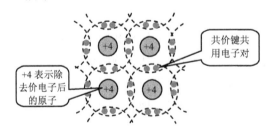

图 1.1-2　硅和锗的共价键结构

在室温下，价电子获得足够的能量可以挣脱共价键的束缚，成为自由电子，这种现象称为本征激发。这时，共价键中就留下一个空位，这个空位称为空穴。空穴的出现是半导体区别于导体的一个重要标志。

在半导体中，有两种载流子，即空穴和自由电子。在本征半导体中，它们总是成对出现。利用掺杂的特性，可以在本征半导体中掺入微量的杂质，使其导电性发生显著的改变。

（2）杂质半导体。

由于本征半导体中两种载流子的浓度很低，其导电性能很差。因此向晶体中适量地掺入特定的杂质来改变它的导电性，这种半导体被称为杂质半导体。

杂质半导体可分为 P 型半导体和 N 型半导体两大类。

在本征半导体内掺入少量的三价元素（如硼或铟等）就形成 P 型半导体，因为硼原子只有 3 个价电子，与周围硅原子组成共价键时，缺少一个电子，便在晶体中产生空穴。这样，晶体中的空穴数就远大于自由电子数，所以空穴为多数载流子，简称多子；自由电子为少数载流子，简称少子，如图 1.1-3（a）所示。

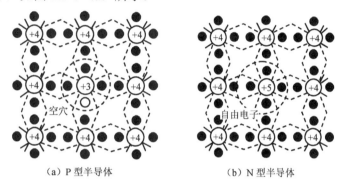

（a）P 型半导体　　　　　　　　（b）N 型半导体

图 1.1-3　P、N 型半导体平面结构示意

N 型半导体是在本征半导体内掺入 5 价元素（如磷、砷或锑等）形成的。其内部自由电子为多数载流子，空穴为少数载流子，如图 1.1-3（b）所示。

由于 N 型半导体和 P 型半导体对于初学者容易混淆，我们不妨结合表 1.1-1 进行比较记忆。

表 1.1-1　N 型半导体与 P 型半导体的比较

半导体类型	掺入杂质	多数载流子（多子）	少数载流子（少子）	特　　性	所 带 电
N 型	5 价元素	自由电子	空穴	电子浓度>>空穴浓度	负电
P 型	3 价元素	空穴	自由电子	电子浓度<<空穴浓度	正电

1.1.2　PN 结

1．PN 结的形成

在一块纯净半导体基片上，通过特殊工艺，使它一边成为 P 型半导体，另一边成为 N 型半导体，则两种半导体的交界面上就形成了一个具有特殊电性能的薄层——PN 结。

PN 结具有单向导电性。这是因为，在交界面两侧存在着电子和空穴的浓度差，N 区的电子要向 P 区扩散（同样 P 区的空穴也向 N 区扩散，这叫扩散运动），并与 P 区的空穴复合，如图1.1-4（a）所示。在交界面两侧产生了数量相同的正负离子，形成了方向由N到P的内电场，如图1.1-4（b）所示。这个内电场对多子的扩散运动起阻止作用，同时又对少子起推动作用，使其越过PN结，这称为漂移运动。显然扩散与漂移形成的电流方向是相反的，最终扩散运动与漂移运动会达到动态平衡，这样就形成了有一定厚度的PN结。

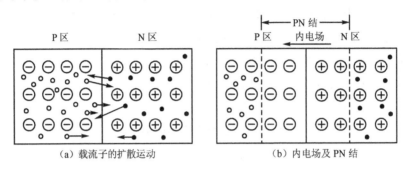

图1.1-4   半导体PN结的形成

2. PN结的特性

PN结具有单向导电性，即加正向电压导电，加反向电压不导电。PN结的单向导电特性具有很重要的理论及实用意义，它是分析半导体二极管和三极管工作原理的基础。

（1）PN结正向导电。

如图1.1-5（a）所示，当给PN结加上正向电压，即P区接高电位，N区接低电位时，外电场的方向与内电场的方向相反，则内电场被减弱，使得空穴与电子的扩散能够继续进行，PN结变薄，呈现较小的正向电阻，相当于导通，即PN结导电。

（2）PN结反向不导电。

如图1.1-5（b）所示，当给PN结加上反向电压，即P区接低电位，N区接高电位时，外电场的方向与PN结电场的方向相同，则内电场增强，使得扩散不能进行，只有漂移运动，PN结变厚，相当于截止，即PN结不导电。

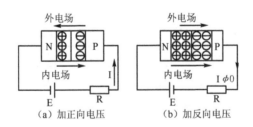

图1.1-5   PN结的单向导电性

🐧 小结

- 半导体的导电能力随着掺入杂质、温度、光照、环境和气体等条件的不同而发生很大变化。例如，不含杂质的纯净水不导电；而含有杂质的水却能导电。
- 半导体中的载流子数量及导电性能会随掺入杂质的多少而发生变化。

练一练 1

1. 半导体是一种导电能力介于_____与_____之间的物质。

2. 半导体按导电类型分为_____型半导体与_____型半导体。

3. N 型半导体主要靠_____来导电，P 型半导体主要靠_____来导电。

4. P 型半导体中的多数载流子是_____，少数载流子是_____。

5. N 型半导体中的多数载流子是_____，少数载流子是_____。

6. PN 结的正向接法是 P 型区接电源的_____极，N 型区接电源的_____极。

7. PN 结具有_____性能，即加正向电压时，PN 结_____，加反向电压时，PN 结_____。

1.2　二极管

二极管也称为半导体二极管或晶体二极管，是电子线路中的常用器件之一，它主要应用于整流、稳压、检波、钳位及温度补偿等。在本书中，如无特殊指定，所说二极管均指半导体二极管。

1.2.1　二极管的构造、类型及工作原理

1. 二极管的结构

将 P 型半导体和 N 型半导体有机地结合在一起就形成了 PN 结。在 PN 结的两端加上引线，然后把它封装在管壳里，就做成了一只二极管，如图 1.2-1 所示。

负极　　　　N　P　　　　正极　　　　　　　　　　－　VD　　＋

（a）PN 结　　　　　　　　　　　　　　　　（b）二极管的符号

图 1.2-1　二极管的结构及符号

2. 二极管的类型

二极管的种类很多。按构成二极管的半导体材料分，可分为硅管和锗管；按二极管的耗散功率分，可分为大功率管、中功率管和小功率管；按二极管的工作频率分，可分为高频率管和低频率管；按用途来分，可分为检波管、整流管、稳压管、开关管、光电管等，如表 1.2-1 所示。

表 1.2-1　常用二极管的类型、符号外形及用途

管　　型	外　　形	用　　途
普通检波二极管		检波二极管是用于把叠加在高频载波上的低频信号检出来的器件，它具有较高的检波效率和良好的频率特性

续表

管　型	外　形	用　途
整流二极管		将交流电变换成为直流电的二极管叫做整流二极管，它是面结合型的功率器件，因结电容大，故工作频率低
稳压二极管		稳压二极管是由硅材料制成的面结合型二极管，它是利用 PN 结反向击穿时的电压基本上不随电流的变化而变化的特点
开关管	1N4148WS	在脉冲数字电路中，用于接通和断开电路的二极管叫开关二极管。特点：反向恢复时间短，能满足高频和超高频应用的需要
变容二极管		变容二极管是利用 PN 结的电容随外加偏压而变化这一特性制成的非线性电容元件，被广泛地用于参量放大器，电子调谐及倍频器等

按结构来分，二极管主要有点接触型二极管、面接触型二极管和平面型二极管，如图 1.2-2 所示。点接触型二极管是用一根很细的金属触丝压在光洁的半导体晶片表面，通以脉冲电流，使触丝一端与晶片牢固地烧结在一起，形成一个"PN 结"。由于是点接触，只允许通过较小的电流（不超过几十毫安），适用于高频小电流电路，如收音机的检波等。面接触型二极管的"PN 结"面积较大，允许通过较大的电流（几安到几十安），主要用于把交流电变换成直流电的"整流"电路中。平面型二极管是一种特制的硅二极管，它不仅能通过较大的电流，而且性能稳定可靠，多用于开关、脉冲及超高频电路中。

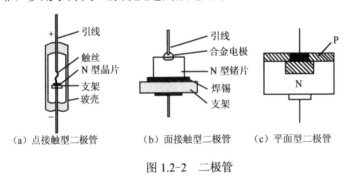

（a）点接触型二极管　　　（b）面接触型二极管　　（c）平面型二极管

图 1.2-2　二极管

3．二极管的工作原理

二极管具有单方向导电性，即二极管外加正向电压（正偏），电路上有电流通过，而二极管外加反向电压（反偏），电路上没有电流通过。如果用水流比喻电流，那么接在电路中的二极管就如同装在水管上能让水单向流动的活门——逆止阀门一样，如图 1.2-3 所示。当水从水管的 A 端流向 B 端时，活门开启，水流畅通；当水从水管的 B 端流向 A 端时，活门关闭，水不流通。

【阅读材料】　二极管型号的命名方法

二极管型号的命名由五部分构成，其具体含义如表 1.2-2 所示。一些特殊器件的型号只有第三、四、五部分（如场效应管、复合管、激光器件等）。

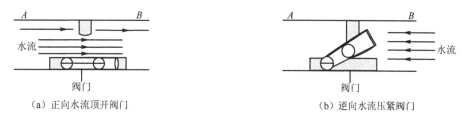

（a）正向水流顶开阀门　　　　　　　　　（b）逆向水流压紧阀门

图 1.2-3

表 1.2-2　二极管的型号中字母的含义

第一部分 （数字）	第二部分 （拼音字母）	第三部分 （拼音字母）	第四部分 （数字）	第五部分 （拼音字母）
电极数目	材料和极性	二极管类型	二极管序号	规格号
2—二极管	A—N 型锗 B—P 型锗 C—N 型硅 D—P 型硅	P—普通管 Z—整流管 W—稳压管 K—开关管 F—发光管 L—整流堆	表示某些性能与参数上的差别	表示同型号中的挡别

例如：2CP21——普通 N 型硅材料二极管；2CZ55——N 型硅材料整流二极管。

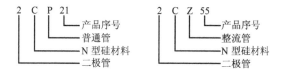

应注意，一些国际通用元器件的型号命名方式与国产的型号差别很大。更详细的内容可查阅有关电子元器件手册。

1.2.2　二极管的伏安特性

二极管两端的电压与流过二极管的电流之间的关系，称为二极管的伏安特性。二极管的伏安特性常用曲线来描述，这种曲线叫做二极管的伏安特性曲线。要得到二极管的伏安特性曲线，可以通过实地测试，用描点法作出；也可以用晶体管特性图示仪直接测出。

1. 用描点法作二极管的伏安特性曲线

二极管伏安特性曲线的测试电路如图 1.2-4 所示，图 1.2-4（a）所示为给二极管加正向电压的实验电路，图 1.2-4（b）所示为给二极管加反向电压的实验电路。图中，R 为限流保护电阻（200Ω），RP 为电位器（1.5kΩ）；U_{CC} 是直流电源，测正向特性时，U_{CC}=3V；测反向特性时，U_{CC} 应略高于被测管的反向击穿电压。

按图 1.2-4 所示连接电路，逐点改变加在二极管两端的电压，分别测出通过二极管的电流，根据测得的数据，在坐标纸的横坐标上标明各点的电压值，在纵坐标上标明各相应点的电流值，在坐标纸上点出每对电压值、电流值的交点，然后把各交点连成圆滑的曲线，即得到二极管的伏安特性曲线，如图 1.2-5 所示。下面分别介绍二极管的正、反向特性。

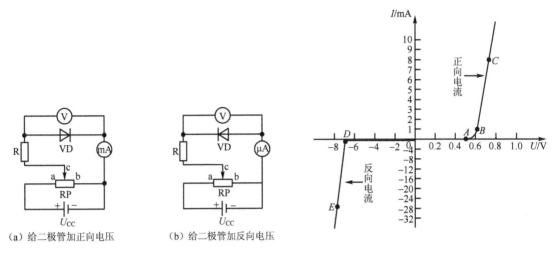

（a）给二极管加正向电压　　　　　　（b）给二极管加反向电压

图 1.2-4　二极管伏安特性曲线的测试电路　　　　　　图 1.2-5　二极管伏安特性曲线

（1）正向特性。

OA 段：电流几乎不随电压的增加而增加，电流接近于零，这一段称为不导通区或死区。

AB 段：电流随电压近似按平方律增长。特性是一条曲线。

BC 段：电压稍有增加，电流几乎是一条直线。

应注意：二极管因其材料不同，死区电压和导通电压值也会不一样。

死区电压：

硅管：0.5V 左右

锗管：0.1~0.2V

导通电压：

硅管：0.6~0.7V

锗管：0.2~0.3V

（2）反向特性。

OD 段：当电压从 0 V 增大到 0.1 V 时，反向电流稍有增加，随后反向电流便不随电压的增加而增大，而是保持一定数值（反向饱和电流）。

DE 段：当反向电压增加到一定数值后，反向电流会突然增大。二极管失去单向导电性（反向击穿）。

2. 关于二极管伏安特性曲线的说明

① 从二极管的伏安特性曲线可以看出，二极管具有单向导电特性，在一定条件下可视为一个开关。对硅二极管来说，其两端所加电压大于 0.7V 时，它相当于一个闭合的开关；其两端所加电压小于 0.5V 时，它相当于一个断开的开关。

② 在没有限流保护措施的情况下，给二极管加过高的正向电压或反向电压均会因为二

极管通过的电流过大而被损坏，在测量普通二极管的反向伏安特性曲线时应特别予以注意。

③ 处于正向线性区和反向击穿区的二极管均具有"电压的微小变化会引起电流的很大变化"的特性，这就是二极管的稳压特性。利用二极管的稳压特性，可使二极管在电路中起稳压作用。

④ 一般二极管的正向伏安特性曲线与反向伏安特性曲线的坐标刻度是不一样的，使用中必须予以注意。

⑤ 温度的高低对二极管的伏安特性曲线影响很大，这是由于半导体的热敏性造成的。当二极管的温度升高时，它的正向伏安特性曲线将向左移动，反向伏安特性曲线将向下移动，如图 1.2-6 所示，所以温度升高将使二极管的单向导电性变差。在实际应用中，必须限制通过二极管的电流或加强二极管的散热，以保证二极管的性能并保护二极管不被损坏。

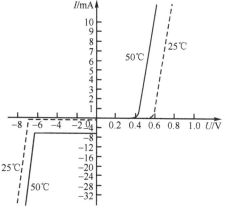

图 1.2-6　不同温度的二极管特性

1.2.3　二极管的参数

二极管的参数是对二极管特性和极限运用条件的定量描述，是正确选择和合理使用二极管的依据。每种二极管都有一系列表示其性能特点的参数，其主要参数有以下几种。

1. 直流电阻（静态电阻）

二极管两端所加电压与通过二极管电流之比，称为二极管的直流电阻，用公式表示为

$$R = \frac{U}{I}$$

二极管的直流电阻如图 1.2-7 所示，当二极管工作在线性区时，如果二极管工作在 A 点，有 $U_A=0.7V$，$I_A=10mA$，则二极管的直流电阻 $R_A=70\Omega$。如果二极管工作在 B 点，有 $U_B=0.8V$，$I_B=23mA$，则二极管的直流电阻 $R_B=34.8\Omega$。因此，随着二极管工作点的改变，二极管的直流电阻将发生变化。

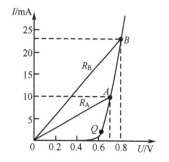

图 1.2-7　二极管的直流电阻

2. 交流电阻（动态电阻）

交流电阻 r 表示二极管对交流电流的阻碍作用，数值上等于二极管两端所加的交流电压 u 与通过二极管的交流电流 i 之比，即

$$r = \frac{u}{i}$$

由于二极管是单向导电的，所以这里所指的交流电压和交流电流都是叠加在二极管的直

流电压和直流电流上的，即二极管的交流电阻也是随工作点的变化而变化的。通常二极管的交流电阻比直流电阻小，这是因为二极管导通时伏安特性曲线很陡的缘故。

3. 最大整流电流 I_F

最大整流电流是指二极管作为整流管长期工作时所允许通过的最大正向平均电流。在实际应用中，通过二极管的电流不得超过最大整流电流，否则二极管会被烧坏。在大功率场合，二极管必须加装散热片或散热器。

4. 最高反向工作电压 U_R

最高反向工作电压是指二极管正常工作时所能承受的最高反向工作电压。为了保证安全使用，U_R 一般为反向击穿电压 U_B 的一半左右。使用中，二极管两端的反向电压不得超过最高反向工作电压，否则二极管会被击穿。

5. 最高工作频率 f_M

最高工作频率指二极管工作时所允许的最高工作频率。使用中，工作频率不得超过最高工作频率。f_M 主要由二极管的 PN 结电容决定，当信号频率超过 f_M 时，PN 结电容的容抗变得很小，使二极管的单向导电性变差。

6. 最大反向电流 I_{RM}

最大反向电流是指管子未击穿时的反向电流，其值越小，管子的单向导电性越好。

7. 反向击穿电压 U_{BR}

反向击穿电压是指管子反向击穿时的电压值。

1.2.4　稳压二极管

1. 稳压二极管的特性

稳压管的伏安特性曲线如图 1.2-8 所示，当反向电压达到 U_Z 时，即使电压有一微小的增加，反向电流亦会猛增（反向击穿曲线很陡直）。这时，二极管处于击穿状态，如果把击穿电流限制在一定的范围内，管子就可以长时间在反向击穿状态下稳定工作。

因此，当二极管内的电流大幅度变化时，二极管两端的电压能保持不变。

2. 稳压二极管的使用

由于稳压二极管工作在反向击穿区，使用时管子正极必须接电源的负极，管子的负极必须接电源的正极，如图 1.2-9 所示。若接反，相当于电源短路，电流过大会使稳压管过热烧坏。

稳压管并联使用时，会造成电路中各管子的电流分配不均，使电流分配大的稳压管因过载而损坏，所以稳压管必须串联使用。

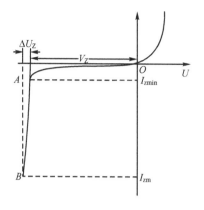

图 1.2-8　稳压管的特性曲线

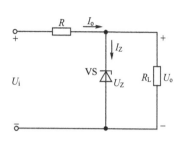

图 1.2-9　常用稳压电路

【阅读材料】　其他二极管的应用

1. 发光二极管（LED）

发光二极管是将电信号转换成光信号的发光半导体器件，当管子 PN 结通过合适的正向电流时，便以光的形式将能量释放出来。它具有工作电压低、耗电少、响应速度快、寿命长、色彩绚丽及轻巧等优点。颜色有红、绿、黄等，形状有圆形和矩形等，如图 1.2-10 所示。它广泛应用于单个显示电路，如电源指示灯；或做成七段显示器、LED 点阵等。

发光二极管的符号如图 1.2-11 所示。

图 1.2-10

图 1.2-11　发光二极管符号

发光二极管所用的电能很小。一般显示用发光管的工作电流在 10mA 左右，正向工作电压大于 0.5V，一般为 2~3 V。

使用发光二极管时，若用电压源驱动，则应在电路中串接限流电阻，以防止 LED 中电流过大而损坏。用交流信号驱动时，为防止 LED 被反向击穿，可在两端反极性并连整流二极管。

2. 七段 LED 数码管

常用的 LED 数码管如图 1.2-12 所示。它是利用发光二极管的制造工艺，由 7 个条状管芯和一个点状管芯的发光二极管制成。

如图 1.2-13 所示，七段 LED 数码管可分为将阳极连接在一起的共阳极型和将阴极连接在一起的共阴极型两种。

（a）分段示意图　　　　　　　　（b）发光显示图

图 1.2-12　七段字形数码显示器（七段数码管）　　　图 1.2-13　七段显示器的接法

3．光敏二极管

光敏二极管是将光信号变成电信号的半导体器件。它的核心部分也是一个 PN 结，与普通二极管相比，在结构上不同的是，为了便于接收入射光照，PN 结面积尽量做得大一些，电极面积尽量小些。

光敏二极管是在反向电压作用之下工作的。没有光照时，反向电流很小（一般小于 $0.1\mu A$），称为暗电流。当有光照时，携带能量的光子进入 PN 结后，把能量传给共价键上的束缚电子，使部分电子挣脱共价键，从而产生电子—空穴对，称为光生载流子。它们在反向电压作用下参加漂移运动，使反向电流明显变大，光的强度越大，反向电流也越大，这种特性称为"光电导"。光敏二极管在一般照度的光线照射下，所产生的电流叫光电流。如果在外电路上接上负载，负载上就获得了电信号，而且这个电信号随着光的变化而相应变化。

光敏二极管是电子电路中广泛采用的光敏器件。光电二极管和普通二极管一样具有一个 PN 结，不同之处是在光电二极管的外壳上有一个透明的窗口以接收光线照射，实现光电转换，其外形图如图 1.2-14 所示。在电路图中文字符号一般为 VD，图形符号如图 1.2-15 所示。

图 1.2-14　光敏二极管

图 1.2-15　光敏二极管符号

光敏二极管的特点如下：

① 应用时反向偏置连接；

② 没有光照射时，呈现极高阻值；

③ 有光照射时，电阻减小；

④ 可作光控开关。

🐧 小结

- 二极管具有单向导电性，即二极管两端加正向电压导通，加反向电压截止。
- 稳压管工作在反向击穿区，使用时管子正极必须接电源的负极，管子负极必须接电源的正极。
- 发光二极管工作在正向偏置条件下。
- 光敏二极管工作在反向偏置状态下，流过管子的电流随照度的增大而增大。

练一练 2

1. 晶体二极管的伏安特性可简单理解为____导通，____截止的特性。导通后，硅管的管压降约为____，锗管的管压降约为____。

2. 晶体二极管主要参数是____与____。

3. 晶体二极管按所用的材料可分为____和____两类；按 PN 结的结构特点可分为____和____两种。型号为 2CZ52B 的二极管是____型____材料制成的，属于____功能的管子。

4. 整流二极管的正向电阻越____，反向电阻越____，表明整流二极管的单向导电性能越好。

5. 晶体二极管的直流电阻定义为____，如果工作点改变，直流电阻____。

1.3　晶体管

半导体三极管也称晶体管或三极管，是由两个背靠背的 PN 结构成的。它是电子电路的核心元件，其主要功能是具有电流放大作用。

1.3.1　晶体管的结构、外形和分类

1. 晶体管的结构

晶体管按其结构分为 NPN 型与 PNP 型两种，晶体管的图形符号及结构如图 1.3-1 所示，图 1.3-1（a）所示为 NPN 型晶体管，图 1.3-1（b）所示为 PNP 型晶体管。

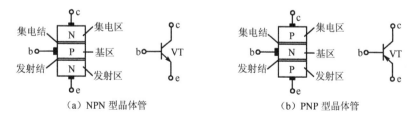

图 1.3-1　晶体管的符号及结构

（1）晶体管的符号。

晶体管的文字符号用"V"或"VT"表示。基极用一段横线和字母 b 表示，发射极用一个箭头和字母 e 表示（箭头的方向表示发射极电流的方向），集电极用一段斜线和字母 c 表示。

（2）晶体管的基本结构。

晶体管是由三个电极、三个区和两个 PN 结组成的。三个区分别叫做集电区、基区、发射区；每个区分别引出一根导线作为电极，分别叫做集电极（c）、基极（b）、发射极（e）；集电区与基区之间的 PN 结叫做集电结，基区与发射区之间的 PN 结叫做发射结。

（3）晶体管的结构特点。

① 集电区与发射区是由同种半导体材料构成的，基区的半导体材料与集电区、发射区的不同，这样才能构成两个 PN 结。

② 发射区的掺杂浓度远大于集电区，有利于发射区发射载流子和集电区吸收载流子。

③ 基区的特点是掺杂浓度特别低，而且基区也很薄。这样才能使晶体管具有较大的电流放大作用。

以上是晶体管的内部结构特点，这是使晶体管具有电流放大作用的内部条件，这个内部条件在晶体管制造时就确定了。为了使晶体管具有电流放大作用，还必须满足它的外部条件，即给晶体管加合适的工作电压，这个外部条件是晶体管在使用中必须满足的。

2．晶体管的外形

如图 1.3-2 所示是常见的晶体管外形图和引脚分布图。

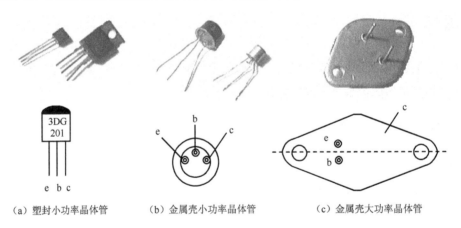

（a）塑封小功率晶体管　　　（b）金属壳小功率晶体管　　　（c）金属壳大功率晶体管

图 1.3-2　常见晶体管的外形和引脚分布图

3．晶体管的类型

晶体管的类型按所用半导体材料来分，晶体管有硅管和锗管两种；按导电极性来分，硅管和锗管均有 NPN 型和 PNP 型两种；按工作频率来分，有低频管和高频管两种；按功率来分，有小功率管和大功率管两种。

【阅读材料】　晶体管的型号命名方法

晶体管的型号命名由五部分构成：第一部分用阿拉伯数字 3 表示晶体管；第二部分为半导体材料与极性，用汉语拼音字母表示；第三部分为晶体管的类别，用汉语拼音字母表示；第四部分为产品序号，用阿拉伯数字表示；第五部分为晶体管的规格号，用汉语拼音字母表示。晶体管型号命名中的第二部分及第三部分的意义比较复杂，其具体含义见表 1.3-1。

表 1.3-1　晶体管型号命名中的第二部分与第三部分的意义

第二部分：材料与极性		第三部分：类别	
代表字母	含　义	代表字母	含　义
A	PNP 型，锗材料	X	低频小功率
B	NPN 型，锗材料	G	高频小功率
C	PNP 型，硅材料	D	低频大功率
D	NPN 型，硅材料	A	高频大功率
		T	闸流管
		K	开关管
		B	雪崩管
		GT	光敏晶体管

例如，3AX31A——PNP 型，锗材料，低频小功率晶体管；3DG8C—NPN 型，硅材料，高频小功率晶体管。

1.3.2　晶体管的放大作用及其主要特性

1. 晶体管具有放大作用的外部条件

为了使晶体管具有放大作用，必须给晶体管加合适的工作电压，这就是使晶体管具有放大作用必须满足的外部条件。

（1）发射结正向偏置。

为了使发射区向基区发射载流子，就必须给晶体管的发射结加正向偏置电压 U_{BE}。硅管 U_{BE} 为 0.6～0.7V，锗管 U_{BE} 为 0.2～0.3V。

（2）集电结反向偏置。

为了使从发射区涌入基区的载流子能够穿过集电结进入集电区，必须给晶体管的集电结加反向偏置电压 U_{CB}，U_{CB} 可为零点几伏至几十伏。

总之，为了使晶体管具有放大作用，必须满足晶体管的外部条件，即发射结正偏，集电结反偏（NPN 型晶体管 c、b、e 三极的电位符合 $U_C>U_B>U_E$；PNP 型晶体管 c、b、e 三极的电位符合 $U_C<U_B<U_E$）。

2. 晶体管的电流分配与放大作用

现在，通过实验来了解晶体管的放大作用和其中的电流分配情况，实验电路如图 1.3-3 所示。

将晶体管接成两个回路，一条是由电源 U_{BB} 的正极经过电阻 R_B、基极、发射极到电源 U_{BB} 的负极，称为基极回路，也称为偏置电路。另一条是由电源 U_{CC} 的正极经过 R_C、集电极、发射极再到 U_{CC} 的负极，构成集电极回路。各支路中串有电流表，集电极与发射极可接毫安表。若基极电流很小，可采用微安表。

若改变可变电阻的阻值，则基极电流、集电极电流和发射极电流都发生变化，电流方向在图 1.3-3 中已标出。电流测量结果已填入表 1.3-2 中。

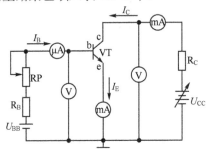

图 1.3-3　晶体管的电流放大作用实验电路

表 1.3-2　晶体管的电流放大作用

$I_B/\mu A$	0	20	40	60	80	100
I_C/mA	<0.001	0.7	1.50	2.30	3.10	3.95
I_E/mA	<0.001	0.72	1.54	2.36	3.18	4.05

由实验及测量结果可得出如下结论：

① 晶体管的发射极电流等于集电极电流与基极电流之和，晶体管就像电路的一个结点，流入晶体管的电流等于流出晶体管的电流，即

$$I_E = I_C + I_B \qquad (1.3-1)$$

② 基极电流比集电极电流和发射极电流小得多，通常可认为发射极电流等于集电极电流，即

$$I_E \approx I_C \gg I_B \qquad (1.3-2)$$

③ 晶体管有电流放大作用，从表 1.3-2 第三列和第四列的数据中可以看到，I_C、I_B 的比值分别为

$$\frac{I_C}{I_B} = \frac{1.50\ \text{mA}}{0.04\ \text{mA}} = 37.5 \qquad \frac{I_C}{I_B} = \frac{2.30\text{mA}}{0.06\text{mA}} \approx 38.3$$

可见，当改变基极电流时，集电极电流也随着改变，但是集电极电流和基极电流的比却总保持为一个常数，晶体管的这个特性就叫做直流电流放大作用。I_C 与 I_B 的比叫做晶体管共发射极直流电流放大系数 $\overline{\beta}$，用公式表示为

$$\overline{\beta} = \frac{I_C}{I_B} \qquad (1.3-3)$$

电流放大作用还体现在基极电流 I_C 的微小变化可以引起集电极电流 I_C 的较大变化。比较表 1.3-2 第三列和第四列的数据，可得出 I_C、I_B 的变化比值为

$$\frac{\Delta I_C}{\Delta I_B} = \frac{2.3\text{mA} - 1.50\text{mA}}{0.06\text{mA} - 0.04\text{mA}} = \frac{0.80\text{mA}}{0.02\text{mA}} = 40$$

可见，当基极电流有一个较小的变化量ΔI_B 时，集电极电流就会有一个较大的变化量ΔI_C 与之对应，并且它们的比值始终保持为一个常数。晶体管的这个特性就叫做晶体管的交流电流放大作用，ΔI_C 与ΔI_B 的比叫做晶体管共发射极交流电流放大系数β，用公式表示为

$$\beta = \frac{\Delta I_C}{\Delta I_B} \qquad\qquad (1.3\text{-}4)$$

应当注意的是，晶体管的 $\overline{\beta}$ 和β有本质的区别，它们分别指晶体管对静态电流和动态电流的放大作用。它们的共同点在于都是通过较小的基极电流去控制较大的集电极电流。低频时二者的数值近似相等。

1.3.3　晶体管的连接方法

晶体管的主要用途是构成放大器。放大器就是把微弱的电信号（电压或电流）放大的一种装置。放大器应该是一个四端网络，它必须有两个输入端和两个输出端，如图 1.3-4（a）所示。但是晶体管只有三个电极，如何才能把晶体管接成一个四端网络的放大器呢？常用的方法是：用晶体管的一个极作为输入端，另一个极作为输出端，第三个极作为输入和输出的公共端。放大器的接法命名时，哪个极为公共端，就称为共哪个极的接法。这样，晶体管放大器就有三种接法（或称三种组态），即共发射极接法、共集电极接法和共基极接法，分别如图 1.3-4（b）～图 1.3-4（d）所示。

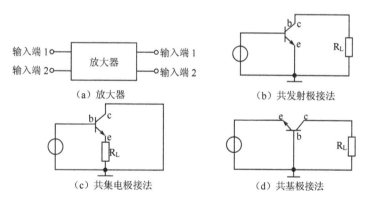

图 1.3-4　晶体管的连接方法

1. 共发射极接法

共发射极接法就是基极作为输入端，集电极作为输出端，发射极作为公共端，如图 1.3-4（b）所示。这种接法的应用最为普遍。

2．共集电极接法

共集电极接法就是基极作为输入端，发射极作为输出端，集电极作为公共端。由于这种电路以发射极作为输出端，所以这种电路又叫做射极输出器，如图 1.3-4（c）所示。

3．共基极接法

共基极接法就是发射极作为输入端，集电极作为输出端，基极作为公共端，如图 1.3-4（d）所示。

1.3.4　晶体管的特性曲线

同二极管一样，晶体管各极电流电压的关系称为晶体管的伏安特性曲线。由于晶体管有三种连接方法，每种连接形式的电压—电流关系都不一样，因此，这里只讨论最常用的共发射极特性曲线。

晶体管接成共发射极电路时，组成两个回路，如图 1.3-3 所示，一个是输入回路，即基极和发射极构成的回路。另一个是输出回路，即集电极和发射极构成的回路。描述这两个回路的电压和电流关系，需要两组特性曲线。

1．输入特性曲线

晶体管的输入特性与二极管的正向特性相似，它的两个 PN 结相互影响，因此，输出电压 U_{CE} 对输入特性有影响，且 $U_{CE}>1$ 时，这两个 PN 结的输入特性基本重合。用 $U_{CE}=0$ 和 $U_{CE}\geqslant 1$，三条曲线表示，如图 1.3-5 所示。

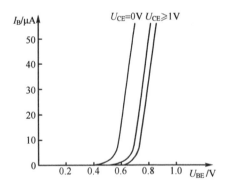

图 1.3-5　输入特性曲线

2．输出特性曲线

通过图 1.3-6 所示的输出特性曲线可以看出：

① 当 U_{CE} 从零开始增大时，I_C 随 U_{CE} 的增大而迅速增加（曲线 OA 段）；当 $U_{CE}\approx U_{BE}$ 时，曲线增长减慢；这是因为当 $U_{CE}<U_{BE}$ 时，集电结处于正偏状态，收集电子的能力很弱，I_C 很小；随着 U_{CE} 的增大，集电结收集电子的能力迅速增强，I_C 迅速增大，I_C 受 U_{CE} 的影响很大。

② 当 $U_{CE}>U_{BE}$ 时，输出特性曲线基本与 U_{CE} 轴平行，I_C 不再随着 U_{CE} 的增大而增大，基本保持为一个恒定值不变。这是因为 $U_{CE}>U_{BE}$ 时，集电结已经反偏，晶体管已进入放大状态，晶体管各极电流分配关系已经确定，I_C 只受控于 I_B；在 I_B 保持不变的情况下，输出特性曲线基本与 U_{CE} 轴平行。

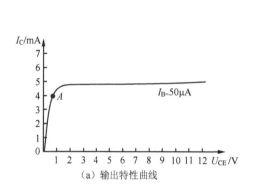

（a）输出特性曲线

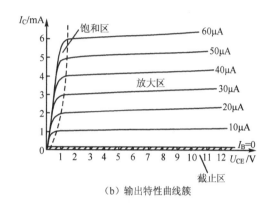

（b）输出特性曲线簇

图 1.3-6　晶体管输出特性曲线

③ 输出特性曲线簇和三个工作区。在应用中，常把输出特性曲线簇分为三个工作区，即截止区、饱和区和放大区。它们分别对应于晶体管的三种工作状态。晶体管工作在不同的区域时，具有不同的特性。

a．截止区。一般把 $I_B \leqslant 0$ 的区域叫做截止区，图 1.3-6（b）中，$I_B=0$ 与 U_{CE} 轴之间的区域。在这个区域中，相应的 I_C 近似为零，晶体管处于截止状态，即晶体管两个 PN 结均反偏。但实际上，集电极仍有一个极小的电流，我们把它叫做穿透电流，用 I_{CEO} 表示。

b．饱和区。各条输出特性曲线的 $U_{CE}=U_{BE}$ 点左边的区域［如图 1.3-6（a）中的 A 点］叫做饱和区。在饱和区，$U_{CE}<U_{BE}$，晶体管的两个 PN 结都正偏，集电结不具有收集载流子的能力；各 I_B 值所对应的输出特性曲线几乎重合在一起。当 U_{CE} 升高时，I_C 随着增大；而当 I_B 变化时，I_C 却基本不变；所以，晶体管在饱和区失去了电流放大作用。

一般认为，当 $U_{CE}=U_{BE}$，即 $U_{CB}=0$ 时，晶体管处于临界饱和态；当 $U_{CE}<U_{BE}$ 时，晶体管处于深饱和态。通常把晶体管出现饱和时的集电极—发射极电压称为饱和压降，用 U_{CES} 表示，一般小功率硅管的 $U_{CES}<0.4\text{V}$。

c．放大区。由各条输出特性曲线的平直部分所组成的区域叫做放大区。在放大区，晶体管处于发射结正偏、集电结反偏的放大状态。I_C 与 U_{CE} 基本无关，即当 U_{CE} 变化时，I_C 基本不变，I_C 只受控于 I_B；当 I_B 有一个微小变化量时，I_C 就有 β 倍的变化量与之对应，即 $\Delta I_C=\beta \Delta I_B$。这一关系充分表现了晶体管的电流放大作用。

在此需要指出的是，截止区、饱和区和放大区都是晶体管的工作区。当晶体管工作在这三个区时，分别处于截止态、饱和态和放大态。

④ 晶体管的开关特性。晶体管的开关特性如下：

a．饱和态的晶体管相当于一个闭合的开关。当晶体管工作于饱和区时，(硅管) $U_{BES}=0.7\sim0.8\text{V}$，$U_{CES}=0.1\sim0.3\text{V}$，$I_C$ 不受 I_B 的控制，即当 I_B 变化时，I_C 基本保持不变。此时，晶体管的集电极—发射极之间相当于一个闭合的开关，流过"开关"的电流就是晶体管的饱和电流 I_{CS}。

b. 截止态的晶体管相当于一个断开的开关。当晶体管工作于截止区时，（硅管）$U_{BE}<0.5V$，$I_B=0$，$I_C \approx 0$。此时，晶体管的集电极—发射极之间如同一个断开的开关，流过"开关"的只有极小的穿透电流 I_{CEO}。

1.3.5 输出特性曲线的应用

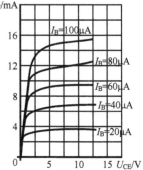

图 1.3-7 3DG6 输出特性曲线

【例 1.3-1】 图 1.3-7 画出了硅晶体管 3DG6 的输出特性曲线。

（1）设 $U_{CE}=5V$，分别求 $I_B=20\mu A$、$I_B=40\mu A$、$I_B=60\mu A$ 时的 $\overline{\beta}$ 值。

（2）设 $I_B=60\mu A$，分别求 $U_{CE}=5V$，$U_{CE}=10V$ 时的 $\overline{\beta}$ 值。

（3）分别求 $\Delta I_B=40-20\mu A$，$\Delta I_B=60-40\mu A$，$\Delta I_B=100-80\mu A$ 时的值（$U_{CE}=5V$）。

解：（1）$I_B=20\mu A$ 时，对应曲线上 $I_C=3.2mA$ $\overline{\beta} = \dfrac{I_C}{I_B} = \dfrac{3.2mA}{20\mu A} = 160$

$\qquad\quad I_B=40\mu A$ 时，对应曲线上 $I_C=6.2mA$ $\overline{\beta} = \dfrac{I_C}{I_B} = \dfrac{6.2mA}{40\mu A} = 155$

$\qquad\quad I_B=60\mu A$ 时，对应曲线上 $I_C=8.7mA$ $\overline{\beta} = \dfrac{I_C}{I_B} = \dfrac{8.7mA}{60\mu A} = 145$

（2）$I_B=60\mu A$，$U_{CE}=5V$ 时，题（1）已求出 $\overline{\beta}=145$；

$U_{CE}=10V$ 时，对应曲线上 $I_C=9.2mA$，$\overline{\beta} = \dfrac{I_C}{I_B} = \dfrac{9.2mA}{60\mu A} = 153$

（3）$\Delta I_B=40-20=20\mu A$ 时，对应 $\Delta I_C=6.2-3.2=3mA$，$\beta = \dfrac{\Delta I_C}{\Delta I_B} = \dfrac{3mA}{20\mu A} = 150$

$\qquad\quad \Delta I_B=60-40=20\mu A$ 时，对应 $\Delta I_C=8.7-6.2=2.5mA$，$\beta = \dfrac{\Delta I_C}{\Delta I_B} = \dfrac{2.5mA}{20\mu A} = 125$

$\qquad\quad \Delta I_B=100-80=20\mu A$ 时，对应 $\Delta I_C=14.5-11.4=3.1mA$，$\beta = \dfrac{\Delta I_C}{\Delta I_B} = \dfrac{3.1mA}{20\mu A} = 150$

由例题可看出，$\overline{\beta}$ 和 β 物理意义上和数值上都是不同的，但是在低频时它们的数值相差很小，因此使用中常认为二者相等。$\overline{\beta}$ 还随 I_C 的增大而减小，随 U_{CE} 的增大而增大。

【例 1.3-2】 图 1.3-8 画出了 3DG4 在 20℃和 150℃时的输入、输出特性曲线，试说明温度对晶体管特性曲线的影响。

解：从输入特性曲线看出：

20℃，$I_B=60\mu A$ 时，对应曲线上 $U_{BE}=0.7V$；

150℃，$I_B=60\mu A$ 时，对应曲线上 $U_{BE}=0.5V$。

说明：在 I_B 相同的条件下，温度升高，U_{BE} 减小。

从输出特性曲线看出：

20℃，I_B=0.4mA 时，U_{CE}=10V，I_C=20mA，$\overline{\beta}$=50；

150℃，I_B=0.4mA，U_{CE}=10V，I_C=29mA，$\overline{\beta}$=73。

说明：温度升高 $\overline{\beta}$ 值也增加，同样会使 I_{CEO} 值成倍增大。如果实际使用中，不能对晶体管进行有效散热，会使管子造成损坏。

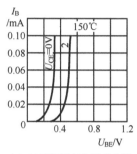

（a）150℃时的输入特性曲线

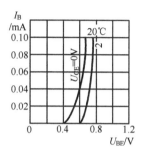

（b）20℃时的输入特性曲线

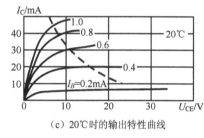

（c）20℃时的输出特性曲线　　　　（d）150℃时的输出特性曲线

图 1.3-8　3DG4 在不同温度时的输入、输出特性曲线

课堂讨论：若把晶体管的集电极当做发射极，而把发射极当做集电极来使用，晶体管有没有放大作用，为什么？

　　分析：当晶体管的 c、e 极互换后，只要满足发射结正偏，集电结反偏的条件，晶体管仍然有放大作用。但是放大倍数比正常使用时小很多 。这是因为在制造晶体管时，发射区为重掺杂区，其发射载流子的能力强。集电结面积大，提高了集电结的收集能力。当把 c、e 极互换后，由于集电区载流子浓度低，发射载流子的能力就低。发射区面积小，不能有效地收集载流子，所以同正常使用时相比，对应同样大小 I_B、I_C 的值就小得多，如图 1.3-9 所示。因此实际应用中晶体管的 c、e 极是不能互换的。

1.3.6　晶体管的主要参数

　　晶体管的参数是晶体管性能的重要标志。由于制造工艺不同，晶体管的性能往往有很大的差别。在实际应用中，一定要根据电路的要求选择合适的晶体管。晶体管的主要参数有放大特性参数、直流特性参数和极限参数三种。

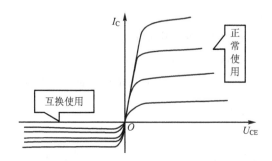

图 1.3-9 晶体管正常使用和 c、e 互换使用时的输出特性曲线

1. 晶体管的放大特性参数

晶体管的放大特性参数是表示晶体管放大能力的重要参数。

（1）共发射极直流电流放大系数 $\overline{\beta}$。

晶体管工作在放大区时，集电极电流 I_C 与基极电流 I_B 的比叫做晶体管的共发射极直流电流放大系数，用公式表示为

$$\overline{\beta} = \frac{I_C}{I_B}$$

这个参数表示晶体管对直流电流的放大能力。在晶体管手册中，$\overline{\beta}$ 常用 H_{FE} 表示。

（2）共发射极交流电流放大系数 β。

晶体管工作在放大区时，集电极电流的变化量 ΔI_C 与基极电流的变化量 ΔI_B 的比叫做晶体管的交流电流放大系数，用公式表示为

$$\beta = \frac{\Delta I_C}{\Delta I_B}$$

这个参数表示晶体管对交流电流的放大能力。在晶体管手册中，β 常用 h_{fe} 表示。

虽然 $\overline{\beta}$ 与 β 的含义显然不同，但是在输出特性曲线近于平行、等距且 I_{CEO} 较小的情况下，$\overline{\beta}$ 与 β 的数值是接近的。今后在对放大电路进行分析时，常用 $\overline{\beta} \approx \beta$ 这个近似关系进行估算。

（3）共基极直流电流放大系数 $\overline{\alpha}$。

晶体管工作在放大区时，集电极电流 I_C 与发射极电流 I_E 的比叫做晶体管的共基极直流电流放大系数，用公式表示为

$$\overline{\alpha} = \frac{I_C}{I_E}$$

这个参数表示晶体管在共基极接法时的电流放大能力。因为 $I_E \geqslant I_C$，所以 $\overline{\alpha} \leqslant 1$，即在共基极接法时，晶体管不具有电流放大能力。

与 β 相应的还有 α，用来表示在共基极接法时的交流电流放大能力。用公式表示为

$$\alpha = \frac{\Delta I_C}{\Delta I_E}$$

2．晶体管的直流特性参数

晶体管的直流特性参数是表示晶体管工作稳定性的重要参数。

（1）集电极—基极反向饱和电流 I_{CBO}。

当发射极开路、集电结加有规定的反向电压时，从集电极流向基极的反向电流叫做集电极—基极反向饱和电流，用 I_{CBO} 表示。I_{CBO} 是由少数载流子形成的电流，它具有很强的热敏性；I_{CBO} 越小，晶体管的温度稳定性越好。一般小功率硅晶体管的 $I_{CBO} < 1\mu A$。

（2）集电极—发射极反向饱和电流 I_{CEO}。

当基极开路时，由集电极流向发射极的电流叫做集电极—发射极反向饱和电流，用 I_{CEO} 表示，I_{CEO} 又叫穿透电流。在数值上，I_{CEO} 等于 I_{CBO} 的（$1 + \overline{\beta}$）倍，即

$$I_{CEO} = (1 + \overline{\beta}) I_{CBO}$$

I_{CEO} 是由少数载流子形成的电流，它不受 I_B 的控制。I_{CEO} 具有很强的热敏性，当温度升高时，I_{CEO} 增长很快。I_{CEO} 越小，晶体管的热稳定性越好。硅晶体管的 I_{CEO} 很小，一般在 $1\mu A$ 以下；锗晶体管的 I_{CEO} 较大，一般为几十至几百微安。

3．晶体管的极限参数

极限参数是晶体管在使用中为了安全而不得超过的重要参数。

（1）集电极—基极反向击穿电压 $U_{(BR)CBO}$。

它是指当发射极开路时，集电结两端所能承受的最高反向电压。

（2）发射极—基极反向击穿电压 $U_{(BR)EBO}$。

它是指当集电极开路时，发射结两端所能承受的最高反向电压。

（3）集电极—发射极反向击穿电压 $U_{(BR)CEO}$。

它是指当基极开路时，集电极与发射极之间所能承受的最高反向电压。

（4）集电极最大允许电流 I_{CM}。

当晶体管的 β 值下降到最大值的 0.5 倍时所对应的集电极电流，叫做集电极最大允许电流，用 I_{CM} 表示。因为，当集电极电流超过 I_{CM} 时，晶体管的放大能力将明显下降，所以在实用中，不得使晶体管的集电极电流超过集电极最大允许电流 I_{CM}。

（5）集电极最大允许耗散功率 P_{CM}。

晶体管工作时，由于集电结所加电压较高，当 I_C 通过集电结时，管芯将发热。根据晶体管工作时允许的最高温度（硅管约为 150℃，锗管约为 75℃），规定了集电极最大允许耗散功率 P_{CM}。

集电极功率损耗 P_C 是指集电极—发射极电压 U_{CE} 与集电极电流 I_C 的乘积，即

$$P_C = U_{CE} I_C$$

集电极的功率损耗将引起晶体管发热，严重时可将管子烧毁。在应用中，一定要使晶体管的实际耗散功率小于最大允许耗散功率，即

$$U_{CE}I_C<P_{CM}$$

P_{CM} 与管子的散热条件有关，改善散热条件可以使 P_{CM} 得到显著的提高。还应该注意的是，大功率管一般都要按规定加装散热片，如果不按规定加装散热片，尽管耗散功率有时还没有达到 P_{CM}，也可能将大功率管烧毁。

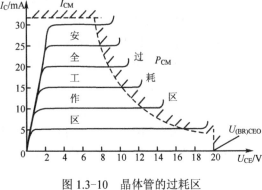

图 1.3-10　晶体管的过耗区

另外，还应说明的是关于"过耗区"的意义：过耗区指晶体管的功率损耗超过 P_{CM} 的区域。由于允许 $U_{CE}I_C$ 的最大值为 P_{CM}，所以这个关系可以在晶体管的输出特性曲线上表示出来。在图 1.3-10 中，虚线右边的区域即为过耗区。晶体管进入过耗区，实际耗散功率即超过了 P_{CM}，从晶体管的使用安全性考虑，这是不允许的。

【例 1.3-3】　简述晶体管的安全工作区域，设某晶体管的极限参数为 P_{CM}=150W，I_{CM}=150mA，$U_{(BR)CEO}$=30V。试问：

（1）若它的工作电压 U_{CE}=10V，则工作电流 I_C 最大不能超过多少？

（2）若它的工作电压 U_{CE}=1V，则工作电流 I_C 最大不能超过多少？

（3）若它的工作电流 I_C=1mA，则工作电压 U_{CE} 最大不能超过多少？

解： P_{CM}、I_{CM}、$U_{(BR)CEO}$ 是晶体管的三个极限参数，在使用中均不得超过。否则，管子会因过热而烧毁，或因 I_C 太大而使放大能力下降，或因过电压而被击穿。

（1）因为 $P_{CM}=U_{CE}I_C$=150W，当 U_{CE}=10V 时，I_C=15mA<150mA，则工作电流 I_C 最大值为 15mA。

（2）当 U_{CE}=1V 时，$I_C = \dfrac{P_{CM}}{U_{CE}} = \dfrac{150\text{mW}}{1\text{V}} = 150\text{mA} = I_{CM}$，此时晶体管的 β 只有正常值的 2/3，故工作电流最大值应是 I_C =100mA，即为此时允许的最大值。

（3）当 I_C=1mA 时，仅从功率的角度考虑 $U_{CE} = \dfrac{P_{CM}}{I_C} = \dfrac{150\text{mW}}{1\text{mA}} = 150\text{V}$，但考虑到参数 $U_{(BR)CEO}$，所以，U_{CE}=30V 即为此时允许的最大值。

小结

● 发射区中掺杂浓度高，基区必须很薄，集电结的面积应很大。

● 晶体管工作在放大状态时，必须满足发射结正向偏置，集电结反向偏置。

● 晶体管符号中的箭头"——▶"表示电流的流动方向。

● 晶体管的安全工作区如下：

① 集电极电流应小于 I_{CM}，否则晶体管的放大能力将严重下降；

② 耗散功率应小于 P_{CM}，否则晶体管将因过热而烧毁；

③ 集电极—发射极之间的电压 U_{CE} 应低于 $U_{(BR)CEO}$，否则晶体管将被击穿。

练一练 3

1．晶体三极管三个电极分别称为＿＿极、＿＿极和＿＿极，它们分别用字母＿＿、＿＿和＿＿表示。

2．为了使晶体三极管在放大器中正常工作，发射结须加＿＿电压，集电结须加＿＿电压。

3．由晶体三极管的输出特性可知，它可以工作在＿＿、＿＿和＿＿三个区域。

4．晶体三极管是由两个 PN 结构成的一种半导体器件，其中一个 PN 结叫做＿＿，另一个叫做＿＿。

5．晶体三极管有＿＿型和＿＿型两种，硅管以＿＿型居多，锗管以＿＿型居多。

6．晶体三极管具有电流放大作用的条件：第一，使＿＿区的多数载流子浓度高，＿＿区的面积大，＿＿区尽可能地薄；第二，使＿＿结正向偏置，＿＿结反向偏置。

7．晶体三极管发射极电流 I_E、基极电流 I_B 和集电极电流 I_C 之间的关系是＿＿。其中 I_C/I_B 叫做＿＿，用字母＿＿表示；$\Delta I_E/\Delta I_B$ 叫做＿＿，用字母＿＿表示。

8．晶体三极管的电流放大作用，是通过改变＿＿电流来控制＿＿电流的，其实质是以＿＿电流控制＿＿电流。

9．当晶体三极管截止时，它的发射结必须是＿＿偏置，集电结必须是＿＿或＿＿偏置。

10．当晶体三极管处于饱和状态时，它的发射结必定加＿＿电压，集电结必定加＿＿或＿＿电压。

1.4　场效应晶体管

场效应晶体管也是一种具有 PN 结的半导体管，它是利用栅极电压来控制漏极电流的；当栅极电压变化时，漏极电流将发生相应的变化。场效应晶体管有结型和绝缘栅型两大类。

1.4.1　结型场效应晶体管

1．结型场效应晶体管的结构、种类及符号

结型场效应晶体管有 N 沟道型和 P 沟道型两种，N 沟道结型场效应晶体管的结构如图 1.4-1（a）所示。取一块掺杂浓度较低的 N 型硅棒，在硅棒的两侧用扩散法做出两个掺杂浓度很高的 P 型区。这样，在两个 P 型区和 N 型区的交界面上将形成两个 PN 结。由于 N 型区比 P 型区的掺杂浓度低，所以 PN 结主要分布在 N 型区一侧。把两个 P 型区连在一起并从上面引出一个电极，这个电极就是栅极，用字母 G 表示；栅极接负电压（接 U_{GG} 负极）。在两个 PN 结之间形成了一个 N 型的导电沟道，称为 N 型沟道。在 N 型沟道的上、下端各引出一个电极，上端的电极叫做漏极，用字母 D 表示，下端的电极叫做源极，用字母 S 表示。漏极接正电压（接 U_{DD} 正极），源极接负电压（接 U_{DD} 负极），其图形符号及文字符号如图 1.4-1（b）所示。如果中间的导电沟道用 P 型半导体制成，那就是 P 沟道场效应晶体管，其图形符号及文字符号如图 1.4-1（c）所示。

2．场效应晶体管的伏安特性曲线

场效应晶体管的伏安特性曲线有两种，一种与普通三极管的输入特性曲线类似，叫做转

移特性曲线；另一种与普通三极管的输出特性曲线类似，叫做漏极特性曲线，也可称为输出特性曲线。下面以 N 沟道结型场效应晶体管为例，对结型场效应晶体管的特性进行分析。

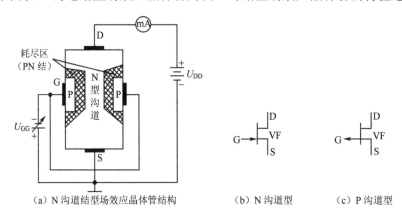

（a）N 沟道结型场效应晶体管结构　　　（b）N 沟道型　　　（c）P 沟道型

图 1.4-1　结型场效应晶体管的结构及符号

（1）转移特性曲线及其特点。

反映栅极—源极之间的电压 U_{GS} 与漏极电流 I_D 之间关系的曲线叫做转移特性曲线，它以漏极—源极之间的电压 U_{DS} 做参考量。N 沟道结型场效应晶体管的转移特性曲线如图 1.4-2（a）所示，它具有以下特点：

① 转移特性曲线在第二象限，这说明栅极与源极之间加的是负电压，即 $U_{GS} \leq 0$。这是 N 沟道场效应晶体管正常工作的需要。

② 转移特性曲线是非线性的。例如，当 U_{GS} 从 0V 变为 -1V 时，I_D 从 5mA 变为 2.8mA，变化量是 2.2mA；而当 U_{GS} 从 -1V 变为 -2V 时，I_D 从 2.8mA 变为 1.6mA，变化量只有 1.2mA。

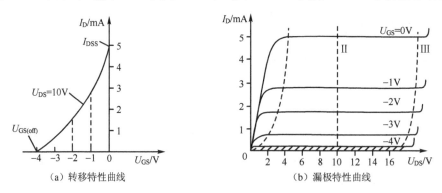

（a）转移特性曲线　　　　　　　　　　（b）漏极特性曲线

图 1.4-2　N 沟道结型场效应晶体管的伏安特性曲线

（2）漏极特性曲线及其特点。

反映漏极与源极之间的电压 U_{DS} 与漏极电流 I_D 之间关系的曲线叫做漏极特性曲线，它以栅极—源极之间的电压 U_{GS} 做参考量。N 沟道结型场效应晶体管的漏极特性曲线如图 1.4-2（b）所示，它有以下三个特点：

① 每条曲线都由上升段、平直段和再次上升段组成。

② 参考量 U_{GS} 改变时，曲线形状基本不变，但随着 U_{GS} 绝对值的增加曲线向下移动。

③ 具有相近特性的曲线构成一个曲线簇，这个曲线簇可以划分成以下三个区域。

Ⅰ区：也叫可变电阻区，由每条曲线的上升段组成。在这个区域内，I_D 的大小不仅与 U_{GS} 值有关，而且和 U_{DS} 值有关。

Ⅱ区：也叫饱和区，由每条曲线的平直段组成。在这个区域内，I_D 只受 U_{GS} 的控制，与 U_{DS} 值无关。

Ⅲ区：也叫击穿区，由每条曲线的再次上升段组成。在这个区域内，由于 U_{DS} 较大，场效应晶体管内的 PN 结被击穿，场效应晶体管将被损坏。

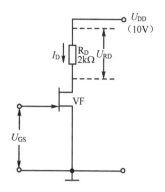

图 1.4-3　结型场效应晶体管的电压放大作用

3．场效应晶体管的放大作用

结型场效应晶体管的放大作用通常是指它的电压放大作用。在图 1.4-3 中，当把变化的电压加在栅极与源极之间时，漏极电流 I_D 将随之变化；如果漏极电阻 R_D 值选择合适，就可以在 R_D 两端得到较大的电压变化量。

例如，从图 1.4-2（b）可以看出，当 U_{DS}=10V，R_D =2kΩ时，若 U_{GS} 由−1V 变为 0V，U_{GS} 变化量为−1V，即 ΔU_{GS}=−1−0=−1（V），I_D 的变化量为 ΔI_D = 2.8−5 =−2.2（mA），则 ΔI_D 在 R_D 上产生的电压降为−4.4V，即 $\Delta U_{R_D} = \Delta I_D R_D$=−2.2×2 =−4.4（V）。可见，当栅极—源极之间的电压变化量为 1V 时，R_D 上的电压变化量为 4.4V，这就是场效应晶体管的电压放大作用。

应该注意的是，场效应晶体管的电压放大作用是有条件的：一是场效应晶体管必须工作在饱和区，工作在可变电阻区或击穿区时，场效应晶体管不具有电压放大作用；二是必须选择阻值合适的漏极电阻，漏极电阻的阻值过小时，会减小甚至失去电压放大作用。

4．场效应晶体管的主要参数

（1）夹断电压 $U_{GS(off)}$。

在 U_{DS} 为某一固定值的条件下，使 I_D 几乎为零时的栅极—源极之间的电压叫做夹断电压。图 1.4-2（a）所示的夹断电压 $U_{GS(off)}$=−4V。

（2）漏极饱和电流 I_{DSS}。

在 U_{DS} 为某一固定值的条件下，把栅极与源极短接（即 U_{GS}=0）时的漏极电流叫做漏极饱和电流，但 U_{DS} 必须大于夹断电压 $U_{GS(off)}$ 的绝对值。从图 1.4-2（a）可以看出，该管的漏极饱和电流 I_{DSS}=5mA。

（3）输入电阻 R_{GS}。

输入电阻是栅极与源极之间的电压与栅极电流之比，用公式表示为

$$R_{GS} = \frac{U_{GS}}{I_G}$$

由于 N 沟道结型场效应晶体管正常工作时，栅极与源极之间的电压为负电压，栅极与源极之间的 PN 结反向偏置，栅极电流很小，所以输入电阻 R_{GS} 很大。

（4）栅极—源极击穿电压 $U_{(BR)GSO}$。

栅极—源极击穿电压 $U_{(BR)GSO}$ 是栅极—源极之间允许加的最高反向电压，实际电压值超过 $U_{(BR)GSO}$ 时，会使栅极—源极之间的 PN 结击穿。

（5）跨导 g_m。

在 U_{DS} 为某一定值的条件下，ΔI_D 与 ΔU_{GS} 之比叫做跨导，即

$$g_m = \frac{\Delta I_D}{\Delta U_{GS}}$$

跨导 g_m 反映了场效应晶体管的栅极—源极电压对漏极电流的控制能力。跨导 g_m 的基本单位为西门子（S），在实际应用中，常以 μS（μA/V）或 mS（mA/V）为单位。

1.4.2　绝缘栅型场效应晶体管

1. 绝缘栅型场效应晶体管的种类及符号

绝缘栅型场效应晶体管有耗尽型和增强型两大类，每一类又有 N 沟道和 P 沟道两种。图 1.4-4 所示为 N 沟道绝缘栅型场效应晶体管的图形符号和文字符号。至于 P 沟道绝缘栅型场效应晶体管的图形符号，画法基本相同，不同之处只是符号中的箭头方向相反。

绝缘栅型场效应晶体管除了有漏极 D、栅极 G、源极 S 三个电极之外，还有一个衬底。衬底是由于制造工艺的需要而存在的，它一般是在管内（或管外）与源极短接。

绝缘栅型场效应晶体管因其栅极与漏极、源极之间均绝缘而得名。从构造上看，因为它是由金属（M）、氧化物（O）和半导体（S）制成的，所以又称为 MOS 管。

（a）N 沟道耗尽型　　　（b）N 沟道增强型

图 1.4-4　N 沟道绝缘栅型场效应晶体管的电路符号

2. N 沟道耗尽型场效应晶体管的伏安特性曲线

（1）转移特性曲线及其特点。

N 沟道耗尽型场效应晶体管的转移特性曲线如图 1.4-5（a）所示，它的转移特性曲线与结型管类似，只是它多出了 U_{GS} 取正值的部分。也就是说，N 沟道耗尽型场效应晶体管正常工作时，栅极与源极之间所加的电压可为正值，可为负值，也可为零。

（2）漏极特性曲线及其特点。

漏极特性曲线如图 1.4-5（b）所示。这种类型管的漏极特性曲线与结型管类似，它也有三个区域，并且也是只有在饱和区才具有放大能力。与结型场效应晶体管不同的是，曲线簇中最上面的一条曲线的参考电压不是零，而是某一正值。例如，在图 1.4-5（b）中，最上面的一条曲线的参考电压就是 $U_{GS}=2V$。

3. N 沟道增强型场效应晶体管的伏安特性曲线

（1）转移特性曲线及其特点。

N 沟道增强型场效应晶体管的转移特性曲线如图 1.4-6（a）所示。因为这种晶体管正常

工作时 U_{GS} 只能为正值，所以曲线在第一象限，并且 $U_{GS} > U_{GS\,(th)}$。

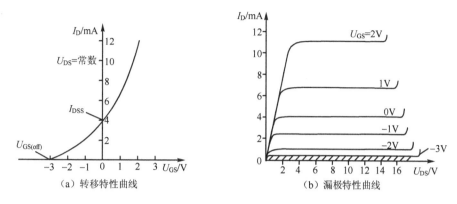

图 1.4-5 N 沟道耗尽型场效应晶体管的伏安特性曲线

从图 1.4-6（a）可以看出，当 $U_{GS} < U_{GS\,(th)}$ 时，I_D 几乎为零，这一点与普通三极管输入特性曲线的死区相似。$U_{GS\,(th)}$ 叫做开启电压，它相当于普通三极管的死区电压。只有在满足 $U_{GS} > U_{GS\,(th)}$ 时，I_D 才受 U_{GS} 的控制，N 沟道增强型场效应晶体管才具有放大作用。

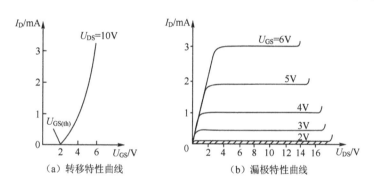

图 1.4-6 N 沟道增强型场效应晶体管的伏安特性曲线

（2）漏极特性曲线及其特点。

漏极特性曲线如图 1.4-6（b）所示，它也有三个区域，并且只有在饱和区才具有放大能力。与前者不同的是，曲线的参考量 U_{GS} 只能取大于 $U_{GS\,(th)}$ 的正值。

4．绝缘栅型场效应晶体管的主要参数

（1）耗尽型管的主要参数。

耗尽型管的主要参数有 $U_{GS\,(off)}$、I_{DSS}、$U_{(BR)\,GSO}$、g_m 和 R_{GS} 等，它们的意义与结型管相同，只是由于该类型管的栅极与漏极、源极绝缘，R_{GS} 值要更大一些。

（2）增强型管的主要参数。

增强型管的主要参数只有 g_m 和 $U_{GS\,(th)}$。

还需说明的是，以上是以 N 沟道管为例对场效应晶体管进行分析的，若换为 P 沟道管时，要注意改变电压的方向，以上分析所得结论仍然适用。

5．绝缘栅型场效应晶体管使用时的注意事项

绝缘栅型场效应（MOS）管的输入电阻极高，如果在栅极上感应了电荷，很不易泄放，极易将 PN 结击穿造成损坏。为了避免 PN 结被击穿，平时存放时应将管子的三个极短接，不要将管子放在静电场很强的地方，必要时可放在屏蔽盒内。焊接时，为避免电烙铁带有感应电荷，应将电烙铁从电源上拔下。管子焊接进电路后，不能让栅极悬空。

1.4.3 场效应晶体管与晶体三极管的比较

场效应晶体管与晶体三极管都作为半导体放大器件，其异同的比较，如表 1.4-1 所示。

表 1.4-1 场效应晶体管与晶体三极管的比较

器件名称	晶体三极管	场效应晶体管
导电粒子	电子和空穴 由于两种不同极性的载流子（电子与空穴）同时参与导电，故称为双极型晶体管	电子或空穴 只有一种极性的多数载流子（电子或空穴）参与导电，故称为单极型晶体管
控制方式	电流控制	电压控制
类型	PNP 和 NPN 型两种	N 沟道和 P 沟道两种
输入电阻	$10^2 \sim 10^4 \Omega$	$10^7 \sim 10^{14} \Omega$
温度稳定性	差	好
制造工艺	较复杂	简单、成本低、便于集成
共性	场效应晶体管和晶体管都可以用于放大或做可控开关。 对应极性：基极—栅极，发射极—源极，集电极—漏极	

技能训练 晶体二极管、三极管的简易测量

一、技能训练目的

（1）认识各种型号的二、三极管。
（2）掌握用万用表判断二极管的电极、种类及质量的方法。
（3）掌握用万用表判断三极管的电极、种类及质量的方法。

二、技能训练过程

1．二极管的测量（如表实 1-1 所示）

（1）用万用表判断二极管的正、负极。

判断二极管的正、负极，可选用万用表的 R×100 挡或 R×1k 挡（常用 R×100 挡）。将无极性标识的二极管用万用表的 R×100 挡，分别测量它们的正、反向电阻。在测得低阻值时，与黑表笔相接的引线是二极管的正极，与红表笔相接的引线是二极管的负极。

（2）判断二极管的种类及质量。

① 在上述测量中，正向电阻较大（400Ω左右）、反向电阻很大（看不出表针摆动）的是

硅二极管，而且质量良好；正向电阻过大而反向电阻又较小（能看出表针摆动）的，是劣质硅二极管。

② 在上述测量中，正向电阻较小（200Ω左右）、反向电阻较大（表针略有摆动）的，是锗二极管，而且质量良好；正向电阻过大而反向电阻又很小（表针摆动幅度大于满度的 2/10）的，是劣质锗二极管。

③ 在上述测量中，如果正、反向电阻均为零（短路）或均为无穷大（断路），则被测管是坏的。

④ 按表实 1-2 的要求，将测量结果记入表中。

表实 1-1　普通二极管的检测方法

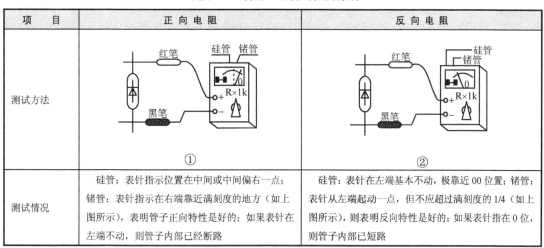

项　　目	正 向 电 阻	反 向 电 阻
测试方法	①	②
测试情况	硅管：表针指示位置在中间或中间偏右一点；锗管：表针指示在右端靠近满刻度的地方（如上图所示），表明管子正向特性是好的；如果表针在左端不动，则管子内部已经断路	硅管：表针在左端基本不动，极靠近 00 位置；锗管：表针从左端起动一点，但不应超过满刻度的 1/4（如上图所示），则表明反向特性是好的；如果表针指在 0 位，则管子内部已短路

表实 1-2　二极管的种类及质量

被测管编号	正向电阻（Ω）	反向电阻（Ω）	种　　类	质　　量
1				
2				
3				
4				
5				
6				
7				
8				

2. 三极管的测量

（1）用万用表判断三极管的电极和三极管的种类。

① 判断基极和三极管的种类。用万用表的 R×100（或 R×1k）挡，分别测量无标识三极管每两个极之间的正向电阻与反向电阻。

判别基极 B 和管型时将万用表置于 R×1k 挡，先将红表笔接某一假定基极 B，黑表笔分别接另两个极，如果电阻值均很小（或很大），而将红、黑两笔对换后测得的电阻值都很大（或很小）时，则假定的基极是正确的。基极确定后，红笔接基极，黑笔分别接另两个极时，测得的电阻值均很小，则此管为 PNP 型晶体管，反之为 NPN 型，测试电路如图实 1.1 所示。

关于三极管的种类，还可以在判断基极的基础上，根据 PN 结正向阻值的大小来判断。PN 结正向电阻较大（在 400Ω左右）的是硅管；PN 结正向电阻较小（在 200Ω左右）的是锗管。

② 判断集电极与发射极。在三极管的基极和种类判断正确的基础上，才能对三极管的集电极与发射极进行判断。

判别发射极 E 和集电极 C 如图实 1.2 所示。若被测管为 PNP 型晶体管，假定红笔接的是 C 极，黑笔接的是 E 极。用手指捏住 B、C 两极（或在 B、C 间串接一个 100k 电阻），但不要使 B、C 直接接触。若测得电阻值较小（即 I_C 大），再将红黑两笔互换后测得的电阻值较大（即 I_C 小），则红笔接的是集电极 C，黑笔接的是发射极 E。如果两次测得的电阻值相差不大，说明管子的性能较差。按照同样方法可以判别 NPN 型晶体管的极性，测量时只需掉换表笔的接法即可。

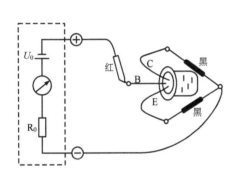

图实 1.1　判断晶体管基极

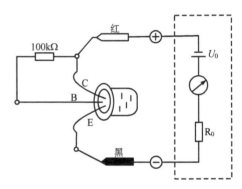

图实 1.2　判断晶体管 C、E 极

（2）三极管放大能力的判断。

在判断三极管的集电极时，其实已经测试了三极管的放大能力。对比几只被测过的三极管，在判断集电极时，表针摆动较大的，放大能力也较大；表针摆动较小的，放大能力就较小。当然，这只是对三极管放大能力的粗略判断。

应该明确的是，三极管的放大能力较小，不能认为是劣质品。三极管的放大能力只反映三极管β值的高低，并不说明三极管的质量不好。

（3）三极管质量的判断。

① 三极管穿透电流的测定。穿透电流是三极管稳定性的一项重要指标。测试时，可使用万用表的 R×100 挡，并按下述方法测量。

a．NPN 型管。将黑笔接集电极，红表笔接发射极，看表针的摆动情况。对硅管来说，表针应不摆动，表针如略有摆动，则为次品。对锗管来说，表针可有摆动，但摆动幅度不可超过满刻度的 1/10，摆动幅度过大的为次品。

b．PNP 型管。只需将表笔对调进行测试，质量要求与 NPN 型测量方法完全相同。

② 三极管损坏的判断。当三极管的某个 PN 结损坏或三极管无放大能力时，可确定为损坏。按表实 1-3 的要求，将测量数据及结果记入表中。在测量放大能力和穿透电流时，可按

满刻度的十分之几进行记录。b-c 极阻值和 b-e 极阻值的测量，一律记录正向电阻。

表实 1-3 三极管的种类及质量

被测管的编号	b-c 极间阻值（Ω）	b-e 极间阻值（Ω）	种类	放大能力	穿透电流	质 量
1						
2						
3						
4						
5						
6						
7						
8						

三、技能训练习题

① 在测量二极管或三极管时，一般都不用 R×1 或 R×10k 挡，为什么？

② 稳压二极管的稳定电压能用万用表测量吗？若能测量，试简述测量方法。

③ 发光二极管的质量能用万用表测量吗？若能测量，试简述测量方法。

④ 在判断三极管的集电极与发射极时，为什么要在基极与假定的"集电极"之间搭接一只 100kΩ 左右的固定电阻？这只电阻起什么作用？

 # 本章小结

（1）物质按导电性能可分为导体、绝缘体和半导体三类，半导体的导电性能介于导体和绝缘体之间。

（2）纯净的半导体又称为本征半导体。常用的半导体有硅、锗两种。由于纯净半导体的自由电子极少，所以它们的导电性能很差。

（3）半导体的特性主要有热敏特性、光敏特性和掺杂特性。

（4）当往本征半导体中掺入微量 5 价元素时，就得到了 N 型半导体材料。N 型半导体以电子导电为主。当往本征半导体中掺入微量 3 价元素时，就得到了 P 型半导体材料。P 型半导体以空穴导电为主。

（5）当把一块 P 型半导体和一块 N 型半导体按一定工艺结合在一起时，在它们的界面就形成了一个带有电荷而无载流子的特殊薄层，这个薄层就叫做 PN 结。由于 PN 结内的电子与空穴复合而无载流子，所以 PN 结又叫耗尽层。这两种半导体经过载流子的扩散，在它们的结合面上形成如下物理过程。

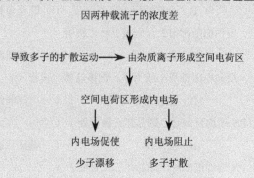

（6）PN 结具有单向导电特性，加正向电压导通，加反向电压截止。

（7）二极管的特性可用伏安特性曲线来描述，二极管的伏安特性曲线分为正向特性和反向特性两部分。

（8）稳压二极管的反向击穿特性曲线非常陡峭。反向击穿后，尽管通过二极管的电流可以在很大范围内变化，但其两端电压却基本保持不变，这种特性称为稳压特性。

（9）二极管的参数表征二极管的性能和使用特点，可作为选择二极管的依据。二极管的主要参数有最大整流电流、最高反向工作电压和最高工作频率等。

（10）晶体管有 NPN 型和 PNP 型两类。晶体管由三个极（集电极 c、基极 b、发射极 e）、三个区（集电区、基区、发射区）和两个 PN 结（集电结、发射结）组成。

（11）为了使晶体管具有电流放大作用，必须满足晶体管的加电原则，即发射结正向偏置，集电结反向偏置。

（12）晶体管具有放大作用，可用公式表示为

① $I_E = I_C + I_B$ ② $\bar{\beta} = \dfrac{I_C}{I_B}$ ③ $\beta = \dfrac{\Delta I_C}{\Delta I_B}$

（13）晶体管放大器有共发射极、共集电极和共基极三种接法。

（14）在输入回路中，基极电流与发射结两端电压的关系曲线叫做输入特性曲线。晶体管的输入特性曲线与二极管的正向伏安特性曲线形状相似，也有死区、非线性区和线性区。在输出回路中，集电极电流与集电极—发射极电压的关系曲线，叫做输出特性曲线。输出特性曲线有三个区：放大区、截止区和饱和区。

（15）晶体管的参数是晶体管性能的重要标志。晶体管的主要参数包括，放大特性参数有 $\bar{\beta}$、β 和 $\bar{\alpha}$、α；直流特性参数有 I_{CBO}、I_{CEO}；极限参数有 $U_{(BR)CBO}$、$U_{(BR)EBO}$、$U_{(BR)CEO}$、I_{CM}、P_{CM}。

（16）场效应晶体管是用电压来控制电流的，场效应晶体管有结型和绝缘栅型两大类。

（17）场效应晶体管的主要参数有夹断电压、漏极饱和电流、输入电阻、栅源击穿电压和跨导等。

（18）绝缘栅型场效应晶体管有耗尽型和增强型两大类，每一类又有 N 沟道和 P 沟道两种类型。绝缘栅型场效应晶体管因其栅极与漏极、源极绝缘而得名。

 习题

一、选择题

1. 当 PN 结两端加正向电压时，那么参加导电的是（   ）。

    A．多数载流子   B．少数载流子   C．既有多数载流子又有少数载流子

2. 如果晶体二极管的正、反向电阻都很大，则该晶体二极管（   ）。

    A．正常   B．已被击穿   C．内部断路

3. 如果晶体二极管的正、反向电阻都很小或为零，则该晶体二极管（   ）。

    A．正常   B．已被击穿   C．内部断路

4. 当晶体三极管的两个 PN 结均反偏时，则晶体三极管处于（   ）。

    A．饱和状态   B．放大状态   C．截止状态

5. 当晶体三极管的两个 PN 结都正偏时，则晶体三极管处于（   ）。

    A．截止状态   B．放大状态   C．饱和状态

6. 晶体三极管处于饱和状态时，它的集电极电流将（　　）。

    A. 随基极电流的增加而增加

    B. 随基极电流的增加而减小

    C. 与基极电流变化无关，只取决于 U_{CE}

7. 当温度升高时，半导体电阻将（　　）。

    A. 增大　　　　　　　　B. 减小　　　　　　　　C. 不变

8. 点接触型晶体二极管比较适用于（　　）。

    A. 大功率整流　　　　　B. 小信号检波　　　　　C. 小电流开关

9. 面接触型晶体二极管比较适用于（　　）。

    A. 高频检波　　　　　　B. 大功率整流　　　　　C. 大电流开关

10. 用万用表欧姆挡，测量小功率晶体二极管的特性好坏时，应把欧姆挡拨到（　　）。

    A. R×100 挡或 R×1k 挡　　B. R×1 挡　　　　　　C. R×10k 挡

11. 半导体中的自由电子和空穴的数目相等，这样的半导体称为（　　）半导体。

    A. N 型　　　　　　　　B. P 型　　　　　　　　C. 本征

12. 晶体二极管因所加反向电压大而击穿、烧毁的现象称为（　　）。

    A. 齐纳击穿　　　　　　B. 雪崩击穿　　　　　　C. 热击穿

二、名词解释

13.（1）半导体　　（2）本征半导体　　（3）杂质半导体

三、问答题

14. 从晶体二极管的伏安特性曲线上看，锗管与硅管有哪些区别？

15. 什么叫二极管的最大整流电流、最高反向工作电压、最高工作频率？

16. 晶体三极管电流放大作用的实质是什么？晶体三极管为什么具有电流放大作用？

17. 三极管放大器常用的接法有哪几种？

18. 对一个没有标明极性的晶体二极管，如何用万用表测量其极性？

19. 有人测一个晶体二极管的反向电阻时，为使测试棒和管脚接触良好，用两只手捏紧进行测量，发现管子的反向电阻值比较小，认为不合格，但用在设备上却工作正常，这是什么原因？

20. 测得某电路中，几个三极管各极电位如下图所示，试判断各管工作在截止区、放大区还是饱和区？

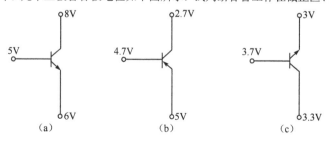

题图 1　习题 20 图

第2章
放大电路

【学习目标】

- 掌握放大电路的基本概念；
- 理解放大电路的原理和放大的本质；
- 掌握放大电路的直流分析方法和交流分析方法；
- 掌握用微变等效电路分析较复杂放大电路的方法；
- 掌握多级放大电路的分析方法；
- 理解放大电路频率特性的意义；
- 了解场效应晶体管放大电路的原理和分析方法。

2.1 放大电路的基础知识

2.1.1 放大电路的作用

放大电路是电子设备中的基本组成部分。它能够将收到的小信号转换成人们可以听到或看到的较大信号。在日常生活中经常看到它的应用，如扩音机、收音机、手机、电视机、MP3等电子产品中都有放大电路。

晶体管的重要功能之一就是它的"放大作用"。用照片来比喻放大作用，如图 2.1-1 所示。用照相机拍摄到的图像，由于太小根本无法欣赏时，可以将胶片放入扩印机进行放大，做成大幅的照片再加以欣赏。同样如果说话的声音太小，就可以借助扩音机将声音放大再传出去。

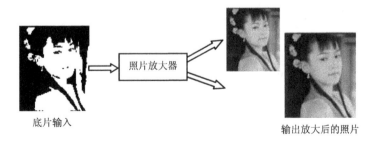

底片输入   输出放大后的照片

图 2.1-1　照片的放大

通常所说的放大器，就是把微弱的电信号（作为电压或电流传递的微弱变动）加以放大，在输出端输出一个与输入波形一致而幅度增大了的信号，如图 2.1-2 所示。

所谓放大，表面上看是将信号的幅度由小增大，但是，放大的本质是实现能量的控制。由于输入信号（如从天线或传感器得到的信号）的能量过于微弱，不足以推动负载（如喇叭或测量装

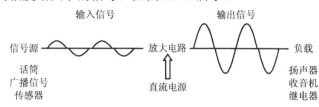

图 2.1-2　信号的放大

置的执行机构），因此需要另外提供一个能源，由能量较小的输入信号控制这个能源，使之输出较大的能量，然后推动负载。这种小能量对大能量的控制作用，就是放大作用。

2.1.2　放大电路的特点及性能指标

1．放大电路的特点

放大电路的种类繁多，电路形式和功能各不相同，在开始研究各种具体的放大电路之前，我们首先来讨论放大电路模拟电路和数字电路中的差别，如表 2.1-1 所示。

表 2.1-1　放大电路在模拟电路和数字电路中的区别

放大电路类型	工作信号	晶体管的作用	分析方法
模拟电路	连续变化的正弦、脉冲等信号	放大作用	图解法和微变等效电路法
数字电路	只有 0、1 两种状态的数字信号	开关作用	逻辑代数、真值表、逻辑图等

综上所述，模拟放大电路的特点如下：

（1）放大电路的核心元件晶体管，它应工作在放大状态。

（2）能将微弱的电信号增强并能够转换成负载需要的电压形式，以推动负载正常工作。

（3）要求放大后的信号波形与放大前的波形的形状相同或基本相同，即信号不能失真，否则就会丢失要传送的信息，失去了放大的意义。

2．放大电路的失真

如果输入信号是一个单频率的正弦波，输出的波形位置不对、正负半周的波形不对称，或者根本不像一个正弦波，那就说明输出信号已经产生了失真。

（1）线性失真。

通常放大电路的输入信号是多频信号，如果放大电路对信号的不同频率分量具有不同的增益幅值或者相对相位发生了变化，就使输出波形发生失真，前者称为幅度失真，后者称为相位失真，两者统称为频率失真，如图 2.1-3 所示。**注意**：频率失真是由电路的线性电抗元件引起的，故又称线性失真，其特征是输出信号中不产生输入信号中所没有的新的频率分量。

（2）非线性失真。

由放大器件的伏安特性的非线性或者负载的非线性而引起的波形失真称为非线性失真。

非线性失真的特征是产生新的频率分量。

如果输入是一个单频率的正弦波，输出的波形仍然是一个同频率的正弦波，那么就表明没有产生非线性失真；如果输出是一个畸变的波形，那就说明输出量已经产生了非线性失真。如图 2.1-4 所示。

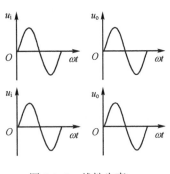

图 2.1-3　线性失真

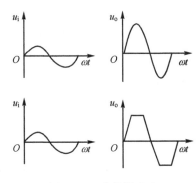

图 2.1-4　非线性失真

3. 放大电路的基本性能指标

为了表示放大器的质量，通常规定了一些指标，用来衡量放大器的性能。下面，简要介绍放大器的几项常用基本指标的意义，后面还将对它们作深入的阐述。

（1）电压放大倍数。

电压放大倍数是放大器放大能力的基本指标。电压放大倍数 A_u 的定义是，放大器输出信号电压的变化量 ΔU_o 与输入信号电压的变化量 ΔU_i 之比，用公式表示为

$$A_u = \frac{\Delta U_o}{\Delta U_i} = \frac{u_o}{u_i}$$

应用中，电压放大倍数也可以用输出电压的最大值 U_{om}（或有效值 U_o）与输入电压的最大值 U_{im}（或有效值 U_i）之比来表示，即

$$A_u = \frac{U_{om}}{U_{im}} = \frac{U_o}{U_i}$$

应用中，为了分析和计算的方便，放大器的放大能力也可用电压放大倍数的对数值来表示，称之为增益。放大器的增益用字母 G 表示，单位为 dB（分贝）。

（2）通频带。

放大器的通频带表示放大器能够放大的信号频率范围。放大器的放大倍数与信号频率的关系可用图 2.1-5 来表示。图中，f_L 为下限频率，f_H 为上限频率。在 $f_L \sim f_H$ 之间，放大倍数的数值最大且基本保持不变。我们把 $f_L \sim f_H$ 之间的频率范围 f_B 称为放大器的通频带。从图 2.1-5 可以看出，$f_B = f_H - f_L$。通频带的意义是：当信号的频率在 $f_L \sim f_H$ 之间时，放大器有最大且基本不变的放大倍数；当信号的频率低于 f_L 或高于 f_H 时，放大器虽然仍有一定的放大能力，但放大倍数随频率的变化而明显减小，所以一般认为，放大器不再

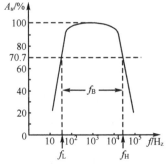

图 2.1-5　放大器的通频带

具有放大能力。

从图 2.1-5 还可以看出，放大电路的通频带位于放大倍数最大值的 0.707 处，显然，通频带越宽，表明放大电路对信号的频率变化有更强的适应能力。

（3）输入电阻。

从放大器的输入端向放大器里面看进去的等效电阻称为输入电阻，用 r_i 表示。输入电阻值的大小反映了放大器向信号源索取电流的大小。输入电阻值大，放大器向信号源索取的电流小；输入电阻值小，放大器向信号源索取的电流大。可见，从放大器对信号源的适应能力来说，输入电阻的值越大越好。

（4）输出电阻。

当放大器不接负载（即空载）时，从放大器的输出端向放大器里面看进去的等效电阻称为输出电阻，用 r_o 表示。输出电阻反映了放大器的带负载能力。放大器的输出电阻值小，带负载能力强；放大器的输出电阻值大，带负载能力弱。可见，从放大器的带负载能力来说，输出电阻的值越小越好。

（5）非线性失真。

由于三极管输入特性、输出特性的非线性，将会使输出信号波形不同于输入信号波形，这就是放大器的非线性失真。从放大器的性能来说，放大器的非线性失真越小越好。

2.2 基本放大电路的组成及工作原理

2.2.1 基本放大电路的组成及各元件的作用

如图 2.2-1 所示，图（a）是一个最简单的单管交流放大电路的实物图，图（b）是电路原理图，图（c）是单电源电路图。它是最基本的共发射极放大电路。

图 2.2-1（b）所示的基本放大电路中，各个元件的作用如下。

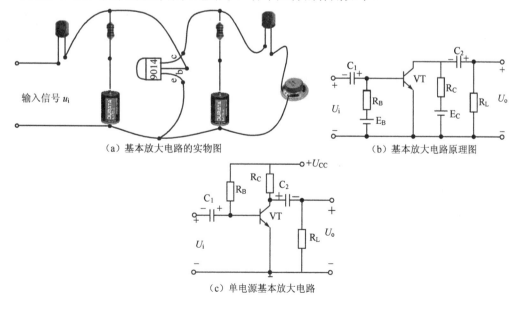

（a）基本放大电路的实物图   （b）基本放大电路原理图

（c）单电源基本放大电路

图 2.2-1 基本放大电路的实物及电路原理图

1. 晶体三极管 VT

它是放大电路的核心部件，担负着放大作用。

2. 基极电源 E_B 和基极电阻 R_B

它们的作用是使晶体管发射结处于正向偏置，满足放大条件。R_B 的值一般为几十千欧到几百千欧。

3. 耦合电容 C_1、C_2

耦合电容接在放大器的输入端和输出端，具有"隔直通交"的作用。它们一方面隔断放大器与信号源、负载之间的直流通路，保证为晶体管设置的静态工作点，不因输入信号和负载的接入而改变。另一方面，又要保证输入信号能够畅通地经过放大器。在信号源、放大器、负载三者之间建立一条交流通路。

C_1 和 C_2 为极性电容，连接时要注意极性，其电容值一般为几微法到几十微法。

4. 集电极电源 E_C

E_C 除了为晶体管提供放大所需的能量外，它还保证集电结处于反向偏置，以使晶体管起到放大作用。其值一般为几伏到几十伏。

5. 集电极负载电阻 R_C

R_C 可以把电流的变化转换成电压的变化并反映在输出端，即 R_C 把晶体三极管的电流放大作用转换成电压放大作用。它的值一般为几千欧到几十千欧。

u_i 为输入信号，u_o 为输出信号，R_L 为负载。

电路中，符号"⏚"表示电路的参考零电位点，通常称为"地"。这样，电路中各点的电位，实际上就是该点对"地"之间的电压。

由此可见，为了使晶体三极管工作，需要两个直流电源，即基极直流电源 E_B 和集电极直流电源 E_C。但是使用双电源不经济，而且在基极上直接加偏置，会使偏置电压过大，造成晶体三极管的损坏。由于 E_B 一般小于 1V，而 E_C 在几伏至几十伏之间，所以不能用 E_C 直接替代 E_B，实际应用中是用电阻将 E_C 分压替代 E_B，采用一个直流电源 E_C 供电的方式——单电源供电，如图 2.2-1（c）所示电路。

小结

综上所述，在构成具体放大作用的电路时，应遵循下列原则：
- 必须保证放大器件工作在放大区，以实现电流或电压的控制作用。
- 元件的安排应保证信号能有效地传输，即有 u_i 输入时，应有 u_o 输出。
- 元件参数的选择应保证输入信号能得到不失真地放大；否则，放大将失去意义。

2.2.2 电压、电流等符号的规定

由于放大电路中既有直流电源 U_{CC}，又有交流电压 u_i，所以电路中晶体管各极的电压和

电流包含直流量和交流量两部分。为了分析方便，各量的符号规定如下：

直流分量： 用大写字母和大写下标表示，如 I_B 表示晶体管基极的直流电流。

交流分量： 用小写字母和小写下标表示，如 i_b 表示晶体管基极的交流电流。

瞬时值： 用小写字母和大写下标表示，它是直流分量和交流分量的和，如 i_B 表示晶体管基极的瞬时电流值，即 $i_B=I_B+i_b$。

交流有效值： 用大写字母和小写下标表示，如 I_b 表示晶体管基极正弦交流电流有效值。

表 2.2-1 给出了模拟电路中晶体管各极电压和电流的符号。

表 2.2-1　放大电路中电压和电流的符号

名　　称	直　　流	交　流			叠加直流的交流瞬时值
		瞬　时　值	有　效　值	最　大　值	
基极电流	I_B	i_b	I_b	I_{bm}	i_B
集电极电流	I_C	i_c	I_c	I_{cm}	i_C
发射极电流	I_E	i_e	I_e	I_{em}	i_E
集—射极电压	U_{CE}	u_{ce}	U_{ce}	U_{cem}	u_{CE}
基—射极电压	U_{BE}	u_{be}	U_{be}	U_{bem}	u_{BE}

2.2.3　基本放大电路的工作原理

1．基极信号电压、电流的产生

电源通过 R_B 给三极管的发射结加正向偏置电压，使发射结导通并产生基极静态偏置电流 I_{BQ}。这时，将输入信号电压 u_i 通过输入耦合电容 C_1 加在基极上，也就是加在发射结的两端。u_i 的波形如图 2.2-2（a）所示。由于输入信号电压 u_i 的变化将引起基极电压和基极电流的变化，这个变化的电压就是基极信号电压 u_{be}，变化的电流就是基极信号电流 i_b，它们的波形与输入信号电压 u_i 的波形一致，如图 2.2-2（b）和图 2.2-2（c）所示。

需要指出的是，这时的基极电压 u_{BE} 是静态电压 U_{BEQ} 与信号电压 u_{be} 的叠加，即 $u_{BE}=U_{BEQ}+u_{be}$；这时的基极电流 i_B 是静态电流 I_{BQ} 与信号电流 i_b 的叠加，即 $i_B= I_{BQ}+i_b$。

2．集电极信号电流的产生

电源通过 R_C 给三极管的集电结加反向偏置电压，使集电极产生静态偏置电流 I_{CQ}。由于三极管的电流放大作用，基极电流 i_b 的变化将引起集电极电流 i_c 的变化，集电极电流的变化量为基极电流变化量的 β 倍，即 $i_c=\beta i_b$。集电极电流的波形与基极电流的波形相同，如图 2.2-2（d）所示。这时的集电极电流 i_C 是静态电流 I_{CQ} 与信号电流 i_c 的叠加，即 $i_C= I_{CQ}+i_c$。

3．输出信号电压的产生

当集电极电流 i_C 流过三极管时，将在集电极—发射极两端产生电压降，这个电压降 u_{CE} 是静态电压 U_{CEQ} 与信号电压 u_{ce} 的叠加，即 $u_{CE} = U_{CEQ}+u_{ce}$，如图 2.2-2（e）所示。最后，u_{CE} 经输出电容 C_2 隔去直流分量 U_{CEQ} 后，信号电压 u_{ce} 输出给负载，在负载两端即得到输出信号电压 u_o，即 $u_o=u_{ce}$，如图 2.2-2（f）所示。

4．输出信号电压的相位

由图 2.2-2（a）和图 2.2-2（f）可以看出，输出信号电压 u_o 与输入信号电压 u_i 相位相反，这是怎么形成的呢？

在输入信号电压 u_i 的正半周，u_i 增大，i_b 增大，i_c 增大。由于 $u_{ce}=U_{CC}-i_cR_C$，当 i_c 增大时，i_cR_C 增大，u_{ce} 减小，u_o 减小。这个过程可用如下渐变式表示（↑表示升高或增大，↓表示降低或减小）。

$$u_i\uparrow \rightarrow i_b\uparrow \rightarrow i_c\uparrow \rightarrow u_{ce}\downarrow \rightarrow u_o\downarrow$$

同理，在输入信号电压 u_i 的负半周，u_i 减小，i_b 减小，i_c 减小；由于 $u_{ce}=U_{CC}-i_cR_C$，当 i_c 减小时，i_cR_C 减小，u_{ce} 增大，u_o 增大。这个过程可用如下渐变式表示

$$u_i\downarrow \rightarrow i_b\downarrow \rightarrow i_c\downarrow \rightarrow u_{ce}\uparrow \rightarrow u_o\uparrow$$

从图 2.2-2 还可以看出，u_i 与 i_b、i_c 同相，u_i 与 u_o 反相；所以，共发射极基本放大电路除了对输入信号电压具有放大作用外，还具有倒相作用。

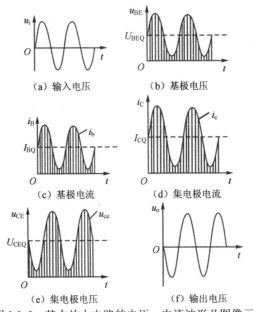

图 2.2-2　基本放大电路的电压、电流波形及图像示意图

小结

综上分析，可得出共发射极单管放大电路的特点如下：

- 既有电流放大，也有电压放大；
- 输出电压 u_o 与输入电压 u_i 相位相反；
- 除了 u_i 和 u_o 是纯交流量外，其余各量均为脉动直流电，即只有大小的变化，方向不变。
- 晶体管的电压放大作用是利用了晶体管的电流控制作用，并依靠 R_C 将放大后电流的变化转变为电压变化来实现的。

课堂讨论：放大电路如果不加偏置电压（即不给发射结加正向电压，集电结加反向电压），其输出结果怎样？

图 2.2-3（a）所示为晶体三极管无偏置电压的电路，图 2.2-3（b）

所示为不加偏置电压时的失真图像比喻情况。

因为晶体三极管要处于放大状态，就应使发射结正偏，集电结反偏（即给微弱的输入信号一个放大的平台）。如果发射结不加正向偏置电压，当输入信号电压幅度较小时，这个量无法越过晶体管的死区，晶体管处于截止状态，即基极无信号电流产生，也将无输出信号；当输入信号电压幅度较大时，虽然基极能产生信号电流，但是也只有输入信号的一部分，而输出信号将产生严重的非线性失真。结果 i_B 和 i_C 的波形就完全不是正弦波了。

为了尽可能地减小非线性失真，我们很自然地想到，i_B 不但应该在输入电压的正半周时随着输入电压的增加而增大，而且还必须能在输入电压的负半周时随着输入电压减小而减小。因此，在没有加入信号以前，i_B 的数值就不能为零。因此，解决这些问题的方法就是必须给晶体管加合适的偏置电压，以克服输出信号的非线性失真。

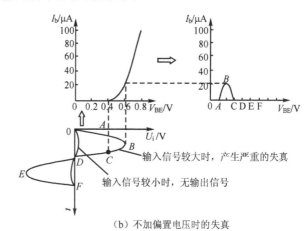

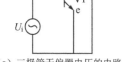

（a）三极管无偏置电压的电路　　　　　　　　　　（b）不加偏置电压时的失真

图 2.2-3　晶体三极管不加偏置电压的失真情况

练一练 1

1．共发射极单管放大电路，输出电压与输入电压相位差为_____，这是放大器的重要特征，称为_____。

2．按晶体管在电路中不同的连接方式，可组成_____、_____和_____三种基本电路。

3．共发射极电路的输入端由_____和_____组成，输出端由_____和_____组成，它不但具有_____放大、_____放大作用，而且其功率增益也是三种基本线路中最大的。

4．由于电容 C 具有_____作用，所以，交流放大器负载两端的电压，只是晶体管 c、e 极间总电压的_____部分。

5．按加电原则给晶体管加偏置电压使晶体管具有放大能力的必要条件。加电原则为_____正向偏置，_____反向偏置。

6. 试判断图 2.2-4 中各个电路能否放大交流信号？为什么？

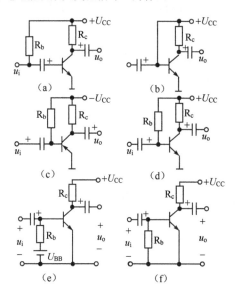

图 2.2-4 练一练题 6 图

2.3 基本放大电路的静态分析

1．静态

静态是放大电路没有输入信号（即 $u_i=0$）时的工作状态。

2．静态工作点（Q 点）

静态分析是放大电路只有直流信号作用时，晶体管各极的电流值和各极之间的电压值。放大电路的静态值表示为 I_{BQ}、I_{CQ}、U_{BEQ}、U_{CEQ}，由于 U_{BEQ} 由晶体管的材料决定，所以我们又把 I_{BQ}、I_{CQ}、U_{CEQ} 称为静态工作点，也称 Q 点。 其值的大小直接影响放大电路的质量。

由于电路中电容对交、直流信号的作用不同。如果电容容量足够大，可以认为它对交流信号不起作用，即对交流短路；对于直流信号，电容的容抗相对无穷大，即对直流视为开路。因此，交、直流所走的通道是不同的。

3．直流通路

直流通路是在直流电源作用下直流流经的路径，也就是静态电流流经的通路，它用于研究静态工作点。

2.3.1 直流通路的估算法

估算法又叫近似计算法，就是在一定假设条件下（如 U_{BEQ} 取 0.7V），忽略一些次要因素（如忽略 I_{CEO}），用公式简便地计算出结果的方法。下面，根据电路的已知参数，分析如何运用估算法求出放大电路的静态工作点。

由于放大电路中存在耦合电容，其作用是隔断直流信号，传输交流信号，所以基本放大电路及其直流通路如图 2.3-1 所示。从图 2.3-1（b）可以看出，直流通路有两个回路：第一个是基极回路，路径是：$+U_{CC}$——R_B——b 极——e 极——电源负极（地）；第二个是集电极回路，路径是：$+U_{CC}$——R_C——c 极——e 极——电源负极（地）。

现在，以图 2.3-1（a）所示的基本放大电路为例，讨论估算法的运用。

【例 2.3-1】 已知：晶体三极管为 3DG 型硅 NPN 管，U_{CC}=12V，R_B=180kΩ，R_C=2kΩ，β=50，U_{BEQ} 取 0.7V。试用估算法求放大电路的静态工作点 I_{BQ}、I_{CQ}、U_{CEQ}。

解：由于直流电流不能通过耦合电容器，所以应根据放大电路的直流通路来计算电路的静态工作点。

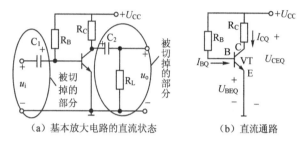

（a）基本放大电路的直流状态　　（b）直流通路

图 2.3-1　共发射极基本放大电路及其直流通路

（1）画直流通路图，如图 2.3-1（b）所示。

（2）列基极回路方程，求基极静态电流 I_{BQ}。

根据基尔霍夫电压定律，可列出基极的电压回路方程为

$$-U_{CC} + I_{BQ}R_B + U_{BEQ} = 0$$

则

$$I_{BQ} = \frac{U_{CC} - U_{BEQ}}{R_B}$$

因为 $U_{BEQ} << U_{CC}$

所以 $I_{BQ} \approx \dfrac{U_{CC}}{R_B}$ 　　　　　　　　　　　　　　　　　　　　　（2.3-1）

代入已知数据，即可求出基极静态电流 I_{BQ}，即

$$I_{BQ} \approx \frac{V_{CC}}{R_B} = \frac{12V}{180k\Omega} = 63\mu A$$

（3）求集电极静态电流 I_{CQ}。

根据晶体三极管电流分配关系得

$$I_{CQ} = BI_{BQ}$$ 　　　　　　　　　　　　　　　　　　　　　（2.3-2）

代入已知数据，即可求出集电极静态电流 I_{CQ}，即

$$I_{CQ} = \beta I_{BQ} = 50 \times 63\mu A = 3.15mA$$

（4）列集电极回路方程，求集电极—发射极静态电压 U_{CEQ}。

根据基尔霍夫电压定律，可列出集电极的电压回路方程为

$$-U_{CC} + I_{CQ}R_C + U_{CEQ} = 0$$

则

$$U_{CEQ} = U_{CC} - I_{CQ}R_C \tag{2.3-3}$$

代入已知数据，即可求出集电极—发射极静态电压 U_{CEQ}，即

$$U_{CEQ} = V_{CC} - I_{CQ}R_C = 12V - 3.15mA \times 2k\Omega = 12V - 6.3V = 5.7V$$

即

$$I_{BQ}=63\mu A \quad I_{CQ}=3.15mA \quad U_{CEQ}=5.7V$$

由式（2.3-1）可知，该电路的偏流 I_{BQ} 由 V_{CC} 和 R_B 决定。当 V_{CC} 和 R_B 一定时，偏流 I_{BQ} 就是固定值。因此，图 2.3-1（a）电路称为固定偏置放大电路，R_B 称为固定偏置电阻。

小结

估算共发射极基本放大电路静态工作点的一般方法如下。

- 画出放大电路的直流通路图。
- 列出基极回路的电压方程，或用公式

$$I_{BQ} = \frac{U_{CC} - U_{BEQ}}{R_B} \approx \frac{U_{CC}}{R_B}$$

即可求出基极静态电流 I_{BQ}。

- 根据晶体管的电流分配关系

$$I_{CQ} = \overline{\beta}I_{BQ}$$

即可求出集电极静态电流 I_{CQ}。

- 列出集电极回路的电压方程，或用公式

$$U_{CEQ}=U_{CC}-I_{CQ}R_C$$

即可求出集电极静态电压 U_{CEQ}。

课堂讨论：设置静态工作点的目的是什么？

在放大器没有接输入信号时，由于有直流电源作用，电路中各处会有直流电压和直流电流的存在。比如实际生活中"手机没有接收到信号，收音机没有接收到节目，电视机没有接通电视天线等"，它们的电路照常工作，一旦交流信号接收到，则能够满足用户需要。这些直流量（也称 Q 点）是保证放大器不失真放大交流信号的前提。假设给放大电路输入一个正弦电压 v_i，则在线性范围内晶体三极管的 v_{BE}、i_B、i_C 和 v_{CE} 都将围绕各自的静态值按正弦规律变化。放大电路的动态工作情况如图 2.3-2 所示。

【例 2.3-2】 如图 2.3-3 所示电路中，晶体管 β=50，（1）如果 R_B 取 240kΩ，求 I_{BQ}、I_{CQ}、U_{CEQ}。（2）如果要求 U_{CEQ}=3V，问 R_B 的值应取多大？

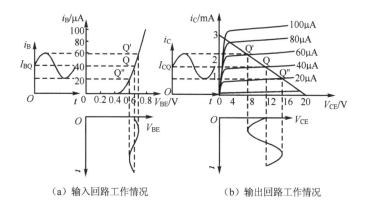

（a）输入回路工作情况　　　　　　　（b）输出回路工作情况

图 2.3-2　加正弦输入信号时放大电路的工作情况图解

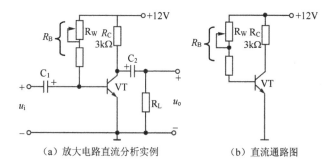

（a）放大电路直流分析实例　　　　　（b）直流通路图

图 2.3-3　例 2.3-2 图

解：先画出电路的直流通路图，如图 2.3-3（b）所示。

（1）当 R_B=240kΩ时，根据公式 2.3-1～式 2.3-3，求得

$$I_{BQ} \approx \frac{U_{CC}}{R_B} = \frac{12V}{240k\Omega} = 50\mu A$$

$$I_{CQ} = \overline{\beta} I_{BQ} = 50 \times 50\mu A = 2.5mA$$

$$U_{CEQ} = U_{CC} - I_{CQ}R_C = 12 - 2.5mA \times 3k\Omega = 4.5V$$

则如果 R_B 取 240kΩ，I_{BQ}=50μA，I_{CQ}=2.5mA，U_{CEQ}=4.5V。

（2）根据题意和已知条件，要确定 R_B 必须要知道 I_{BQ}，而 I_{BQ} 与 I_{CQ} 有关，因此只要求出 I_{CQ} 就能求得 R_B。

列集电极回路电压方程为

$$-U_{CC} + I_{CQ}R_C + U_{CEQ} = 0$$

$$I_{CQ} = \frac{U_{CC} - U_{CEQ}}{R_C} = \frac{12V - 3V}{3k\Omega} = 3mA$$

再根据 $I_{CQ} = \overline{\beta} I_{BQ}$ 得到

$$I_{BQ} = \frac{I_{CQ}}{\overline{\beta}} = \frac{3mA}{50} = 60\mu A$$

列基极回路电压方程：

$-U_{CC}+I_{BQ}R_B=0$ 可得到 R_B 为

$$R_B = \frac{U_{CC}}{I_{BQ}} = \frac{12V}{60\mu A} = 200k\Omega$$

则 R_B 应取值 200kΩ，此时 $I_{CQ}=3$ mA，$I_{BQ}=60\mu A$。

由此例看出，当放大电路中其他元件的数值确定以后，晶体管的 Q 点可由 R_B 决定。若要改变集电极回路的静态工作点 U_{CEQ}、I_{CQ}，只需改变 R_B 的值即可。这给实际调整电路工作带来了很大方便。

2.3.2 直流通路的图解法

直流通路的图解法是利用三极管的输出特性曲线，运用作图法求解放大电路静态工作点的方法。它的优点在于，能够直观地分析和了解静态值的变化对放大电路的影响。

1. 放大电路的直流负载线

（1）直流负载线的定义。

在放大器的直流通路中，由集电极回路的电压方程 $U_{CEQ}=U_{CC}-I_{CQ}R_C$ 所决定的直线，就是放大器的直流负载线。

（2）直流负载线的作法。

以图 2.3-1 为例，学习在 U_{CE}-I_C 坐标系中作直流负载线的方法。

① 根据图 2.3-1（b）所示的直流通路，写出集电极回路的电压方程为

$$U_{CE}=U_{CC}-I_CR_C$$

代入 U_{CC} 和 R_C 的数据，即可得到

$$U_{CE}=12-2I_C$$

可以看出，$U_{CE}=12-2I_C$ 是一个直线方程，只要求出满足该方程的任意两个点，即可在 U_{CE}-I_C 坐标系中画出这条直线，这条直线就是方程 $U_{CE}=U_{CC}-I_CR_C$ 的直流负载线。

② 画出 U_{CE}-I_C 坐标系，如图 2.3-4 所示。

③ 取坐标点，作直流负载线。

a. 令 $U_{CE}=0$，则 $I_C=U_{CC}/R_C=12V/2k\Omega=6mA$，取 M 点坐标为（0，6）；

b. 令 $I_C=0$，则 $U_{CE}=U_{CC}=12V$，取 N 点坐标为（12，0）。

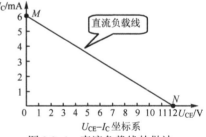

图 2.3-4 直流负载线的做法

在 U_{CE}-I_C 坐标系中，定出 M 和 N 两点，连接 M、N 两点，所得直线 MN 即为方程 $U_{CE}=U_{CC}-I_CR_C$ 的直流负载线。

根据直流负载线 MN，即可用图解法求电路的静态工作点。

2. 用图解法求放大电路的静态工作点

【例 2.3-3】 已知：共发射极基本放大电路如图 2.3-1（a）所示，晶体管的输出特性曲线如图 2.3-5 所示，试用图解法求放大电路的静态工作点 I_{CQ} 和 U_{CEQ}。

解：① 在输出特性曲线上作直流负载线 MN，作图方法同上。

② 代入已知数据，求出基极静态电流 I_{BQ}。

$$I_{BQ} = \frac{U_{CC} - U_{BEQ}}{R_B} = \frac{12V - 0.7V}{180\ k\Omega} = 63\ \mu A$$

在此需要说明，I_{BQ} 也可以用图解法求出，但需要画出晶体管的输入特性曲线。为了简化图解法的过程，在此对 I_{BQ} 采用了计算法。

③ 直流负载线 MN 与 $I_{BQ}=63\mu A$ 的那条输出特性曲线的交点 Q，即为晶体管的静态工作点。从 Q 点分别向纵坐标和横坐标作垂线，与纵轴 I_C 和横轴 U_{CE} 的两个交点即为放大电路静态工作点。从图中可以看出，$I_{CQ}=3.15mA$，$U_{CEQ}=5.7V$，即为所求值。

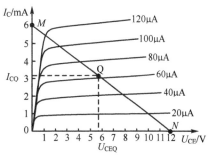

图 2.3-5 输出特性曲线

🐧 **小结**

用图解法求共发射极基本放大电路静态工作点的一般方法。

- 根据放大电路图，画出放大电路的直流通路图。
- 根据回路电压定律，列出基极回路的电压方程，并代入元件参数，求出基极电流 I_{BQ}。
- 根据集电极回路的元件参数，在给定的输出特性曲线的坐标系上，用公式 $U_{CEQ}=U_{CC}-I_{CQ}R_C$，作出直流负载线 $M（0，I_C）N（U_{CE}，0）$。
- 由 I_{BQ} 与直流负载线 MN 的交点 Q 分别向纵坐标和横坐标作垂线，两垂足所对应的点 I_{CQ} 和 U_{CEQ}，即为该电路的静态工作点。

3. 电路参数对直流负载线的影响

一个已经设计好的放大电路，当它的参数改变时，电路中的电流、电压都会随之改变，这种变化反映到 U_{CE}-I_C 坐标系中，就是直流负载线和静态工作点的变化。下面，以图 2.3-1 所示的放大电路为例，分析当电路的 U_{CC}、R_B、R_C 的数值改变时，直流负载线和静态工作点的变化规律。

（1）R_B 值改变而其他元件参数保持不变。

当只有 R_B 值改变而其他元件参数保持不变时，由于集电极回路的参数没有改变，所以直流负载线不会改变。

R_B 值的变化只能使基极静态电流 I_{BQ} 发生变化，这种变化反映到直流负载线上，只是电路的静态工作点 Q 沿直流负载线上、下移动。当 R_B 值增大时，I_{BQ} 减小，工作点将沿直流负

载线向下移动至 Q'' 点；当 R_B 值减小时，I_{BQ} 增大，工作点将沿直流负载线向上移动至 Q' 点，如图 2.3-6 所示。

（2）R_C 值减小（或增大）而其他元件参数保持不变。

由于集电极电流 I_{CQ} 是由基极电流 I_{BQ} 决定的，所以 R_C 值的减小并不影响 I_{CQ} 的大小。但 R_C 值的改变将引起晶体管集电极电压 U_{CEQ} 的变化：当 R_C 值减小时，U_{CEQ} 将增大；而当 R_C 值增大时，U_{CEQ} 将减小。

从直流负载线的角度来看，R_C 值的减小必将影响直流负载线。从直流负载线的作法可知，R_C 值的减小并不影响 N（U_{CC}，0）点的坐标，但 M（0，U_{CC}/R_C）点坐标将因 R_C 值的减小而变化。当 R_C 值减小时，U_{CC}/R_C 将增大，直流负载线的上端，将从 M 点向上移动至 L 点，如图 2.3-6 所示。

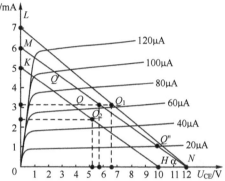

图 2.3-6　电路参数对负载线的影响

对比 MN、LN 两条直流负载线可以看出，当 R_C 值减小时，直流负载线的斜率（$\tan\alpha=1/R_C$）增大，U_{CEQ} 也随之增大，I_{CQ} 基本保持不变，工作点将从 Q 点移动至 Q_1 点。

同理，当 R_C 值增大时，直流负载线的斜率将减小，U_{CEQ} 也随之减小，I_{CQ} 仍基本保持不变。

（3）U_{CC} 减小（或增大）而其他元件参数保持不变。

当 U_{CC} 减小而其他元件参数保持不变时，由于 U_{CC} 值的减小，I_{BQ}、I_{CQ} 都将减小，直流负载线将平行于原直流负载线 MN 向左移动至 KH，其斜率保持不变，工作点将从 Q 点向左下方移动至 Q_2 点，如图 2.3-6 中的 KH 所示。

同理，当 U_{CC} 增大而其他元件参数保持不变时，直流负载线将平行于原直流负载线 MN 向右移动，斜率保持不变。

练一练 2

1. 放大器的静态是指＿＿＿＿时的工作状态，静态工作点可根据电路参数用＿＿＿＿方法确定，也可以用＿＿＿＿方法确定。

2. 表征放大器中晶体管的静态工作点的参数有＿＿＿＿、＿＿＿＿和＿＿＿＿。

3. 晶体管工作在放大状态时，U_{ce} 随 I_b 而变化，如果 I_b 增加，则 U_{ce} 将＿＿＿＿；如果 I_b 减小，则 U_{ce} 将＿＿＿＿。因此，I_b 可以起调节电压作用。

4. 如果晶体管放大器 U_{CC} 增大，而其他条件不变，则晶体管放大器的静态工作点将随负载线＿＿＿＿移。

5. 在晶体管放大器中，R_c 减小，而其他条件不变，则晶体管负载线变＿＿＿＿。

6. 所谓图解分析法，就是利用＿＿＿＿，通过作图来分析＿＿＿＿。

2.4　基本放大电路的动态分析

在放大电路中，晶体管各极电流、电压的直流分量与交流分量是叠加在一起的。由于放大电路已经设置好静态工作点，所以在对放大电路进行交流分析时，放大电路的直流工作点是作为已知条件看待的、并且满足输入信号的幅度要足够小。

交流通路是有信号时，交流分量（变化量）流经的路径。由于耦合电容的容量很大，对交流信号的容抗很小，所以在交流通路中可将耦合电容视为短路；又由于直流电源的内阻很小，在交流通路分析时也可视为短路，如图 2.4-1（a）所示。

求放大器的放大倍数、输入电阻、输出电阻及其他性能指标的过程，叫做放大器的动态分析或称为交流分析。对放大器进行交流分析时，应利用放大器的交流通路。共发射极基本放大电路的交流通路如图 2.4-1（b）所示。

由图 2.4-1（b）可以看出，共发射极基本放大电路的交流通路有两个回路：一个是输入回路，由偏置电阻 R_B 和晶体管的发射结并联组成；另一个是输出回路，由集电极电阻 R_C 与负载电阻 R_L 并联，然后再与晶体管的集电极—发射极串联组成。

对放大器进行交流分析时，一般可采用微变等效电路法或交流通路的图解法。

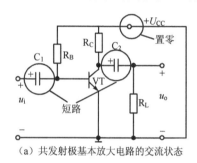
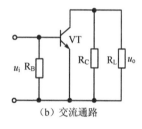

（a）共发射极基本放大电路的交流状态　　　　　　（b）交流通路

图 2.4-1　共发射极基本放大电路的交流状态和交流通路

2.4.1　微变等效电路法

（1）微变等效电路。

把非线性原件晶体管所组成的放大电路等效为一个线性电路。即把非线性的晶体管线性化，等效为一个线性元件。

（2）线性化的条件。

晶体管在小信号（微变量）情况下工作。因此，在静态工作点附近小范围内的特性曲线可以用直线近似代替。

（3）微变等效电路法。

利用放大电路的微变等效电路分析，计算放大电路电压放大倍数 A_u、输入电阻 r_i、输出电阻 r_o 等。

由于在一个微小的工作范围内，晶体管的电压、电流变化量之间的关系基本上是线性的。因此，可以用一个等效的线性电路来代替这个晶体管。所谓等效，就是从线性电路的三个引出端看进去，其电压、电流的变化关系和原来的晶体管一样，这样的线性电路就称为微变等效电路。

用微变等效电路来代替晶体管后，使具有非线性特性的晶体管放大电路转化为我们熟悉的线性电路了。显然，这样的等效是有条件的，即必须是小信号。

1. 晶体管的微变等效电路

首先研究一下共射极接法时晶体管的输入、输出特性曲线。从图 2.4-2（a）可见，在输入特性的 Q 点附近，特性曲线基本上是一段直线，即 Δi_B 与 Δu_{BE} 成正比，因此可以用一个等效电阻 r_{be} 来代表输入电压和输入电流之间的关系，即

$$r_{be} = \frac{\Delta u_{BE}}{\Delta i_B}$$

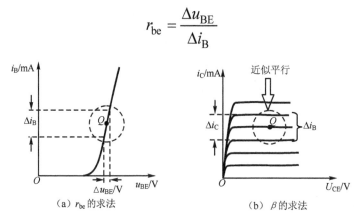

（a）r_{be} 的求法　　　　（b）β 的求法

图 2.4-2　晶体管等效参数的求法

所以晶体管的 b、e 端可等效为一个线性电阻。r_{be} 虽然可以由输入特性曲线求得，但是晶体管的输入特性曲线在一般的晶体管手册中，往往并不给出，而且也不太容易测准，所以需要用一个简便的公式对 r_{be} 进行估算。

晶体管的基极与发射极之间是发射结，发射结电阻 r_{be} 应包括：基区体电阻 $r_{bb}{}'$、发射结电阻 r_e 及发射区体电阻 $r_{ee}{}'$ 三部分。由于发射区的体电阻 $r_{ee}{}'$ 很小，可忽略不计，故可认为：$r_{be}=r_{bb}{}'+r_e$。又由于发射结电阻 r_e 的参数与环境温度及发射极电流 I_{EQ} 有关，在常温条件下，小功率晶体管的 r_e 可近似为

$$r_e \approx \frac{26\text{mV}}{I_{EQ}\text{mA}} \qquad (2.4\text{-}1)$$

下面讨论晶体管 b、e 之间的电阻。图 2.4-3（a）画出了基极与发射极之间的两个电阻 $r_{bb}{}'$、r_e。当 b、e 两端加有输入电压 $\tilde{V}_{be}$ 时，基区电阻 $r_{bb}{}'$ 中的电流是 $\tilde{I}_b$，而流过发射结电阻 r_e 的电流是 $\tilde{I}_e$，即 $(1-\beta)\tilde{I}_b$。显然：

$$\tilde{U} = r_{bb}{}'\tilde{I}_b + \tilde{I}_e r_e = r_{bb}{}' \times \tilde{I}_b + (1+\beta)\tilde{I}_b r_e = \tilde{I}_b[r_{bb}{}'+(1+\beta)r_e]$$

因此，晶体管的输入电阻如图 2.4-3（b）所示，应为

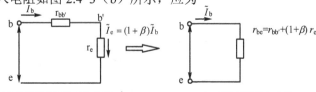

（a）基极与发射极之间的两个电阻 $r_{bb}{}'$、r_e　　　　（b）晶体管的输入电阻

图 2.4-3　输入电阻的折算

$$r_{be} = \frac{\tilde{U}_{be}}{\tilde{I}_b} = \frac{\tilde{I}_b[r_{bb}' + (1+\beta)r_e]}{\tilde{I}_b} = r_{bb}' + (1+\beta)r_e$$

将式（2.4-1）的值代入，得

$$r_{be} = r_{bb}' + (1+\beta)\frac{26}{I_{EQ}}(\Omega) \tag{2.4-2}$$

r_{bb}' 的参数对于不同类型的晶体管相差很大，低频、小功率的晶体管的电阻为几百欧姆，一般认为 r_{bb}' 值为 300Ω 左右。则晶体管输入电阻 r_{be} 的计算公式为

$$r_{be} = 300\Omega + (1+\beta)\frac{26\,\text{mV}}{I_{EQ}\,\text{mA}} \tag{2.4-3}$$

再从图 2.4-2（b）所画出的输出特性曲线看，假定在 Q 点附近特性曲线基本上是水平的，则 Δi_C 与 Δu_{CE} 无关，而只取决于 Δi_B；在数量关系上，Δi_C 比 Δi_B 大 β 倍；所以，从输出端看进去时，可以用一个大小为 $\beta \Delta i_B$ 的恒流源来代替晶体管。这样就得到了图 2.4-4（b）所示的微变等效电路。在这个等效电路中，忽略了 u_{CE} 对 i_c 的影响，也没有考虑 u_{CE} 对输入特性的影响，所以我们称它为简化的微变等效电路。在大多数情况下，此电路对于工程计算来说已经足够了。

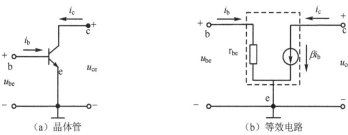

（a）晶体管　　　　　　　（b）等效电路

图 2.4-4　简化的晶体管微变等效电路

2．放大电路的微变等效电路

对放大电路进行交流分析时，需使用它的微变等效电路。下面，以共发射极基本放大电路为例，介绍放大电路的微变等效电路的画法。

第一步，画出放大电路的交流通路图；

第二步，利用晶体管的微变等效电路来代替交流通路中的晶体管；

第三步，画放大电路其余部分的交流通路。

放大电路的微变等效电路的画法如图 2.4-5 所示。

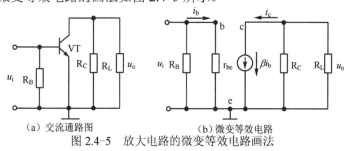

（a）交流通路图　　　　　　　（b）微变等效电路

图 2.4-5　放大电路的微变等效电路画法

3. 放大电路动态指标的估算方法

对放大电路动态指标的估算，主要是估算放大电路的电压放大倍数及输入、输出电阻。下面，以共发射极基本放大电路为例，用微变等效电路来求解共发射极基本放大电路的电压放大倍数、输入电阻和输出电阻。带有信号源和负载的共发射极基本放大电路的微变等效电路如图 2.4-6 所示。

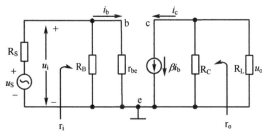

图 2.4-6　带有信号源和负载的共发射极基本放大电路的微变等效电路

（1）放大电路的电压放大倍数 A_u。

电压放大倍数是放大电路放大能力的基本指标，其值等于输出信号电压的变化量 ΔU_o 与输入信号电压的变化量 ΔU_i 之间的比值，用公式表示为

$$A_u = \frac{\Delta U_o}{\Delta U_i} = \frac{u_o}{u_i}$$

① 输入电压 u_i：由输入端的等效电路可以得出

$$u_i = i_b r_{be}$$

② 输出电压 u_o：由输出端的等效电路可以得出

$$u_o = -i_c(R_C /\!/ R_L)$$

$$= -i_c R_L'$$

式中，R_L' 称为总负载，$R_C /\!/ R_L = R_C R_L / (R_C + R_L) = R_L'$，$-$（负号）表示 u_o 与 i_c 的相位相反。

由于 $i_c = \beta i_b$，所以 u_o 也可以写作

$$u_o = -\beta i_b R_L'$$

③ 电压放大倍数 A_u：将上面所得出的 u_i 与 u_o 代入电压放大倍数的公式，得

$$A_u = \frac{u_o}{u_i} = -\frac{\beta i_b R_L'}{i_b r_{be}}$$

$$= -\beta \frac{R_L'}{r_{be}} \tag{2.4-4}$$

应注意的是，当放大电路不带负载（即空载）时，上式中的 R_L' 应为 R_C，即放大电路不带负载时的电压放大倍数为

$$A_u = -\beta \frac{R_C}{r_{be}} \tag{2.4-5}$$

（2）放大电路的输入电阻 r_i。

当从放大电路的输入端加入信号电压 u_i 时，将会有输入电流 i_i 产生，这就相当于电路的输入端有一个电阻，这个电阻就是放大电路的输入电阻 r_i。从放大电路的输入端看进去，输入电阻 r_i 为

$$r_i = \frac{u_i}{i_i}$$

由图 2.4-5 可以看出，放大电路的输入电阻 r_i 为偏置电阻 R_B 与发射结电阻 r_{be} 的并联之和，即

$$r_i = \frac{R_B r_{be}}{R_B + r_{be}} \qquad (2.4\text{-}6)$$

在共发射极基本放大电路中，R_B 的阻值一般很大，如果能满足 $R_B \gg r_{be}$，则在实际应用中可认为

$$r_i \approx r_{be} \qquad (2.4\text{-}7)$$

对信号源来说，r_i 与信号源的内阻 R_S 串联。如果 r_i 大，就意味着信号源电压 u_S 在 R_S 上的电压降小，放大电路的输入端就能准确地反映信号源的电压 u_S，即 $u_i \approx u_S$。因此，为了提高放大电路的性能，要设法提高放大电路的输入电阻。

（3）放大电路的输出电阻 r_o。

对于负载 R_L 来说，放大电路就是一个具有内阻和电动势的信号源，这个内阻就是放大电路的输出电阻 r_o。当负载 R_L 开路时，从放大电路输出端看进去的电阻就是放大电路的输出电阻 r_o。由图 2.4-5 可以看出，r_o 基本上等于集电极电阻 R_C，即

$$r_o \approx R_C \qquad (2.4\text{-}8)$$

对负载来说，放大电路的输出电阻 r_o 就相当于它的信号源内阻；当负载变化时，输出电压就要有较大的变化，即放大电路的带负载能力差。因此，为了提高放大电路的负载能力，应设法降低放大电路的输出电阻。

【例 2.4-1】 已知：共发射极基本放大电路如图 2.3-1（a）所示，求放大电路的输入电阻 r_i、输出电阻 r_o 和电压放大倍数 A_u。

说明，图 2.3-1（a）所示的放大电路的静态工作点已经在例 2.3-1 中求出，在此可作为已知条件使用，不必再重复进行计算。

解：（1）求放大电路的输入电阻 r_i。

根据晶体管输入电阻的计算公式，代入 $\beta = 50$，$I_{EQ} = 3.21\text{mA}$（$I_{EQ} = I_{CQ} + I_{BQ} = 3.15\text{mA} + 63\mu\text{A} = 3.21\text{mA}$），则晶体管输入电阻 r_{be} 为

$$r_{be} = 300\,\Omega + (1 + 50) \times \frac{26\text{mV}}{3.21\text{mA}} \approx 713\,\Omega$$

根据 $r_i \approx r_{be}$，代入 r_{be} 值，则放大电路的输入电阻 r_i 为

$$r_i \approx r_{be} = 713\Omega$$

（2）求放大电路的输出电阻 r_o。

根据 $r_o \approx R_C$，代入 $R_C = 2k\Omega$，则放大电路的输出电阻 r_o 为

$$r_o \approx R_C = 2k\Omega$$

（3）求电压放大倍数 A_u。

根据 $R'_L = R_C R_L / (R_C + R_L)$，代入 $R_C = 2k\Omega$，$R_L = 2k\Omega$，则总负载 R'_L 为

$$R'_L = \frac{R_C R_L}{R_C + R_L} = \frac{2k\Omega \times 2k\Omega}{2k\Omega + 2k\Omega} = 1k\Omega$$

根据电压放大倍数公式，代入 $\beta = 50$，$R'_L = 1k\Omega$，$r_{be} = 713\Omega$，则电压放大倍数 A_u 为

$$A_u = -\beta \frac{R'_L}{r_{be}} = -\frac{50 \times 1k\Omega}{713\Omega} \approx -70$$

则放大电路的输入电阻 $r_i = 713\Omega$，输出电阻 $r_o = 2k\Omega$，电压放大倍数 $A_u = -70$。

小结

等效电路法求共发射极基本放大电路主要动态指标的一般步骤和公式：

- 画电路的交流通路图。

- 求出放大电路的总负载电阻 R'_L 为

$$R'_L = R_C // R_L = \frac{R_C R_L}{R_C + R_L}$$

- 求晶体管的输入电阻 r_{be} 为

$$r_{be} = 300\Omega + (1+\beta)\frac{26mV}{I_{EQ}mA}$$

- 求放大电路的输入电阻 r_i 为

$$r_i = r_{be} // R_B \approx r_{be}$$

- 求放大电路的电压放大倍数 A_u 为

$$A_u = -\beta \frac{R'_L}{r_{be}} \quad (\text{有载}); \qquad A_u = -\beta \frac{R_C}{r_{be}} \quad (\text{空载})$$

- 求放大电路的输出电阻 r_o 为

$$r_o \approx R_C$$

2.4.2　交流通路的图解法

交流通路的图解法是以直流通路的图解法为基础，晶体管的输入特性曲线、输出特性曲线是已知的，而且放大电路已经设置好了静态工作点。交流通路的图解法是利用晶体管的特

性曲线对电路进行分析，并可直观检查放大电路的失真情况。

用图解法分析放大电路要解决的问题是：在给定电路参数和输入信号的情况下，求解晶体管各极电流和电压的波形、振幅及最大动态范围，并估算出电路的电压、电流放大倍数。下面以图 2.3-1（a）为例，阐述用交流通路的图解法来分析放大电路的性能。

1. 用图解法分析放大电路的交流性能

【例 2.4-2】　已知：共发射极基本放大电路如图 2.3-1（a）所示，但不接入 R_L。晶体管的输入、输出特性曲线如图 2.4-7 所示。输入信号电压 $u_i=15\sin\omega t$（mV），试画出输入回路与输出回路的电流波形、电压波形并估算放大电路的电压放大倍数及电流放大倍数。

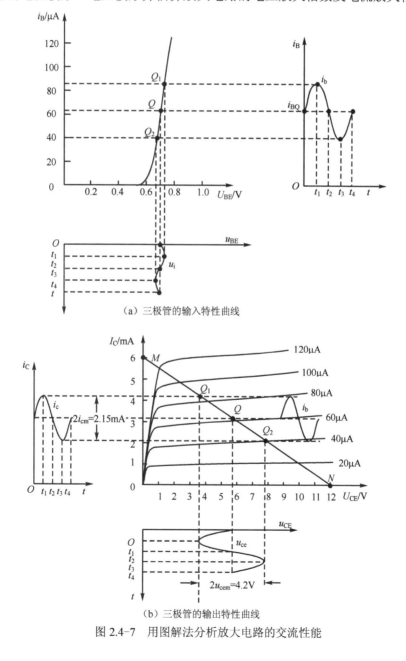

（a）三极管的输入特性曲线

（b）三极管的输出特性曲线

图 2.4-7　用图解法分析放大电路的交流性能

解：（1）首先，在输出特性曲线上作直流负载线，确定静态工作点。

方法见例 2.3-2，如图 2.4-7（b）所示。

（2）画集电极电流、电压波形。

① 通过输入特性曲线求 i_b 的波形。当有输入信号时，加在晶体管基极与发射极之间的电压 u_{BE} 是直流工作电压 U_{BEQ} 与输入信号电压 u_i 之和，即

$$u_{BE} = U_{BEQ} + u_i = 0.7V + 15\sin\omega t\ mV$$

这是一个单向脉动电压，如图 2.4-7（a）所示。

在 u_{BE} 波形图上取不同时刻的 t 值，对应着不同的输入电压。通过晶体管的输入特性曲线就能求出对应每一时刻的 i_B 值。从而得到 i_B 变化的波形，如图 2.4-7（a）所示。可以看出，i_B 是一个单向脉动电流，是直流偏置电流 I_{BQ} 与输入信号电流 i_b 的叠加。

在晶体管的输入特性曲线上，u_{BE} 和 i_B 的变化表现为工作点 Q 沿输入特性曲线在 $Q_1 \sim Q_2$ 移动，基极电流在 $40 \sim 86\mu A$ 变化。

② 利用 i_B 的波形和输出特性曲线求 i_C 和 u_{CE} 的波形。首先在输出特性曲线上找出与 i_B 对应的三条特性曲线 i_{Bmax}、i_{BQ}、i_{Bmin}，即 i_B 分别为 $86\mu A$（对应 Q_1 点）、$63\mu A$（对应 Q 点）和 $40\mu A$（对应 Q_2 点）的三条输出特性曲线。把 i_B 随时间变化的波形画在输出特性曲线的右边，如图 2.4-7（b）所示。

从图 2.4-7（b）可以看出，i_C 和 u_{CE} 也是脉动直流量，是直流静态工作点 I_{CQ}、U_{CEQ} 和交流输出量 u_{ce}、i_c 的叠加。其中，i_c 与 u_i 同频、同相，u_{ce} 与 u_i 同频、反相；另外，还可以看出，i_C 和 u_{CE} 的变化反映在输出特性曲线上，表现为工作点 Q 沿负载线在 $Q_1 \sim Q_2$ 移动。

（3）估算电压放大倍数与电流放大倍数。

① 估算电压放大倍数 A_u。根据电压放大倍数的定义可知，电压放大倍数 A_u 可以用输出电压的最大值 U_{om} 与输入电压的最大值 U_{im} 之比来表示，即

$$A_u = \frac{U_{om}}{U_{im}}$$

从图 2.4-7（b）中可以查出，$U_{om} = u_{cem} = 2.1V$；已知 $U_{im} = u_{im} = 15mV$，故可得到

$$A_u = \frac{u_{cem}}{u_{im}} = -\frac{2.1V}{15mV} = -140$$

② 估算电流放大倍数 A_i。根据电流放大倍数的定义可知，电流放大倍数 A_i 可以用输出电流的最大值 I_{om} 与输入电流的最大值 I_{im} 之比来表示，即

$$A_i = \frac{I_{om}}{I_{im}}$$

从图 2.4-7（b）中可以查出，$I_{om} = i_{cm} = 1.075mA$，$I_{im} = i_{bm} = 23\mu A$，故可得到

$$A_i = \frac{i_{cm}}{i_{bm}} = \frac{1.075mA}{23\mu A} \approx 47$$

放大电路的输入回路与输出回路的电流、电压波形分别如图 2.4-7（a）和图 2.4-7（b）所示，其电压放大倍数为 -140，电流放大倍数为 47。

🐧 小结

图解法分析放大电路的一般方法:

- 根据输入信号电压 u_i,通过输入特性曲线,求出 i_B 的波形。
- 利用 i_B 的波形和输出特性曲线,求出 i_C 和 u_{CE} 的波形。
- 根据 i_C 和 u_{CE} 的波形,求出输出交流电压、电流的最大值。
- 用估算法计算放大电路的电压放大倍数和电流放大倍数。

2. 交流负载线

以上分析了放大电路不带负载($R_L = \infty$)时的情况。但是一个完整的放大电路的输出端都应该带有一定的负载,放大电路的总负载为 R'_L($R'_L = R_C // R_L$)。

由于接入了负载,输出电压、输出电流将沿着交流负载线移动,而不再沿直流负载线移动。那么,怎样作出交流负载线呢?

无论放大电路是否接有负载,当输入端的交流信号为零(静态)时,输出端的 U_{CE} 值和 I_C 值都是静态工作点所对应的值。由此可以确定,有负载时的交流负载线必定是过 Q 点的。另外,当 U_{CC} 变化而其他元件参数保持不变时,负载线将平行于原直流负载线移动,其斜率将保持不变。

根据以上两点结论,可以用总负载的倒数($1/R'_L$)为斜率,过 $u_{CE} = U_{CC}$ 点作一条直线(辅助线),然后再将它平移,并使它过 Q 点,此时所得到的直线就是交流负载线。

下面,以图 2.3-1(a)所示电路为例,学习作交流负载线的方法,如图 2.4-8 所示。

① 作直流负载线 MN 并确定 Q 点。

② 求出集电极总负载电阻 R'_L

$$R'_L = \frac{R_C R_L}{R_C + R_L} = \frac{2k\Omega \times 2k\Omega}{2k\Omega + 2k\Omega} = 1k\Omega$$

③ 确定辅助线的两个坐标点:L(0,12)、N(12,0),连接 L 和 N 两点,即得到交流负载线的辅助线 LN。

④ 平移辅助线 LN 过 Q 点,即得到交流负载线 JH。

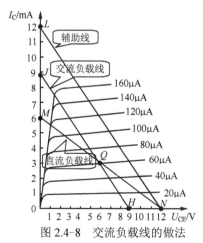

图 2.4-8 交流负载线的做法

在此还需要指出的是，放大电路带有负载 R_L 是放大电路的实际工作情况。当交流信号输入时，放大电路的输出电压 u_0 的幅度将比没有负载 R_L（空载）时小。由于放大电路的输出电压 u_0 的幅度决定于交流负载线，所以工作点的选择应以交流负载线为依据。一般说来，如果希望输出信号的幅度尽可能大而又不失真，静态工作点应选在交流负载线的中部。若输入信号的幅度较小，为了减小晶体管的功率损耗和降低噪声，静态工作点可适当降低一些。

综上所述，分析基本放大电路交流通路的两种基本方法是图解法和等效电路法。如表2.4-1所示。这两种方法各有特点，既相互联系，又相互补充。在实际应用中，应根据需要灵活运用这两种方法，以便对放大电路有一个全面的了解。

表 2.4-1   基本放大电路两种分析方法的比较

	图解法	等效电路法
主要功能	分析静态工作点，动态范围和波形失真	分析动态参数，计算放大倍数、输入和输出电阻
分析步骤	① 画出晶体管的输出特性，根据电路参数求出 I_{BQ} ② 作直流负载线，确定静态工作点 ③ 通过静态工作点作交流负载线 ④ 根据输入信号引起的 i_b 变化，由交流负载线确定 i_C 和 u_{CE} 的变化范围 ⑤ 检查是否有失真，确定输出波形	① 利用估算法或图解法求静态工作点 ② 根据放大电路的交流通路画出微变等效电路 ③ 根据三极管参数，利用公式求出 r_{be} ④ 按照线性电路的分析方法求 A_u、r_i、r_o
优点	直观	简便
缺点	小信号分析作图准确度较差，实际上在小信号分析中并不常用	要求输入信号 u_i 变化量小，输入信号频率在低中频范围

练一练 3

1. 共发射极电路的输出电压与输入电压有_____的相位关系，所以该电路有时被称为_____。

2. 由于晶体管参数的离散性较大，即使同一种型号的晶体管，它的_____差别也相当大，而且在小信号时也无法作图。另外，计算放大电路的_____和_____也很困难，因此要用微变等效电路来分析计算。

3. 从放大器输入端看过去的等效电阻称为放大器的_____，近似等于_____。

4. 从放大器输出端看进去的等效电阻称为放大器的_____，近似等于_____。

5. 由于负载电阻 R_L 的接入，对交流信号来说，负载线的斜率将由_____代替，新的负载线比原来要_____，其中 R'_L 为_____。

6. 对于一个放大器来说，一般希望其输入电阻_____些，以减轻信号源的负担，输出电阻_____些，以增大带动负载的能力。

7. 为了保证小信号交流放大器不失真地进行放大，并且有最大的动态范围，静态工作点应选在_____。

8. 画交流通路图时，电容应视为_____路。

本章小结

1. "放大"的实质是用小的能量信号（如电流或电压）控制较大能量的传输。对放大电路的基本要求是不失真地进行放大，为此放大电路必须设置合适的静态工作点（Q 点），确保在输入信号变化范围内晶体管始终处于线性放大区。

2．放大器的输入电阻是从放大器的输入端向放大器里面看进去的等效电阻。输入电阻的大小反映了放大器工作时向信号源索取电流的大小。放大器的输入电阻以大一些为好。

3．放大器的输出电阻是当放大器不接负载时，从放大器的输出端向放大器里面看进去的等效电阻。输出电阻的大小反映了放大器的负载能力。放大器的输出电阻以小一些为好。

4．放大电路的基本分析方法有两种：图解法和微变等效电路法。图解法便于直观地分析静态工作点的位置与波形失真的关系。微变等效电路法用于分析放大电路的动态情况，从而确定交流指标。

5．放大器的静态工作点就是在没有输入信号的状态下，晶体管各极直流电流、电压的数值。估算共发射极基本放大电路静态工作点的一般步骤是：① 画出直流通路图；② 列基极回路方程，求出 $I_{BQ} = \dfrac{U_{CC}}{R_B}$；③ 根据电流分配关系，求出 $I_{CQ}=\beta I_{BQ}$；④ 列集电极回路方程，求出 $U_{CEQ}=U_{CC}-I_{CQ}R_C$。

6．直流通路的图解法就是利用晶体管的输出特性曲线，运用作图的方法，求解放大电路的静态工作点。其一般步骤是：① 画直流通路图；② 求出 I_{BQ}；③ 作直流负载线；④ 确定静态工作点。在放大器的直流通路中，由集电极回路的电压方程 $U_{CE}=U_{CC}-I_C R_C$ 所决定的直线，就是放大器的直流负载线。

7．电路元件参数对负载线的影响是：① 当 R_B 改变而其他元件数值保持不变时，直流负载线不会改变；② 当 R_C 减小时，直流负载线的斜率增大，U_{CEQ} 也随之增大，I_{CQ} 基本保持不变；③ 当电源电压减小而其他元件数值保持不变时，直流负载线将平行于原直流负载线向左移动，其斜率保持不变，工作点将向左下方移动。

8．求解放大器的放大倍数及其性能指标的过程，叫放大器的交流分析。一般采用微变等效电路代替晶体管，然后画出放大电路其余部分的交流通路。晶体管输入端的等效电阻为

$$r_{be} = 300\Omega + (1+\beta)\frac{26\,\mathrm{mV}}{I_{EQ}\,\mathrm{mA}}$$

共发射极基本放大电路三个主要参数的计算式为

$$A_u = -\beta\frac{R'_L}{r_{be}}\qquad r_i \approx r_{be}\qquad r_0 \approx R_C$$

9．用图解法分析放大电路的一般步骤：① 首先根据输入信号电压 u_i，通过输入特性曲线，求出 i_B 的波形；② 利用 i_B 的波形和输出特性曲线，求出 i_C 和 u_{CE} 的波形；③ 根据 i_C 和 u_{CE} 的波形求出输出交流电压、电流的最大值；④ 最后根据电压和电流放大倍数的定义式，估算出电压和电流的放大倍数。

 习题

一、选择题

1．在 NPN 型晶体管放大电路中，如果基极与发射极短路，则（　　　）。

　　A．晶体管将深度饱和　　　　B．晶体管将截止　　　　C．晶体管的集电结将正偏

2．晶体管低频小信号放大器能（　　　）。

　　A．放大交流信号　　　　B．放大直流信号　　　　C．放大交流与直流信号

3. 在晶体管低频电压放大电路中，输出电压应为（　　）。

    A. $u_o = i_c R_c$　　　　　　B. $u_o = -R_c i_c$　　　　　　C. $u_o = -I_c R_c$

4. 共发射极放大器的输出电压和输入电压在相位上的关系是（　　）。

    A. 同相位　　　　　　B. 相位差90°　　　　　　C. 相位差180°

5. 为调整放大器的静态工作点，使之上移，应该使 R_b 的电阻值（　　）。

    A. 增大　　　　　　　B. 减小　　　　　　　C. 不变

6. 如果晶体管的发射结正偏，集电结反偏，当基极电流增大时，将使晶体管（　　）。

    A. 集电极电流减小　　　　B. 集电极电压 U_{ce} 上升　　　C. 集电极电流增大

7. 当交流放大器接上负载 R_L 后，其交流负载线的斜率（　　）。

    A. 由 R_L 的大小决定　　　　B. 若 R_c 的大小不变，则交流负载线的斜率不变

    C. 由 R_L 和 R_c 的并联值决定

二、计算题

8. 电路如题图1所示，$R_B=470\text{k}\Omega$，$R_C=2\text{k}\Omega$，$\beta=80$，$U_{CC}=6\text{V}$，$U_{BEQ}=0.7\text{V}$。求静态工作点 I_{BQ}、I_{CQ}、U_{CEQ} 及电压放大倍数、输入电阻、输出电阻。

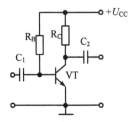

题图1　习题8图

9. 固定偏置放大电路如题图2（a）所示，$U_{BEQ}=0.7\text{V}$，$R_B=755\text{k}\Omega$，$R_C=2\text{k}\Omega$，$U_{CC}=12\text{V}$，所用三极管的输出特性曲线如题图2（b）所示。试用图解法，求静态工作点 I_{CQ}、U_{CEQ}。

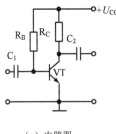
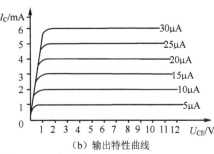

（a）电路图　　　　　　　（b）输出特性曲线

题图2　习题9图

10. 电路如题图3所示，$R_B=430\text{k}\Omega$，$R_C=R_L=2\text{k}\Omega$，$U_{CC}=9\text{V}$，$\beta=120$。试用等效电路法，估算该放大电路的输入电阻、输出电阻和电压放大倍数。

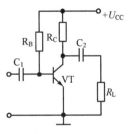

题图3　习题10图

第3章
放大电路中的反馈

【学习目标】

- 了解负反馈放大电路的特点及用途；
- 掌握负反馈的基本类型及判断方法；
- 掌握负反馈放大电路的分析方法；
- 了解负反馈对放大电路性能的影响。

本来，放大器是将输入端的输入信号放大并从输出端输出，但是有时特意将输出信号的一部分返回到输入端。如果返回的信号与输入信号的相位相同，则为正反馈；如果返回的信号与输入信号的相位相反，则为负反馈。由于引入负反馈后，放大电路的性能获得更大改善，所以在放大电路中得到广泛应用。

3.1 反馈的基本概念

反馈就是将放大电路输出量（输出电压或电流）的一部分或全部，通过反馈网络送回到放大电路的输入端，这种信号的回送过程叫做反馈。如图 3.1-1 所示的水流回流示意。

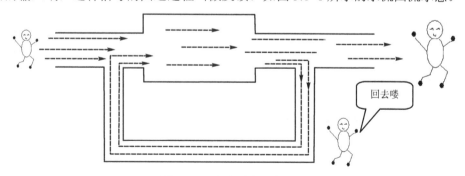

图 3.1-1 水流回流示意

如图 3.1-2 所示，上面一个方框表示基本放大器，下面一个方框表示能够把输出信号的一部分送回到输入端的电路，称为反馈网络；箭头方向表示信号的传输方向；符号⊕表示信号叠加；X_i 称为输入信号，它由前级电路提供；X_f 称为反馈信号，它是由反馈网络送回到输入端的信号；X_i'称做净输入信号或有效控制信号；"＋"和"－"表示 X_i 和 X_f 参与叠加时规定的正方向，即 $X_i - X_f = X_i'$；X_o 称为输出信号。通常，把输出信号的一部分取出的过程称做"取样"；把 X_i 与 X_f 叠加的过程叫做"比较"。引入反馈后，按照信号的传输方向，基本放大器和反馈网络构成一个闭合环路，所以有时把引入了负反馈的放大器叫做闭环放大器，而未引入反馈的放大器叫做开环放大器。

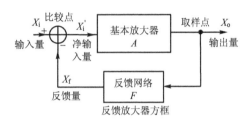

图 3.1-2　反馈放大器方框示意

开环放大倍数为

$$A = \frac{X_o}{X_i'} \qquad (3.1\text{-}1)$$

反馈网络的反馈系数为

$$F = \frac{X_f}{X_o}$$

闭环放大倍数为

$$A_f = \frac{X_o}{X_i} \qquad (3.1\text{-}2)$$

因为

$$X_i' = X_i - X_f$$

所以

$$A_f = \frac{A}{1 + AF} \qquad (3.1\text{-}3)$$

式（3.1-3）是反馈放大器的基本关系式，它是分析反馈问题的基础。其中 $1 + AF$ 叫反馈深度，用来表征反馈的强弱。

在实践应用中，深度负反馈的概念具有很重要的实用价值。例如，在设计放大电路时，为了得到一个性能稳定的放大电路，一般总是先把基本放大电路的放大倍数设计得很高，然后再引入深度负反馈，即可得到一个具有一定放大倍数、性能又很稳定的放大电路。

3.2　反馈的分类与判断方法

3.2.1　正反馈和负反馈

1. 正反馈和负反馈的定义

根据反馈极性的不同，可分为正反馈和负反馈。

如果输出信号反馈回到输入端，使放大器的放大倍数增大的，叫做正反馈；如果输出信号反馈回到输入端，使放大器的放大倍数减小的，叫做负反馈，如图 3.2-1 及表 3.2-1 所示。

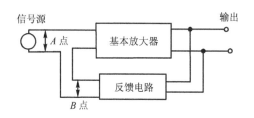

图 3.2-1　反馈电路的原理

表 3.2-1　正反馈和负反馈波形的比较

反馈类型	A 点	B 点
正反馈同相		
负反馈反相		

正反馈虽然提高了放大倍数，但会使放大电路的性能变坏；负反馈虽然降低了放大电路的放大倍数，但却使放大电路许多方面的性能得到改善，所以，在实际放大电路中大多采用负反馈，而正反馈主要用于振荡电路和比较器中。

2．正反馈和负反馈的判断方法——瞬时极性法

先假设反馈放大电路的输入端在某一瞬时电压的极性为"＋"，然后根据电路的特点，逐步推导出电路各点电压的瞬时极性，最后再看反馈信号对净输入信号的影响，使净输入信号增大的反馈就是正反馈，使净输入信号减小的反馈就是负反馈。

在图 3.2-2 所示放大电路中，根据电阻 R_B 的左端接在输入端——基极，右端接在输出端——集电极，即可判断出 R_B 是反馈元件。如果设基极电压的瞬时极性为"＋"，根据共发射极电路各极电压的相位关系（集电极的相位与基极相反，发射极的相位与基极相同）可知，输出端——集电极的瞬时极性为"－"。输出信号经 R_B 反馈到输入端，使基极的净输入信号减小，则可判断 R_B 引入的反馈是负反馈。

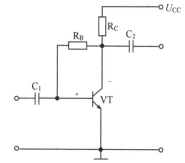

图 3.2-2　负反馈放大电路

在图 3.2-3 所示放大电路中，根据电阻 R_F 的左端接在第一级放大器的输入端——基极，右端接在第二级放大器的输出端——集电极——可知，R_F 是反馈元件。如果设第一级放大器基极电压的瞬时极性为"＋"，根据共发射极电路各极电压的相位关系可知，第二级放大器的集电极电压的瞬时极性为"＋"。输出信号经 R_F 反馈回输入端，使第一级基极的净输入信号增大，则可判断 R_F 引入的反馈是正反馈。

3.2.2　直流反馈和交流反馈

根据反馈信号本身的交、直流性质，反馈信号可以分为直流反馈和交流反馈。

如果反馈信号中只包含直流成分，则称为直流反馈；若反馈信号中只有交流成分，则称为交流反馈。在很多情况下，交、直流两种反馈兼而有之。

如图 3.2-4 所示静态工作点稳定电路中，反馈支路是 R_E，I_E 流过 R_E 产生电压 V_E，回送到输入回路。因 R_E 两端并联 C_E，如果旁路电容 C_E 足够大，电容对交流信号近似短路，故 R_E 上产生的电压是直流的，即这个反馈是直流反馈。直流反馈的作用是稳定静态工作点，而对于放大电路的各项动态性能（如放大倍数、通频带、输入输出电阻等）没有影响。

交流反馈电路的特点是反馈支路中串联有电容。它主要用来改善交流放大器的性能（如稳定电路的放大倍数、展宽频带、减小失真等）；反馈支路中只有电阻元件的，则同时存在交、直流反馈。

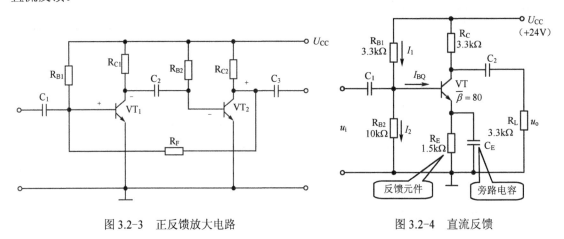

图 3.2-3　正反馈放大电路　　　　　　图 3.2-4　直流反馈

3.2.3　电压反馈和电流反馈

1. 电压反馈和电流反馈的定义

根据反馈信号从输出端取出成分（电压或电流）的不同，反馈可分为电压反馈和电流反馈。反馈信号取自输出电压的反馈，称为电压反馈；反馈信号取自输出电流的反馈，称为电流反馈，如图 3.2-5 所示。

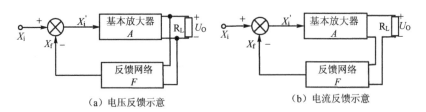

（a）电压反馈示意　　　　　　（b）电流反馈示意

图 3.2-5　电压反馈和电流反馈

（1）电压反馈。

反馈信号取自输出电压，即 X_f 正比于输出电压，X_f 反映的是输出电压的变化，所以称为电压反馈。这种情况下，基本放大器、反馈网络、负载三者在取样端是并联连接的。

（2）电流反馈。

反馈信号取自输出电流，正比于输出电流，反映的是输出电流的变化，所以称为电流反馈。在这种情况下，基本放大器、反馈网络、负载三者是串联连接的。

2. 电压反馈和电流反馈的判断方法

电压反馈和电流反馈的判断方法如下：

（1）输出短路法。

反馈信号从输出回路的输出极取出的是电压反馈；

反馈信号从输出回路的公共极取出的是电流反馈。

在判断反馈是电压反馈或电流反馈时，还可以假设输出端交流短路（令 $u_o=0$），看其反馈是否存在。若输出端交流短路后，反馈立即消失，则该反馈为电压反馈；若输出端交流短路后，反馈依然存在，则该反馈为电流反馈。

如图 3.2-6 所示电路，将其输出端短路，则反馈支路接地，反馈量消失，所以该电路为电压反馈。

如图 3.2-7 所示电路，将其输出端短路，则反馈支路接地，反馈量不消失，所以该电路为电流反馈。

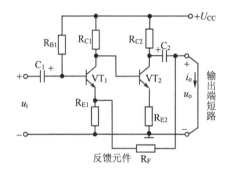
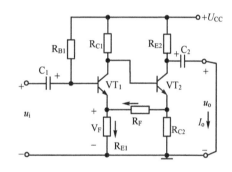

图 3.2-6　电压反馈　　　　　　　　　　图 3.2-7　电流反馈

（2）按电路结构判定。

在交流通路中，从输出端取样点来看，通常若信号输出点（A）与取样点（B）为同一点，一定为电压反馈，否则为电流反馈，如图 3.2-8 实例所示。

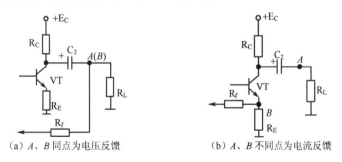

（a）A、B 同点为电压反馈　　　　　　（b）A、B 不同点为电流反馈

图 3.2-8　电压反馈和电流反馈的判断

3.2.4　串联反馈和并联反馈

按比较方式划分，反馈可分为串联反馈和并联反馈，如图 3.2-9 所示。

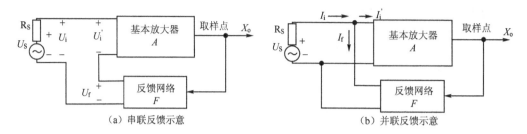

图 3.2-9 串联反馈和并联反馈

1. 串联反馈和并联反馈的定义

（1）串联反馈。

对交流信号而言，输入信号、基本放大器、反馈网络三者在比较端是串联连接的，则称为串联反馈，即输入信号与反馈信号在输入端串联连接。串联反馈要求信号源趋近于恒压源，若信号源是恒流源，则串联反馈无效。

在串联反馈电路中，反馈信号和原始输入信号以电压的形式进行叠加，产生净输入电压信号，即 $U_i' = U_i - U_f$。

（2）并联反馈。

对交流信号而言，输入信号、基本放大器、反馈网络三者在比较端是并联连接的，则称为并联反馈，即输入信号与反馈信号在输入端并联连接。并联反馈要求信号源趋近于恒流源，若信号源是恒压源，则并联反馈无效。

在并联反馈电路中，反馈信号和原始输入信号以电流的形式进行叠加，产生净输入电流信号，即 $I_i' = I_i - I_f$。

2. 串联反馈和并联反馈的判断方法

串联反馈和并联反馈的判断方法如下。

（1）输入信号短路法。

交流短路法，将信号源的交流短路，如果反馈信号依然能加到基本放大器中，则为串联反馈，否则为并联反馈，如图 3.2-10 所示。

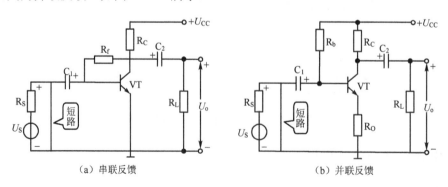

图 3.2-10 串联反馈和并联反馈的判断

（2）按电路结构判定。

对于交流分量而言，若信号源的输出点（C）和反馈网络的比较点（D）接于同一点，则为并联反馈；否则为串联反馈，如图 3.2-11 所示。

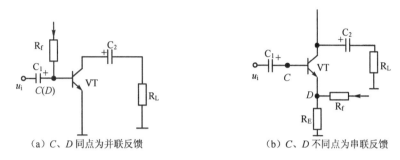

（a）C、D 同点为并联反馈　　　　（b）C、D 不同点为串联反馈

图 3.2-11　串联反馈和并联反馈的判断

【例 3.2-1】　判断图 3.2-12（a）所示电路中，反馈元件 R_f 的反馈类型。

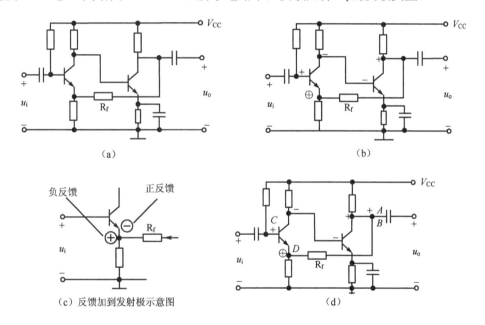

图 3.2-12　例 3.2-1 图

分析：

根据瞬时极性法，如图 3.2-12（b）所示，标出晶体管各电极的瞬时极性，再看反馈信号对净输入信号的影响，由如图 3.2-12（c）所示，可看出电路中 R_f 的反馈为负反馈。

根据电路结构判定方法，如图 3.2-12（d）所示，从输出端取样点来看，A、B 两点为同一点，则为电压反馈；从输入端比较点看，C、D 两点不在同一点，则为串联电路。

所以，R_f 为串联电压负反馈。

练一练 1

1. 对于放大电路，所谓开环是指_____。

A．无信号源　　　　　　　　B．无反馈通路　　　　　　　　C．无电源

2．对于放大电路，所谓闭环是指_____。

　　A．考虑信号源内阻　　　　B．存在反馈通路　　　　　　C．接入电源

3．在输入量不变的情况下，若引入反馈后_____，则说明引入的反馈是负反馈。

　　A．净输入量减小　　　　　B．输出量增大　　　　　　　C．净输入量增大

4．直流负反馈是指_____。

　　A．直接耦合放大电路中所引入的负反馈

　　B．只有放大直流信号时才有的负反馈

　　C．在直流通路中的负反馈

5．交流负反馈是指_____。

　　A．阻容耦合放大电路中所引入的负反馈

　　B．只有放大交流信号时才有的负反馈

　　C．在交流通路中的负反馈

6．为了实现下列目的，应引入下列选项中的哪个？

（1）为了稳定静态工作点，应引入_____；

（2）为了稳定放大倍数，应引入_____；

（3）为了改变输入电阻和输出电阻，应引入_____；

（4）为了展宽频带，应引入_____。

　　A．直流负反馈　　　　　　B．交流负反馈

7．试指出图 3.2-13 所示电路中哪个元件是反馈元件，并判断各引入的反馈类型及极性。

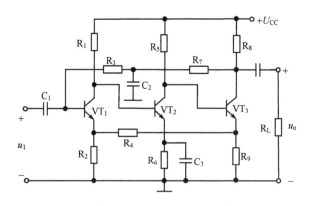

图 3.2-13　练一练题 7 图

8．下列说法中，正确的打"√"，错误的打"×"。

（1）若放大电路的放大倍数为负，则引入的反馈一定是负反馈。（　　　）

（2）负反馈放大电路的放大倍数与组成它的基本放大电路的放大倍数量纲相同。（　　　）

（3）若放大电路引入负反馈，则负载电阻变化时，输出电压基本不变。（　　　）

（4）阻容耦合放大电路的耦合电容、旁路电容越多，引入负反馈后，越容易产生低频振荡。（　　　）

3.3 负反馈对放大电路性能的影响

在放大电路的设计中引入反馈正是为了更好地实现放大电路的功能，改善放大器的性能。实用的放大器几乎都是带有负反馈的放大器。

1. 提高放大倍数的稳定性

引入负反馈后，放大电路放大倍数的表达式为：

$$A_{\mathrm{f}} = \frac{A}{1 + AF}$$

式中，$1+AF$ 为反馈深度。当引入深度负反馈时 $|1+AF| >> 1$，则闭环放大倍数 $A_{\mathrm{f}} \approx 1/F$。这就是说，引入深度负反馈后，放大电路的放大倍数只取决于反馈网络，而与基本放大电路无关。

在实际应用中，由于受温度的影响和电源变动的影响，晶体管的工作点容易发生变化。因此我们需要引入负反馈来提高电路的稳定性。

如图 3.3-1 所示，为了使电阻 R_E 仅对直流成分发挥有效的作用，设置电容 C_E（C_E 为旁路电容，交流成分的频率越高越容易通过，频率为 0 的直流成分则不能通过）放过交流成分。

以图 3.3-1 为例，电路中，由 R_{B1}、R_{B2} 分压，得到固定电压 U_B，如图 3.3-2（a）所示，R_E 上电压的极性为上正下负。如图 3.3-2（b）所示，由于 U_B 是正向，U_E 则为反向，从而使晶体管基极—发射极之间的电压为 U_B-U_E，如图 3.3-2（c）所示。这样就使由温度上升引起的集电极电流增大得到限制，从而使电路的稳定性得到了提高，见流程图 3.3-3。

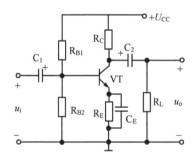

图 3.3-1 电流负反馈电路

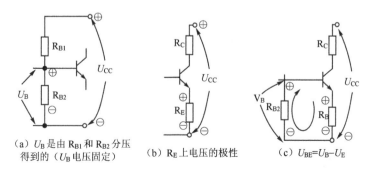

（a）U_B 是由 R_{B1} 和 R_{B2} 分压
得到的（U_B 电压固定）

（b）R_E 上电压的极性

（c）$U_{BE}=U_B-U_E$

图 3.3-2 电流负反馈电路的稳定电流过程

由此可见，反馈网络一般是由一些性能比较稳定的无源元件（如 R、C）所组成，也可以说，引入负反馈后，克服了温度变化、电源电压波动、器件变化等因素对放大电路放大倍数的影响。因此，虽然负反馈使放大电路的放大倍数有所下降，但是却提高了放大电路的稳定性。当放大倍数下降为 1/（1+AF）时，稳定性就提高了（1+AF）倍。

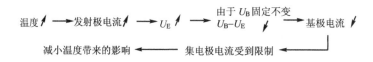

图 3.3-3　电流负反馈电路稳定电流的动作顺序流程图

2. 减小非线性失真和抑制干扰、噪声

由于电路中存在非线性器件，所以即使输入信号 X_i 为正弦波，输出也不是正弦波，而是产生一定的非线性失真，如图 3.3-4（a）所示。引入负反馈后，非线性失真将会减小，如图 3.3-4（b）所示。负反馈只能减小放大器自身产生的非线性失真。

可实践证明，引入负反馈后，放大电路的非线性失真减小到 r/(1+AF)。r 为无反馈时的非线性失真系数。

同样的道理，采用负反馈也可以抑制放大电路自身产生的噪声，其关系为 N/(1+AF)，N 为无反馈时的噪声系数。

采用负反馈，也可抑制干扰信号。

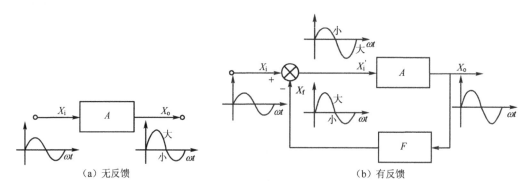

（a）无反馈　　　　　　　　　　　　　　　　　（b）有反馈

图 3.3-4　负反馈减小非线性失真

3. 展宽通频带并减少频率失真

放大器引入负反馈后，放大倍数将减小，但在信号频率的中、高、低频区减小的程度不同。在中频区，放大器的放大倍数大，输出电压高，反馈电压也高，使放大倍数下降得多；在高、低频区则正好相反，因而负反馈使放大器的幅频特性变得平坦，使 f_H 上移，f_L 下移，结果通频带变宽，如图 3.3-5 所示。这就好比限宽门一样，如图 3.3-6 所示。频带展宽会使更多的信号输入，收音机收到的广播电台将更多。

显然，通频带展宽是以降低放大倍数为代价换来的。在一定条件下，频带展宽几倍，相应的放大倍数就要降低几倍（中频放大倍数与频带宽度的乘积保持不变）。

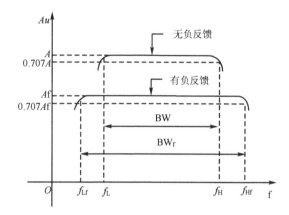

图 3.3-5　展宽通频带

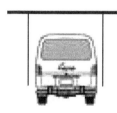　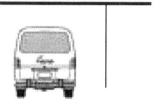

图 3.3-6　限宽门

4．改善输入电阻和输出电阻

负反馈对输入电阻的影响，只与比较方式有关，而与取样方式无关。

（1）串联负反馈使输入电阻增大。

图 3.3-7 所示为串联负反馈的方框图，由图和定义可得：

开环输入电阻：
$$r_i = \frac{U_i^{'}}{I_i}$$

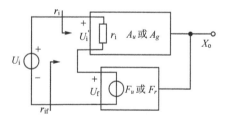

图 3.3-7　串联负反馈方框图

闭环输入电阻：
$$r_{if} = \frac{U_i^{'}}{I_i} = \frac{U_i^{'} + U_f}{I_i} = \frac{U_i^{'} + FU_o}{I_i}$$
$$= \frac{U_i^{'} + FAU_i^{'}}{I_i} = (1+AF)\frac{U_i^{'}}{I_i}$$
$$= (1+AF)\, r_i$$

可见，引入串联负反馈后，输入电阻可以提高$(1+AF)$倍。但是，当考虑偏置电阻 R_b 时，闭环电阻应为 $r_{if}//R_b$，故输入电阻的提高，受到偏置电阻的限制。

（2）并联负反馈使输入电阻减小。

$$r_i = \frac{U_i}{I_i'}$$

$$r_{if} = \frac{U_i}{I_i} = \frac{U_i}{I_i' + I_f} = \frac{U_i}{I_i' + AFI_i'}$$
$$= \frac{1}{1+AF} \cdot \frac{U_i}{I_i'} = \frac{1}{1+AF} r_i$$

可见，引入并联负反馈后，输入电阻减小为开环输入电阻的 $1/(1+AF)$。负反馈对输出电阻的影响，只与取样方式有关，而与比较方式无关，如图3.3-8所示。

（3）电压负反馈使输出电阻减小。

如图3.3-9所示电路，将放大电路输出端用电压源等效，r_o 为无反馈放大器的输出电阻。按照求输出电阻的方法，令输入信号为0，在输出端外加电压 U_o'，则无论是串联反馈还是并联反馈，$X_i' = -X_f$ 均成立。故

$$AX_i' = -X_f A = U_o' AF$$

放大器的输出电压为

$$I_o' = \frac{U_o' - AX_i'}{r_o} = \frac{U_o' + U_o' FA}{r_o} = \frac{U_o'(1+AF)}{r_o}$$

$$r_{of} = \frac{U_o'}{I_o'} = \frac{r_o}{1+AF}$$

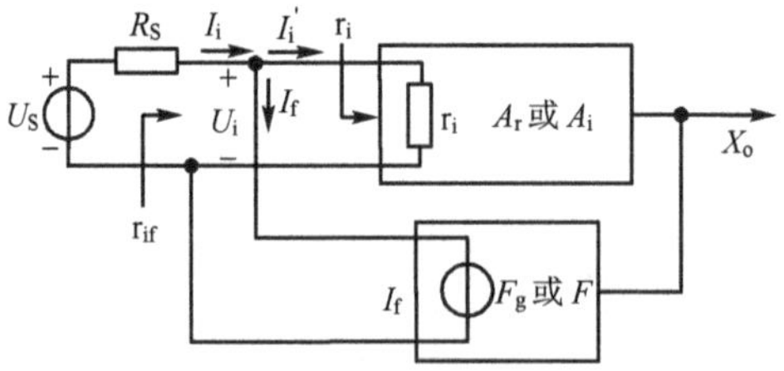

图 3.3-8　并联反馈方框图

可见引入电压负反馈后可使输出电阻减小到 $r_o/(1+AF)$。

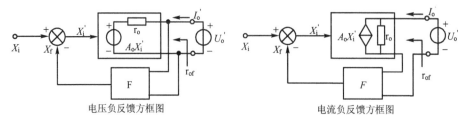

电压负反馈方框图　　　　　电流负反馈方框图

图 3.3-9　电压负反馈和电流负反馈方框图

（4）电流负反馈使输出电阻增大。

如图 3.3-9 所示，将放大器输出端用电流源等效，令输入信号为 0，在输出端外加电压，则 $X_i' = -X_f$ 于是有

$$I_o' = AX_i' + \frac{U_o'}{r_o}$$

而

$$AX_i' = AX_f = -FAI_o' \qquad\qquad I_i' = -FAI_o' + \frac{U_o'}{r_o}$$

$$(1+AF)\,I_o' = \frac{U_o'}{r_o} \qquad\qquad r_{of} = \frac{U_o'}{I_o'}(1+AF)\,r_o$$

可见，引入电流负反馈后可使输出电阻增大到 $(1+AF)r_o$。R_C 将对输出电阻的提高有限制。

实际工作中遇到的反馈电路形式是多种多样的，但是按连接方式来说，可以归纳为四种基本组态，即电压串联、电压并联、电流串联、电流并联。这四种不同组态的负反馈电路对放大器性能的影响如表 3.3-1 所示。

表 3.3-1　不同组态负反馈对放大器性能的影响

性能 ＼ 类型	电压串联	电压并联	电流串联	电流并联
稳定输出量	输出电压	输出电压	输出电流	输出电流
输入电阻	增加	减小	增加	减小
输出电阻	减小	减小	略大	略大
维持何种放大倍数稳定	A_{uf}	A_{rf}	A_{gf}	A_{if}
非线性失真与噪声	减小	减小	减小	减小
通频带	增宽	增宽	增宽	增宽
用途	电压放大器及放大器的输入或中间级	电流电压变换器及放大器的中间级	电压电流变换器	电流放大器

3.4　放大电路静态工作点的稳定

3.4.1　静态工作点设置不当造成放大电路的非线性失真

利用图解法可以帮助我们直观地看出放大电路的静态工作点与交流输入、输出信号之间的关系。

课堂讨论：静态工作点是否可以任意设置？

为了保证放大器正常放大交流信号，必须设置合适的静态工作点，以保证晶体管处于线性放大区，为放大微小的交流信号做准备。如果静态工作点设置不合理，将会造成输出信号失真。

如图 3.4-1（a）所示，静态工作点 Q 设置过低（I_{BQ} 太小），会导致放大管进入截止区，微小的交流信号负半周输入时，晶体管不能导通，电路输出

电压、电流为 0，因而引起 i_B、i_C 和 u_{CE} 的波形发生失真，这种现象称为截止失真。由图 3.4-1（a）明显地看出，对于 NPN 型晶体管，当放大电路产生截止失真时，输出电压 u_{CE} 的波形出现顶部失真。失真造成的波形情况用图像比喻如图 3.4-2（b）所示。

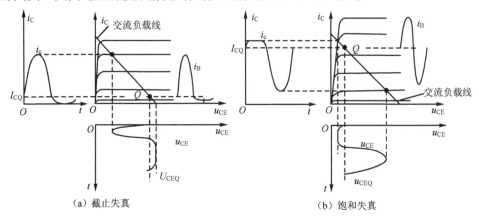

（a）截止失真　　　　　　　　　　　（b）饱和失真

图 3.4-1　静态工作点不合适引起的失真

如果静态工作点 Q 设置过高（I_{BQ} 太大），如图 3.4-1（b）所示，则在输入信号的正半周工作点进入饱和区，当 i_B 继续增大时，i_C 不再随之增大，因此也将引起 i_C 和 u_{CE} 的波形发生失真，这种现象称为饱和失真。由图 3.4-1（b）可见，对于 NPN 型晶体管，当放大电路产生饱和失真时，输出电压 u_{CE} 的波形上出现底部失真。失真造成的波形情况用图像比喻如图 3.4-2（c）所示。

（a）正常放大　　　　　　（b）截止失真　　　　　　（c）饱和失真

图 3.4-2　图像比喻失真情况

小结

静态工作点的选择：

- 为了使晶体管安全工作，静态工作点 Q 应设置在线性区合适的位置；
- 若要使放大电路动态范围大，静态工作点应设置在交流负载线的中间；
- 若要放大电路输入电阻大，应减小静态工作点 I_{CQ} 值，使 R_B 增大；
- 若要提高电压放大倍数，应增大静态工作点 I_{CQ} 值，使 R_B 减小；
- 为了减小功耗，当信号较小时，应降低直流电源电压并减小静态工作点 I_{CQ} 值。

3.4.2　温度变化对静态工作点的影响

有一些带有放大电路的电子设备，静态工作点设置合适后，在常温下能够正常工作，但是当温度升高时，性能就不稳定了，甚至不能正常工作。产生这种问题的主要原因，是电子器件的性能受温度影响而发生变化。

晶体管是一种对温度十分敏感的元件。对于图 2.3-1（a）所示电路而言，静态工作点由 U_{BE}、β 和 I_{CEO} 决定，这三个参数随温度而变化，温度对静态工作点的影响主要体现在如下方面。

图 3.4-3　不同温度下的输入特性

1．温度对 U_{BE} 的影响

从输入特性看，温度升高时，U_{BE} 将减小。

在基本放大电路中，由于

$$I_B = \frac{E_C - U_{BE}}{R_B}$$

因此，I_{BQ} 将增大，从而导致 I_{CQ} 增大。其渐变式表示为

$$T\uparrow \to U_{BE}\downarrow \to I_{BQ}\downarrow \to I_{CQ}\uparrow$$

2．温度对 β 值及 I_{CEO} 的影响

温度升高时，晶体管的 β 值也将增加，反向电流 I_{CEO} 将急剧增加，从而使输出特性曲线间距增加，造成 Q 点移近饱和区，使输出波形产生严重的饱和失真，如图 3.4-4 所示。其渐变式表示为

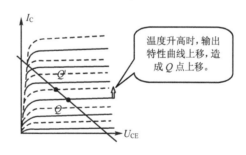

图 3.4-4　不同温度下的输出特性

$$T\uparrow \to \beta、I_{CEO}\uparrow \to I_C\uparrow$$

总之，温度升高对晶体管参数的改变，可用渐变式表示为

$$T\uparrow \to \begin{cases} U_{BE}\downarrow \\ \beta \uparrow \\ I_{CEO}\uparrow \end{cases} \to Q\uparrow$$

可见，第 2 章所讨论的固定偏置电路的 Q 点是不稳定的。因此，需要对固定偏置电路进行

改进。当温度升高、I_C 增加时，能够自动减少 I_B，从而抑制 Q 点的变化，保持 Q 点基本稳定。

3.4.3　基本工作点稳定电路

通过上面的分析可以看到，引起工作点波动的外因是温度的变化，内因则是晶体管本身所具有的温度特性，所以我们从这两方面来解决。通常采用分压式偏置电路来稳定静态工作点。

1．电路结构

分压式偏置电路如图 3.4-5（a）所示，与固定偏置电路相比，它只增加了三个元件：基极下偏置电阻 R_{B2}、发射极电阻 R_E、发射极旁路电容 C_E。

2．工作点稳定原理

（1）分压偏置原理。

① 确定基极电压。利用上偏置电阻 R_{B1} 和下偏置电阻 R_{B2} 组成分压电路，由于 R_{B1} 和 R_{B2} 的分压点就是三极管的基极，电源电压 u_{CC} 由 R_{B1} 和 R_{B2} 分压，所以基极电压 U_{BQ} 为

$$U_{BQ} \approx u_{CC} \frac{R_{B2}}{R_{B1} + R_{B2}} \qquad\qquad （3.4\text{-}1）$$

当 R_{B1} 和 R_{B2} 确定之后，基极电压 U_{BQ} 也就确定了，从而给三极管工作点的稳定奠定了基础。

② R_{B1} 和 R_{B2} 的取值必须合适。

a．由图 3.4-5（a）所示电路可以看出，$I_1=I_2+I_{BQ}$，I_1 与 I_2 称为稳定电流。一般来说，为了提高基极电压的稳定性，应使 $I_1 \approx I_2$，U_{BQ} 才能稳定。所以，必须满足 $I_2 \geqslant （5 \sim 10） I_{BQ}$。$R_{B1}$ 和 R_{B2} 的取值不可过大，否则稳定电流过小，当有信号输入时，基极电流的变化将影响基极电压的稳定。在对电路进行计算时，也只有满足 $I_2 \geqslant （5 \sim 10） I_{BQ}$，上述基极电压的近似计算公式才能成立。

b．当然，R_{B1} 和 R_{B2} 的取值也不能过小。从图 3.4-5（c）所示电路可以看出，R_{B1} 和 R_{B2} 是放大电路输入电阻的一部分，当 R_{B1} 和 R_{B2} 的值过小时，将增大输入信号的分流，使电路的放大倍数降低。

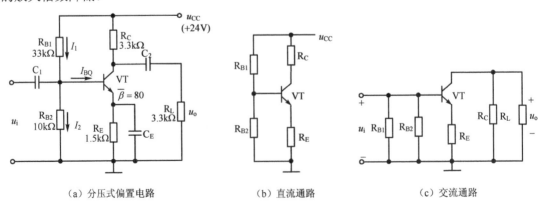

（a）分压式偏置电路　　　　　（b）直流通路　　　　　（c）交流通路

图 3.4-5　分压式偏置电路

（2）发射极电阻 R_E 的作用。

由于三极管具有热敏特性，所以当环境温度升高时，集电极电流必然有增大的趋势。当集电极电流增大时，发射极电流也将增大，发射极电流的增大又会使发射极电压升高。由于基极电压已被分压电阻固定，所以发射极电压的升高将使发射结电压减小。发射结电压的减小将使基极电流减小，基极电流的减小又将使集电极电流减小。这个过程的实质是：当环境温度升高时，由于 R_E 的作用，将使集电极电流基本保持不变，提高了电路工作点的稳定性。

集电极电流的稳定过程可用渐变式表示为

$$T（温度）\uparrow \to I_{CQ}\uparrow \to I_{EQ}\uparrow \to U_{EQ}\uparrow \to U_{BEQ}\downarrow \to I_{BQ}\downarrow \to I_{CQ}\downarrow （稳定）$$

这种把输出量（I_{CQ}）引回到输入部分（U_{BE}）的措施叫反馈，反馈的结果使输出量变化减弱的形式称为负反馈。如图 3.4-5（a）所示电路又称为分压式电流负反馈偏置电路或电流负反馈式工作点稳定电路。

课堂讨论：如果去掉 C_E，放大倍数怎样？

由于发射极电阻 R_E 的接入，引入了电流负反馈，稳定了集电极电流。但是，R_E 对交流信号也有负反馈作用，如果没有发射极旁路电容 C_E，电路的放大倍数将降低。

为了使电路接入 R_E 后仍保持原来的放大倍数，就要在 R_E 的两端并联一个容量较大的电容器 C_E。C_E 对直流电流不起作用，但能让交流电流顺利通过，不致使交流电流在 R_E 上产生电压降，从而保证了电路的放大倍数不受影响。由于 C_E 是发射极交流信号的通路，故称为发射极旁路电容。

3. 静态工作点的计算

分压式电流负反馈偏置电路的放大原理虽然与共发射极基本放大电路相同，但由于该电路增加了偏置电阻和发射极电阻，所以在对电路进行直流分析时，必须考虑到这些因素。下面，以图 3.4-5（a）所示电路为例，说明分压式电流负反馈偏置电路静态工作点的计算方法。

对放大电路静态工作点的计算，一般包括求基极电压 U_{BQ}、发射极电压 U_{EQ}、集电极电流 I_{CQ}、集电极—发射极电压 U_{CEQ} 及基极电流 I_{BQ} 等。

首先应画出放大电路的直流通路图，如图 3.4-5（b）所示。

（1）求基极电压 U_{BQ}。

根据上述基极电压的近似计算公式，代入 $R_{B1}=33k\Omega$，$R_{B2}=10k\Omega$，$U_{CC}=24V$，得

$$U_{BQ} \approx U_{CC}\frac{R_{B2}}{R_{B1}+R_{B2}}$$

$$=24V \times \frac{10k\Omega}{33k\Omega+10k\Omega}=5.6V$$

（2）求发射极电压 U_{EQ}（取 $U_{BE}=0.7V$）。

因为

$$U_{EQ}=U_{BQ}-U_{BE}$$

代入 U_{BQ} =5.6V，得

$$U_{EQ} =5.6V-0.7V=4.9V$$

（3）求集电极电流 I_{CQ}。

因为

$$I_{EQ} \approx \frac{U_{EQ}}{R_E}$$

由于 $I_{CQ} \approx I_{EQ}$，所以

$$I_{CQ} \approx \frac{U_{EQ}}{R_E}$$

代入 U_{EQ} =4.9V，R_E=1.5kΩ，得

$$I_{CQ} = \frac{4.9V}{1.5k\Omega} = 3.3mA$$

（4）求集电极—发射极电压 U_{CEQ}。

因为

$$U_{CEQ}= U_{CC} -I_{CQ}（R_C+R_E）$$

代入 U_{CC}=24V，I_{CQ}=3.3mA，R_C=3.3kΩ，R_E=1.5kΩ，得

$$U_{CEQ}= 24V-3.3mA×（3.3k\Omega+1.5k\Omega）=8.2V$$

（5）求基极电流 I_{BQ}。

因为

$$I_{BQ} = \frac{I_{CQ}}{\beta}$$

代入 I_{CQ} =3.3mA，$\overline{\beta}$ =80，得

$$I_{BQ} = \frac{3.3mA}{80} = 41 \mu A$$

由此可见，I_{CQ} 的大小与管子的参数无关。因此，即使晶体管的特性不同，电路的静态工作点 I_{CQ} 的值也没有多少改变。在实际应用中，大大方便了那些需要经常更换晶体管的地方。

4．交流参数的计算

对电路交流参数的计算，一般包括求放大电路的输入电阻 r_i、放大电路的输出电阻 r_o 及电压放大倍数 A_u。下面，仍以图 3.4-5（a）为例，说明分压式电流负反馈偏置电路交流参数的计算方法。

（1）求放大电路的输入电阻 r_i。

根据晶体管输入电阻的计算公式，代入 β=80，I_{EQ} =3.3mA，则晶体管输入电阻 r_{be} 为

$$r_{be} = 300\ \Omega + (1+80)\frac{26mV}{3.3mA} \approx 938\ \Omega$$

根据 $r_i \approx r_{be}$，代入 r_{be} 值，则放大电路的输入电阻 r_i 为

$$r_i \approx r_{be} = 938\Omega$$

（2）求放大电路的输出电阻 r_o。

根据 $r_o \approx R_C$，代入 R_C=3.3kΩ，则放大电路的输出电阻 r_o 为

$$r_o \approx R_C = 3.3k\Omega$$

（3）求电压放大倍数 A_u。

根据 $R'_L = R_C R_L / (R_C + R_L)$，代入 R_C=3.3kΩ，R_L=3.3kΩ，求出总负载 R'_L。

$$R'_L = \frac{R_C R_L}{R_C + R_L} = \frac{3.3k\Omega \times 3.3k\Omega}{3.3k\Omega + 3.3k\Omega} = 1.65k\Omega$$

根据电压放大倍数公式，代入 $\beta=80$，$R'_L = 1.65k\Omega$，r_{be}=938Ω，求出电压放大倍数 A_u。

$$A_u = -\beta \frac{R'_L}{r_{be}} = -\frac{80 \times 1.65k\Omega}{938\Omega} \approx -141$$

练一练 2

1. 为了使放大器输出波形不失真，除需设置_____外，还需要采用_____的方法，且输入信号幅度要适中。

2. 分压式电流负反馈偏置电路中，R_E 的数值一般为_____。另外，因 R_E 同样会对交流信号产生_____反馈，使交流信号减小，所以应在 R_E 的两端_____。

3. _____是影响放大电路静态工作点不稳定的主要原因。

4. 在晶体管放大器中，当输入电流一定时，静态工作点设置太低将产生_____失真；静态工作点设置太高将产生_____失真。

5. 在晶体管放大电路中，如果其他条件不变，减小 R_b，则静态工作点沿着负载线_____，容易出现_____失真；若增大 R_b，工作点沿着负载线_____，容易出现_____失真。

6. 在晶体管放大电路中，当输入电流一定时，静态工作点设置太高，会使 I_c 的_____半周及 U_{ce} 的_____半周失真；静态工作点设置太低时，会使 I_c 的_____半周及 U_{ce} 的_____半周失真。

7. 在室温升高时，晶体管的电流放大系数 β 将_____。

3.5　基本放大电路的三种组态

前面我们都是以共发射极基本放大电路作为例子来讨论的。然而根据输入、输出回路公共端的不同，晶体管共有三种基本接法，这就构成了放大电路的三种组态，即共射组态、共基组态和共集组态。下面我们来讨论共基和共集电路的放大作用及其电路性能，然后对三种基本组态的特点和应用进行分析比较。

3.5.1 共基极基本放大电路

1. 电路结构

如图 3.5-1（a）所示电路为共基极放大电路，（b）为直流通路，（c）为交流通路，（d）为微变等效电路。

由图 3.5-1 可以看出，C_1 和 C_2 分别为输入、输出耦合电容，R_{B1} 和 R_{B2} 为基极偏置电阻，R_C 为集电极电阻，R_L 为负载电阻；C_B 为基极旁路电容，用以使基极交流接地。输入电压加在发射极与基极之间，输出电压从集电极与基极之间输出，基极是输入回路和输出回路的公共端，因此该电路称为共基极放大电路。

2. 静态分析

由图 3.5-1（b）所示电路可以看出，共基极放大电路的直流通路与分压式电流负反馈偏置电路的直流通路是一样的，共基极放大电路静态工作点的求法与分压式电流负反馈偏置电路完全相同，故不再重述。

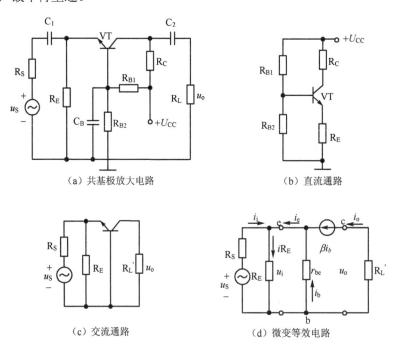

（a）共基极放大电路　　　　　　　（b）直流通路

（c）交流通路　　　　　　　（d）微变等效电路

图 3.5-1　共基极放大电路

3. 动态分析

（1）电压放大倍数 A_u。

由微变等效电路可以看出

$$u_o = -\beta i_b R_L'$$

$$u_i = -i_b r_{be}$$

共基极放大电路的电压放大倍数为

$$A_u = \frac{u_o}{u_i} = \beta \frac{R_L'}{r_{be}} \qquad (3.5\text{-}1)$$

式中，$R_L' = R_C \ /\!/ \ R_L$。

通过式（3.5-1）可以看出，共基极放大电路具有电压放大作用，电压放大倍数与共发射极放大电路相同，而且输出电压 u_o 与输入电压 u_i 同相位。

（2）输入电阻 r_i。

由微变等效电路可以得出

$$r_i = \frac{u_i}{i_i} = \frac{u_i}{i_{R_E} - i_e} = \frac{u_i}{\dfrac{u_i}{R_E} - (1+\beta)i_b}$$

由于 $u_i = -i_b r_{be}$，所以上式得

$$r_i = \frac{u_i}{\dfrac{u_i}{R_E} + (1+\beta)\dfrac{u_i}{r_{be}}} = \frac{u_i}{\dfrac{u_i}{R_E} + \dfrac{u_i}{\dfrac{r_{be}}{1+\beta}}}$$

经化简，得

$$r_i = R_E \ /\!/ \ \frac{r_{be}}{1+\beta} \qquad (3.5\text{-}2)$$

通过式（3.5-2）可以看出，共基极放大电路的输入电阻比共发射极电路的输入电阻小，一般仅为几欧姆至几十欧姆。

（3）输出电阻 r_o。

由于共基极放大电路的输出电压是从集电极输出的，所以输出电阻 r_{or} 的值为

$$r_o \approx R_C \qquad (3.5\text{-}3)$$

（4）三极管的电流放大系数。

在共基极放大电路中，i_e 是输入电流，i_c 是输出电流，共基极放大电路的电流放大系数为

$$\alpha = \frac{i_c}{i_e} \qquad (3.5\text{-}4)$$

从式（3.5-4）可以看出，电流放大系数 $\alpha < 1$（一般为 0.98～0.99）。α 与晶体管的共发射极电流放大系数 β 的关系为

$$\alpha = \frac{i_c}{i_e} = \frac{\beta}{1+\beta} \qquad 或 \qquad \beta = \frac{\alpha}{1-\alpha}$$

由图 3.5-1（d）可见

$$I_i = -I_e$$

$$I_o = I_c$$

所以
$$A_i = \frac{I_o}{I_i} = -\frac{I_c}{I_e} = -\alpha \tag{3.5-5}$$

综上所述，共基极放大电路的特点是：输入电阻小，输出电阻与共发射极电路相同，输出电压与输入电压相位相同，电压放大倍数与共发射极电路的绝对值相同，电流放大倍数略小于 1。

3.5.2 共集电极基本放大电路

1．电路结构

如图 3.5-2（a）是共集电极基本放大电路的典型电路。从图 3.5-2（d）的等效电路可以看到，输入回路与输出回路是以集电极作为公共端的。由于它的输出是由发射极引出来的，所以也常常把它叫做射极输出器

2．静态分析

静态工作点的计算：

根据直流通路图，如图 3.5-2（b）所示。

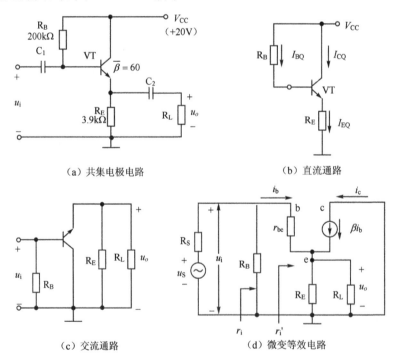

（a）共集电极电路   （b）直流通路

（c）交流通路   （d）微变等效电路

图 3.5-2　共集电极放大电路

① 求出 I_{BQ}。

根据

$$U_{EQ}=I_{EQ}R_E$$

$$I_{EQ}=I_{CQ}+I_{BQ}=(\beta+1)I_{BQ}$$

$$U_{CC}=I_{BQ}R_B+U_{BEQ}+(\beta+1)I_{BQ}R_E$$

得
$$I_{BQ}=\frac{U_{CC}-U_{BEQ}}{R_B+(\beta+1)R_E}\approx\frac{U_{CC}}{R_B+\beta R_E} \quad\quad（3.5-6）$$

② 分别求出 I_{EQ} 和 U_{CEQ}。

$$I_{EQ}=(1+\beta)I_{BQ} \quad\quad（3.5-7）$$

$$U_{CEQ}=U_{CC}-I_{EQ}R_E \quad\quad（3.5-8）$$

3. 动态分析

（1）电流放大倍数 A_i。

由图 3.5-2（d）的等效电路可知

$$i_i=i_b$$

$$i_o=-i_e$$

所以
$$A_i=\frac{i_o}{i_i}=\frac{-i_e}{i_b}=-(1+\beta) \quad\quad（3.5-9）$$

（2）电压放大倍数 A_u。

由图 3.5-2（d）可得

$$u_o=i_e R'_L=(1+\beta)i_b R'_L$$

$$u_i=i_b[r_{be}+(1+\beta)R'_L]$$

所以
$$A_u=\frac{u_o}{u_i}=\frac{(1+\beta)R'_L}{r_{be}+(1+\beta)R'_L} \quad\quad（3.5-10）$$

式中
$$R'_L=R_E//R_L$$

由式（3.5-7）和式（3.5-8）可知，射极输出器有电流放大作用，但其电压放大倍数恒小于 1，而接近于 1，且输出电压和输入电压相同，所以又称为射极跟随器。

（3）输入电阻 r_i。

$$r_i=R_B//r'=R_B//[r_{be}+(\beta+1)R'_L] \quad\quad（3.5-11）$$

由于 R_B 的阻值很大，$[r_{be}+(\beta+1)R'_L]$ 的值也比 r_{be} 的值大得多，因此，共集电极电路的输入电阻很大，可达几十千欧姆至几百千欧姆。

（4）输出电阻 r_o。

由图 3.5-2（d）所示的微变等效电路的输入端看进去，可得到输入信号电压与输出信号电压的关系式为

$$u_i=u_{be}+u_o$$

由于 u_{be} 很小，所以共集电极电路的输出信号电压 u_o 总是略小于输入信号电压 u_i 并与输入信号电压同相位，即

$$u_o \approx u_i \quad 或 \quad u_o \leqslant u_i$$

当输入电压 u_i 一定时，输出电压 u_o 基本保持不变。这说明，共集电极电路具有恒压输出特性，可见共集电极电路的输出电阻很小。

当在图 3.5-2（d）所示电路的输出端加上电压 u_o，而当 $u_S=0$ 时，即成为求共集电极电路输出电阻的等效电路，如图 3.5-3 所示。

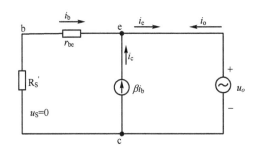

图 3.5-3　求共集电极电路输出电阻的等效电路

由图 3.5-3 所示电路可以得

$$u_o = -i_b \left(r_{be} + R'_S \right)$$

$$i_o = -i_e = -\left(1+\beta \right) i_b$$

$$r_o = \frac{u_o}{i_o} = \frac{r_{be} + R'_S}{1+\beta} \quad\quad （3.5-12）$$

式中，$R'_S = R_S /\!/ R_B$。

如果把 R_E 作为电路的一部分，则输出电阻应是 $\dfrac{r_{be} + R'_S}{1+\beta} /\!/ R_E$。由此可见，共集电极电路的输出电阻很小（一般仅有几十欧姆），带负载的能力较强。

3.5.3　三种基本组态的比较

1. 三种基本组态的判别

晶体管放大电路，按照管子的哪个电极作为输入和输出回路的公共端，可分别命名为共发射极、共集电极和共基极三种基本组态。三种基本组态的判别方法如表 3.5-1 所示。

表 3.5-1　三种基本组态的判别

组　态	接输入端（信号源）	接输出端（负载）	接交流地（公共端）
共发射极	基极（b）	集电极（c）	发射极（e）
共集电极	基极（b）	发射极（e）	集电极（c）
共基极	发射极（e）	集电极（c）	基极（b）

2．三种基本放大电路的比较

共发射极、共集电极和共基极三种基本放大电路的性能各有特点，并且应用场合也有所不同。它们的性能特点如表 3.5-2 所示。

表 3.5-2 三种基本放大电路的性能特点

参数 \ 种类	共发射极放大电路	共基极放大电路	共集电极放大电路
静态工作点	$U_{BQ}=\dfrac{R_{B2}}{R_{B1}+R_{B2}}U_{CC}$ $I_{EQ}=\dfrac{U_{BQ}-U_{BEQ}}{R_E}$ $U_{CEQ}=U_{CC}-I_{CQ}(R_C+R_E)$		$I_{BQ}=\dfrac{U_{CC}}{R_B+\beta R_E}$ $I_{CQ}=\beta I_{BQ}$ $U_{CEQ}=U_{CC}-I_{EQ}R_E$
A_i	大 （几十至一百以上） β	小 （小于、接近于1） $-\alpha$	大 （几十至一百以上） $-(1+\beta)$
A_u	大 $A_u=-\dfrac{\beta R_L'}{r_{be}}$ $R_L'=R_C//R_L$	大 $A_u=\dfrac{\beta R_L'}{r_{be}}$ $R_L'=R_C//R_L$	小 $A_u=\dfrac{(1+\beta)R_L'}{r_{be}+(1+\beta)R_L'}\leqslant 1$ $R_L'=R_E//R_L$
r_i	中 $r_i=R_B//r_{be}$ $(R_B=R_{B1}//R_{B2})$	小 $r_i=R_E//\dfrac{r_{be}}{1+\beta}$	大 $r_i=R_B//\left[r_{be}+(1+\beta)R_L'\right]$
r_o	中 $r_o=r_{ce}//R_C\approx R_C$	大 $r_o=(1+\beta)r_{ce}//R_C\approx R_C$	小 $r_o=R_E//\dfrac{r_{be}+R_S'}{1+\beta}$ $R_S'=R_B//R_S$
u_o 与 u_i 的相位关系	反相	同相	同相
频率响应	高频较差	好	较好
稳定性	较差	较好	较好
功率放大倍数	大	一般	一般
应用范围	最常用的放大电路 适用于一般场合	高频放大、 振荡和恒流源	输入级、输出级 或作阻抗匹配用

小结

上述三种接法的主要特点和应用，可以大致归纳如下：

- 共射电路同时具有较大的电压放大倍数和电流放大倍数，输入电阻和输出电阻值比较适中，所以，一般只要对输入电阻、输出电阻和频率响应没有特殊要求的地方，均常采用。
- 共集电路的特点是电压跟随，其电压放大倍数小于或等于 1，而且输入电阻很高、输出电阻很低，由于具有这些特点，常被用作多级放大电路的输入级，以减小对被测电路的影响；也可用作输出级，以稳定因负载变化导致输出电压的不稳定。
- 共基电路的突出特点在于它具有很低的输入电阻，使晶体管结电容的影响不显著，因此频率响应得到很大改善，所以这种接法常常用于宽频带放大器中。另外，由于输出电阻高，共基电路还可以作为恒流源。

练一练 3

1. 基本放大电路三种组态分别是共_____极、共_____极和共_____极。

2. 射极输出器的特点是_____。

3. 共集电极放大电路中，电压放大倍数小于或等于____，该电路无_____放大能力，有_____放大能力；输出电压与输入电压的相位_____。

4. 共基电路虽然没有_____放大作用，但是具有_____放大作用。该电路的输出与输入电压相位_____。

5. _____电路的输出电阻比较低，它的带负载能力较强。

* 3.6 场效应管基本放大电路

场效应晶体管简称场效应管。场效应管放大电路与普通三极管放大电路相似，在掌握普通三极管放大电路的基础上，只要掌握了场效应管的特点，对场效应管放大电路的分析和计算也就相对容易了。

3.6.1 自生偏压共源放大电路

1. 电路结构及元器件的作用

图 3.6-1（a）所示为结型场效应管自生偏压共源放大电路，图（b）为该电路的直流通路，图（c）为该电路的交流通路。图中 C_1 和 C_2 分别是输入、输出耦合电容，起耦合信号与隔直流作用。U_{DD} 是漏极电源，为放大电路提供能源。R_D 是漏极电阻，它能把漏极信号电流的变化转变为信号电压的变化。R_G 是栅极泄放电阻，给栅极感应电荷提供泄放的通路，以保证场效应管的安全。R_S 是源极电阻，起稳定工作点的作用。C_S 是源极旁路电容，给源极交流信号电流提供一条通路，以避免交流信号在 R_S 上产生负反馈。

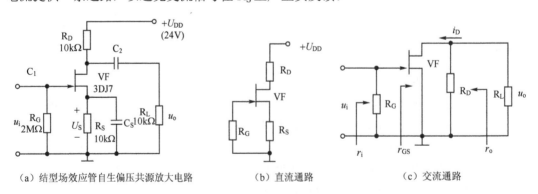

（a）结型场效应管自生偏压共源放大电路　　（b）直流通路　　（c）交流通路

图 3.6-1　结型场效应管自生偏压共源放大电路及其直、交流通路

2. 自生偏压原理

自生偏压指的是由场效应管自身电流产生的偏置电压。由于 N 沟道结型场效应管正常工

作时，栅极与源极之间需要加负偏置电压，这一点与三极管的发射结需要正向偏置电压是相反的。为了使栅极—源极之间获得所需的负偏置电压，设置了自生偏压电阻 R_S。由图 3.6-1（a）可以看出，当源极电流 I_S 流过 R_S 时，将在 R_S 两端产生上正、下负的电压降 U_S。由于栅极通过 R_G 接地，所以栅极电位为零。这样，R_S 产生的 U_S 就能使栅极—源极之间获得所需的负偏压（$-U_{GS}$），这就是自生偏压原理。

3．静态工作点的计算

场效应管放大电路的静态工作点包括 U_{GSQ}、I_{DQ}、U_{DSQ}。场效应管的转移特性曲线可用近似公式表示为

$$I_D = I_{DSS}\left(1 - \frac{U_{GS}}{U_{GS(off)}}\right)^2 \quad 当 \mid U_{GS(off)} \mid \geqslant \mid U_{GS} \mid \geqslant 0 \qquad （3.6-1）$$

下面，以图 3.6-1（a）所示电路为例，计算该电路的静态工作点。

已知：U_{DD}=24V，R_D=10kΩ，R_S=10kΩ，g_m=4000μA/V，I_{DSS}=5mA，$U_{GS(off)}$=−4V。求静态工作点 U_{GSQ}、I_{DQ}、U_{DSQ}。

（1）求 U_{GSQ}、I_{DQ}。

根据式（3.6-1）及 $U_{GS}=-I_S R_S$，列联立方程为

$$\begin{cases} I_D = I_{DSS}\left(1 - \dfrac{U_{GS}}{U_{GS(off)}}\right)^2 \\ U_{GS} = -I_D R_S \end{cases}$$

将已知条件代入上式，得

$$\begin{cases} I_D = 5\left(1 - \dfrac{U_{GS}}{-4}\right)^2 \\ U_{GS} = -I_D \times 10 \end{cases}$$

解方程组，I_D 和 U_{GS} 有两组解：

① 当 I_D=0.53mA 时，U_{GS}=−5.3V；

② 当 I_D=0.3mA 时，U_{GS}=−3V。

讨论：根据已知条件 $U_{GS(off)}$=−4V 可知，第一组解不合题意。因为当 U_{GS}=−5.3V 时，场效应管已经夹断，I_D 已经等于零了，所以第一组解应该舍去。第二组解合乎题意，故本题应取：I_{DQ}=0.3mA，U_{GSQ}=−3V。

（2）求 U_{DSQ}。

根据漏极电压方程，代入已知条件得

$$U_{DSQ} = U_{DD} - I_{DQ}（R_D + R_S）$$

$$= 24V - 0.3mA \times （10\,kΩ + 10\,kΩ）$$

$$= 18V$$

图 3.6-1（a）所示电路的静态工作点是：$I_{DQ}=0.3\text{mA}$，$U_{GSQ}=-3\text{V}$，$U_{DSQ}=18\text{V}$。

4. 交流参数的计算

场效应管放大电路的交流参数有 A_u、r_i 和 r_o 三个。下面，以图 3.6-1（c）所示交流通路为例，介绍自生偏压共源放大电路交流参数的计算方法。

（1）电压放大倍数的计算。

根据图 3.6-1（c）所示的交流通路可知

$$u_o = -i_D（R_D /\!/ R_L）\tag{3.6-2}$$

$$u_i = u_{GS}\tag{3.6-3}$$

$$g_m = \frac{\Delta I_D}{\Delta U_{GS}} = \frac{i_D}{u_{GS}}\tag{3.6-4}$$

$$i_D = g_m u_{GS}\tag{3.6-5}$$

将式（3.6-5）代入式（3.6-2）得

$$u_o = -g_m u_{GS}（R_D /\!/ R_L）\tag{3.6-6}$$

根据电压放大倍数的定义，代入式（3.6-3）、式（3.6-6），得

$$A_u = \frac{u_o}{u_i} = \frac{-g_m u_{GS}}{u_{GS}}(R_D /\!/ R_L) = -g_m(R_D /\!/ R_L)\tag{3.6-7}$$

$$= -4000\mu\text{A/V} \times 5\text{k}\Omega = -20$$

（2）输入电阻 r_i 的计算。

根据图 3.6-1（c）所示的交流通路可知

$$r_i = R_G /\!/ R_{GS} \approx R_G = 2\text{M}\Omega\tag{3.6-8}$$

（3）输出电阻 r_o 的计算。

根据图 3.6-1（c）所示的交流通路可知

$$r_o = R_D = 10\text{k}\Omega\tag{3.6-9}$$

图 3.6-1（c）所示电路的电压放大倍数为 -20，输入电阻为 $2\text{M}\Omega$，输出电阻为 $10\text{k}\Omega$。

3.6.2　分压偏置共源放大电路

1. 电路结构及分压偏置原理

图 3.6-2 所示为 N 沟道耗尽型绝缘栅场效应管分压偏置共源放大电路。图中，电源 U_{DD}、输入耦合电容 C_1、输出耦合电容 C_2 及漏极电阻 R_D、源极电阻 R_S、源极旁路电容 C_S 的作用均与自生偏压电路相同，不再重述。R_{G1} 和 R_{G2} 是分压偏置电阻，R_{G1} 与 R_{G2} 的节点通过电阻 R_G 与栅极相连。由于栅极绝缘无电流，所以 R_{G1} 与 R_{G2} 的分压点 G′ 与栅极同电位。由于该电路既有分压偏置又有自生偏置，故称为组合偏置电路。

2．静态工作点的计算

分压偏置共源放大电路的直流通路如图3.6-2（b）所示，由于

$$U_G = U'_G$$

$$U_{GS} = U_G - U_S$$

$$U'_G = \frac{R_{G2}}{R_{G1} + R_{G2}} U_{DD}$$

$$U_{GS} = \frac{R_{G2}}{R_{G1} + R_{G2}} U_{DD} - I_D R_S \qquad (3.6\text{-}10)$$

将式（3.6-1）与式（3.6-10）组成联立方程组

$$\begin{cases} I_D = I_{DSS} \left(1 - \dfrac{U_{GS}}{U_{GS(off)}} \right)^2 \\[3mm] U_{GS} = \dfrac{R_{G2}}{R_{G1} + R_{G2}} U_{DD} - I_D R_S \end{cases}$$

解方程组，即可求出 U_{GSQ} 与 I_{DQ}。将 I_{DQ} 代入漏极电压方程 $U_{DSQ} = U_{DD} - I_{DQ}(R_D + R_S)$，即可求出 U_{DSQ}。

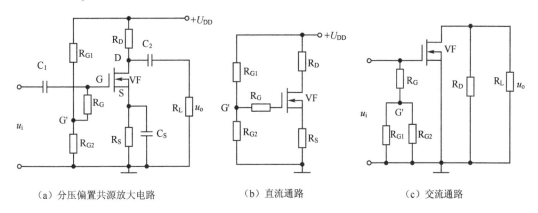

（a）分压偏置共源放大电路　　　（b）直流通路　　　（c）交流通路

图 3.6-2　N 沟道耗尽型绝缘栅场效应管分压偏置共源放大电路

3．交流参数的计算

分压偏置共源放大电路的交流通路如图3.6-2（c）所示。

（1）电压放大倍数 A_u。
用公式

$$A_u = \frac{u_o}{u_i} = -g_m (R_D \mathbin{/\!/} R_L)$$

即可求出电压放大倍数 A_u。

（2）输入电阻 r_i。

用公式

$$r_i = R_G + R_{G1} /\!/ R_{G2}$$

即可求出输入电阻 r_i。

（3）输出电阻 r_o。

用公式

$$r_o = R_D$$

即可求出输出电阻 r_o。

3.6.3　源极输出电路

源极输出电路如图 3.6-3 所示。此种电路的结构、特点与共集电极电路相似，它也可以获得很大的输入电阻和较小的输出电阻，它的电压放大倍数也略小于 1。源极输出电路常作为多级放大器的输入级或输出级。

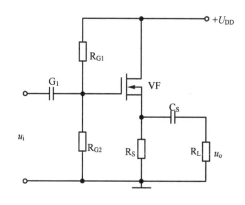

图 3.6-3　源极输出电路

源极输出电路的静态工作点的计算与共集电极电路相同，不再重述。

源极输出电路的电压放大倍数（推导从略）为

$$A_u = \frac{g_m R_L'}{1 + g_m R_L'} \tag{3.6-11}$$

式中，$R_L' = R_S /\!/ R_L$。

从式（3.6-11）可以看出，它与共集电极电路的电压放大倍数的公式相似。

源极输出电路的输入电阻由偏置电阻决定，输入电阻 r_i 为

$$r_i = R_{G1} /\!/ R_{G2} \tag{3.6-12}$$

源极输出电路的输出电阻 r_o 为

$$r_o = \frac{R_S}{1 + g_m R_S} = \frac{1}{\dfrac{1}{R_S} + g_m} \tag{3.6-13}$$

$$= \frac{1}{g_m} /\!/ R_S$$

式（3.6-13）与共集电极电路输出电阻的计算公式相比，$1/g_m$ 相当于 r_{be}/β，R_S 相当于 R_E。

通过上述分析可以看出，场效应管放大电路与晶体管放大电路有许多相似之处，这为分析与使用场效应管放大电路带来了许多方便。在分析和使用场效应管放大电路时，要注意场效应管的偏置电路及场效应管的种类。

练一练 4

1. 场效应晶体管主要有_____和_____两类。

2. 场效应晶体管一般采用_____和_____两种偏置电路。

3. 晶体管是依靠基极电流控制集电极电流的，而场效应晶体管则是以_____控制_____的，所以它的输入阻抗_____。

4. 场效应晶体管的静态工作点由_____、_____和_____确定。

5. 由于场效应晶体管不存在_____，所以其输入直流电阻_____。

6. 场效应晶体管只依靠_____的运动而工作，因此又称场效应晶体管为_____晶体管；晶体管的工作则与_____和_____的运动都有关，因此又称晶体管为_____晶体管。

7. 场效应晶体管的工作特性受温度的影响比晶体三极管来得_____。

8. 实际工作中，焊接 MOS 管时，三个电极的焊接次序是_____、_____、_____。

3.7　多级放大电路

由一只晶体管组成的基本放大电路，其电压放大倍数一般可以达到几十倍，然而，在实际工作中为了放大非常微弱的信号，这样大的放大倍数往往是不够的。为了达到更高的放大倍数，常常把若干个基本放大电路连接起来，组成所谓多级放大电路。其结构如图 3.7-1 所示。

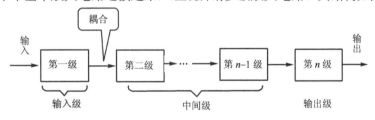

图 3.7-1　多级放大电路的结构

多级放大电路一般由输入级、中间级、输出级组成。输入级一般采用高输入阻抗的电路，如射极输出器或场效应管放大电路，以减轻信号源的负载；中间级采用较高放大倍数的电路，如共射放大电路等；输出级一般是功率放大电路。

3.7.1　多级放大电路的耦合方式

多级放大电路内部各级之间的连接方式称为耦合方式。常用的耦合方式有阻容耦合方式、直接耦合方式和变压器耦合方式。

1. 阻容耦合

一个两级阻容耦合放大电路如图 3.7-2 所示。放大电路的第一级与第二级之间由耦合电容 C_2 连接。信号源与放大器、放大器与负载之间也用电容连接，交流信号通过电容由一级传到下一级。由于级间耦合电容的数值是由偏置电阻或晶体管输入电阻决定的，所以称为阻容耦合。阻容耦合放大电路主要用于分立元件电路。广泛用来做音频放大器；通频带展宽后也可以用来做视频放大器。

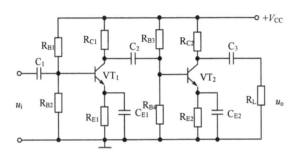

图 3.7-2   两级阻容耦合放大电路

（1）阻容耦合电路的特点。

电路中耦合电容的作用是将输入交流电压 u_i 加到基极直流偏置电压上，电容 C_2 仅将集电极电阻 R_C 两端产生电压中的交流分量加到负载电阻上，如图 3.7-3 所示。

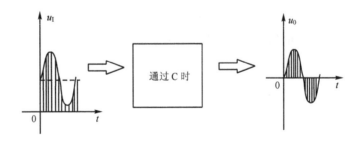

图 3.7-3   电容阻隔直流分量

① 阻容耦合的优点：因为前、后级通过电容相连，所以各级的直流电路互不相通，每一级的静态工作点相互独立，不会互相影响，这就给分析、调试、设计工作带来了方便。而且可以看到，只要电容足够大，前一级的输出信号在一定的频率范围内几乎不衰减地加到后一级的输入端上，使信号得到充分的利用。正是基于这样一个优点，使得阻容耦合方式在多级放大电路中得到了广泛的应用。

② 阻容耦合的缺点如下。

a. 不适合传送频率很低和变化缓慢的信号，这一类信号在通过耦合电容加到下一级输入端时，会受到很大的衰减。直流成分的变化则根本不能反映。

b. 在集成电路中，制造大的电容很困难，因而这种耦合方式在线性集成电路中几乎无法采用。

（2）电路分析。

静态分析可分别计算各级放大电路的静态值，方法与单级放大电路相同。

动态分析时，只要将各级的微变等效电路级联起来即为多级放大电路的微变等效电路，因而不难得出以下几点。

① 多级放大电路的电压放大倍数 A_u 等于各级电压放大倍数的乘积，即

$$A_u = \frac{U_o}{U_i} = \frac{U_{o1}U_{o2}}{U_{i1}U_{i2}} = A_{u1}A_{u2} \qquad (3.7\text{-}1)$$

若为 n 级电压放大电路，则 $A_u = A_{u1} \times A_{u2} \times \cdots \times A_{un}$

应注意，各级放大倍数的求法与单级放大电路相同。这里各级电路的放大倍数计算必须考虑前后级的负载与输入电阻的关系，后级的输入电阻 r_{i2} 就是前级的负载电阻 R_{L1}，前级的输出电阻 r_{02} 就是后级的信号源内阻 R_{S2}，即

$$R_{L1} = r_{i2}$$
$$R_{S2} = r_{01}$$

② 多级放大电路的总输入电阻就是第一级放大电路的输入电阻，即

$$r_i = r_{i1} = r_{i1}//r_{be1} \qquad (3.7\text{-}2)$$

多级放大电路的总输出电阻就是最后一级放大电路的输出电阻，即

$$r_o = r_{o2} = r_{C2} \qquad (3.7\text{-}3)$$

2. 直接耦合

为避免电容对缓慢变化信号带来不良影响，可将前一级的输出端直接（或经过 R）接到下一级的输入端。这种连接方式叫做直接耦合，如图 3.7-4 所示。它也是一种直流放大器。

① 直接耦合的优点：既能传输频率很低的信号，又能传输频率很高的信号，而且电路易于集成化。

② 直接耦合的缺点：各级电路的直流工作点不独立，互相牵连，使放大性能不稳定。直接耦合方式适用于传输频带较宽的信号、低频信号及直流信号。

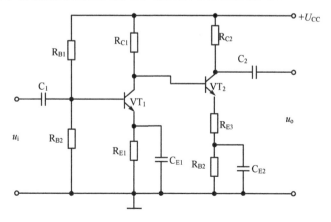

图 3.7-4　两级直接耦合放大电路

3．变压器耦合

变压器耦合指放大电路的级与级之间以变压器作为耦合元件（交流耦合），用于分立元件电路。其电路如图 3.7-5 所示。

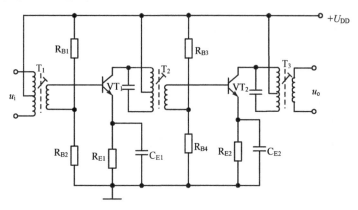

图 3.7-5　两级变压器耦合中频放大电路

① 变压器耦合的优点如下。

a．由于变压器具有隔直流作用，所以前后级的静态工作点是彼此独立的。

b．变压器耦合电路具有变电流、变电压、变阻抗作用。利用它的阻抗变换，可使功率放大电路中的负载变成最佳输出负载，即阻抗匹配，从而得到最大不失真功率。

② 变压器耦合的缺点如下。

a．由于电感器的感抗与信号频率成正比，所以变压器耦合方式不能传输频率很低的信号。

b．由于变压器的体积和质量都较大，所以变压器耦合方式不适用电路的小型化和集成化。

3.7.2　多级放大电路不同耦合方式的性能

由于三种电路的耦合方式不同，所以它们的性能及应用也有一定的差异。表 3.7-1 对三种电路进行了比较。

表 3.7-1　多级放大器不同耦合方式的比较

项目＼方式	各级工作点	阻抗匹配	频响特性	应　　用
阻容耦合	独立	不能	较好 低频较差	交流电压放大、小信号放大中最多
变压器耦合	独立	能	一般 高、低频均较差	功率放大及话筒输入匹配放大
直接耦合	相互影响	不能	最好	高保真交直流电压放大

🐧 小结

● 多级放大器不管采用何种耦合方式，都必须保证：

a．各级有合适的静态工作点。

b. 前级的输出能够不失真地传送到后级的输入端。

- 多级放大器的输入电阻 r_i 就是第一级放大器的输入电阻，而输出电阻 r_0 就是最后一级放大器的输出电阻。

- 多级放大器的总电压放大倍数 A_V 等于单独每一级的电压放大倍数的乘积。应当注意：每级的电压放大倍数应在多级放大电路的交流通路上去求，不能拿出各级单独组成电路而去算出它们的放大倍数，再相乘。

练一练 5

1. 晶体管低频小信号电压放大电路，通常采用＿＿＿＿＿＿＿耦合电路。

2. 在多级放大器中，＿＿＿＿＿的输入电阻是＿＿＿＿＿的负载，＿＿＿＿＿的输出电阻是＿＿＿＿＿的信号源内阻；＿＿＿＿＿放大器输出信号是＿＿＿＿＿＿＿放大器输入信号电压。

3. 阻容耦合放大器的缺点是＿＿＿＿＿＿＿，因此它常被用在＿＿＿＿＿＿级作为电压放大器。

4. 在放大电路中，为达到阻抗匹配的目的，常采用＿＿＿＿＿＿＿进行阻抗变换。

5. 常用的耦合方式有＿＿＿＿＿＿＿、＿＿＿＿＿＿＿和＿＿＿＿＿＿＿＿三种形式。它们各主要用于＿＿＿＿＿＿＿、＿＿＿＿＿＿＿和＿＿＿＿＿＿＿。

6. 某放大器由三级组成，已知每级电压放大倍数为 K_u，则总的电压放大倍数为＿＿＿＿＿＿。

3.8　放大电路的频率特性

通常，放大电路的输入信号不是单一频率的正弦信号，而是各种不同频率分量组成的复合信号。由于晶体管本身具有电容效应，放大电路中又存在电抗元件（如耦合电容和旁路电容），因此对于不同频率分量，电抗元件的电抗对位移均不同，所以，放大电路的电压放大倍数 A_u 和相角 ϕ 成为频率的函数。我们把这种函数关系称为放大电路的频率特性。

3.8.1　频率特性的概念

1. 频率特性

$$
频率特性 \begin{cases} 幅频特性：表示电压放大倍数的模 |A_u| 与频率 f 的关系 \\ \\ 相频特性：表示输出电压相对于输入电压的相位移 \varphi 与频率 f 的关系 \end{cases}
$$

2. 通频带

如图 3.8-1 所示，通频带的宽度表明放大电路对不同频率输入信号的放大能力。它是放大电路的重要技术指标之一。

注意：若放大电路通频带选择过窄，小于输入信号的频率范围，则会出现在通频带范围内的信号输出较大，而在通频带以外的信号输出较小，产生严重的失真现象。若通频带选择过宽，则某些干扰信号也被放大，影响放大设备的放大质量。

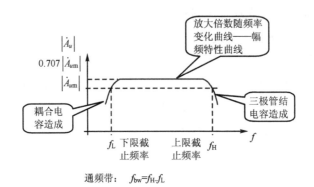

通频带： $f_{bw}=f_H-f_L$

图 3.8-1   通频带定义

3. 频率失真

① 因放大电路对不同频率信号的放大倍数不同，使输出波形产生的失真，叫做幅度频率失真（幅频失真）。

② 放大电路对不同频率信号的相移不同，使输出波形产生失真，叫做相位频率失真（相频失真）。

③ 幅频失真和相频失真总称频率失真，即非线性失真。

频率失真的原因：

① 放大电路的输入信号往往是非正弦量。

② 放大电路中有电容元件（如耦合电容、发射极电阻交流旁路电容、晶体管的极间电容、连线分布电容等）。

③ 上述电容元件对不同频率的信号所呈现的容抗值是不相同的，因而放大电路对不同频率的信号在幅度上和相位上放大的效果不完全一样，输出信号不能重现输入信号的波形。

3.8.2   单管放大电路的频率特性

如图 3.8-3 所示，在工业电子技术中，最常用的是低频放大电路，其频率范围为 20~10000Hz。在分析放大电路的频率特性时，一般将低频范围分为低、中、高三个频段。

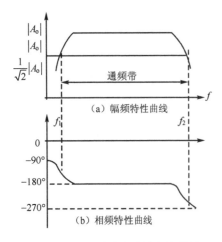

图 3.8-2   放大电路的频率特性

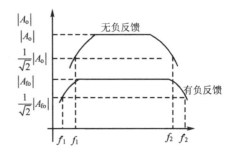

图 3.8-3   放大电路有、无反馈的频率特性

1. 中频段

由于耦合电容 C_1、C_2 和发射极电阻旁路电容 C_E 的容量较大，对中频段信号，容抗很小，可视短路，所以可认为电容不影响交流信号的传送，放大电路的放大倍数与频率无关。中频段有较宽的频率范围。

2. 低频段

由于耦和容抗较大，其分压作用不可忽视（C_1），实际送到晶体管输入端的电压 U_{be} 比输入信号 U_i 要小。故放大倍数要降低。C_E 的容抗不能忽略，有交流负反馈，也使放大倍数降低。

3. 高频段

C_1、C_2、C_E 更小，可视做短路，晶体管级间电容的容抗将减小，它与输出端的电阻并联后，使总阻抗更小，电压放大倍数也将降低。

3.8.3 多级放大电路的频率特性

我们已经知道，多级放大电路总的电压放大倍数是各级放大倍数的乘积。由计算分析得出，多级放大电路的对数增益，等于各级对数增益的代数和；而相移也是等于各级相位移的代数和，如图 3.8-4 所示。

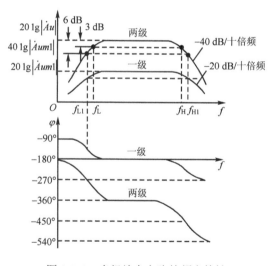

图 3.8-4 多级放大电路的频率特性

由图 3.8-4 可知，多级放大电路的下限频率高于任一级下限频率；多级放大电路的上限频率低于任一级上限频率；多级放大电路的通频带小于任一级通频带，所以放大电路的级数越多，通频带越窄。

小结

放大电路的频率特性可总结如下：
- 放大电路的耦合电容是引起低频响应的主要原因。

- 三极管的结电容和分布电容是引起放大电路高频响应的主要原因。
- 放大电路的下限频率高于任一级下限频率，上限频率低于任一级上限频率；放大电路的通频带小于任一级通频带，而且级数越多，通频带越窄。
- 增益和带宽是一对矛盾，因此把增益带宽积，作为综合考察放大电路这两方面性能的一项重要指标。当晶体管选定后，增益带宽积基本不变。
- 为展宽频带，可选用高频管；还可采用共基极放大电路。

技能训练 1　负反馈放大器的研究

一、技能训练目的

（1）了解直流负反馈对静态工作点的稳定作用。

（2）了解负反馈对放大倍数的影响和对放大倍数的稳定作用。

（3）了解负反馈对非线性失真的改善。

二、技能训练电路

技能训练电路如图实 3-1 所示。

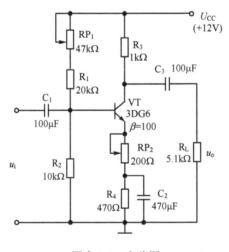

图实 3-1　电路图

三、技能训练步骤

1. 技能训练电路的安装与初步调试

（1）按图实 3-1 所示安装元器件。使电位器 RP_1 置于最大值处，使电位器 RP_2 置于最小值处；暂不接负载电阻 R_L。

（2）接通 12V 直流电源后，调整电位器 RP_1，使集电极电流 $I_{CQ}=1.5\text{mA}$。用万用表的直流电压挡测量此时的 U_{CEQ}、U_{BEQ}、U_{EQ}。

（3）按表实 3-1 的要求，将测试结果记入表中。

2．测试电路的放大作用

（1）接入负载电阻 R_L。

用信号发生器从放大电路的输入端输入 1kHz、10mV 的正弦波信号。在放大电路的输出端，用示波器观察输出信号的电压波形。最好能使用双踪示波器，同时观察输入、输出信号的电压波形。如果输出信号电压波形有失真，可适当减小 RP_1 的值，使输出信号电压波形的失真消失。

（2）计算放大电路的开环电压放大倍数 A_u。

（3）按表实 3-2 的要求，将测试及计算结果记入表中。

3．研究负反馈对放大器放大倍数的影响

（1）缓慢加大输入信号电压 u_i 的幅度，可以看到，随着输入信号电压幅度的增大，输出信号电压幅度也在增大，直至最后输出信号电压波形出现失真。

（2）将电位器 RP_2 逐渐调大，可以看到，随着 RP_2 值的不断增大，输出信号电压波形的失真逐渐消失。

（3）测试此时放大电路的工作点，并计算电路的闭环电压放大倍数 A_f。

（4）按表实 3-3 的要求，将测试及计算结果记入表中。

4．负反馈对放大器频率特性的影响

（1）将 RP_2 的值调至零，测试无负反馈时的频带宽度 f_B。

① 测试上限频率 f_H。从 $f_0=1kHz$ 开始，缓慢提高输入信号的频率，可以看到，随着信号频率的不断升高，输出信号电压的幅度逐渐减小。当输出信号电压的幅度降至原来的 0.7 倍时，记下输入信号的频率，这就是放大电路通频带的上限频率 f_H。

② 测试下限频率 f_L。从 $f_0=1kHz$ 开始，缓慢降低输入信号的频率，可以看到随着信号频率的不断降低，输出信号电压幅度也在逐渐减小。当输出信号电压的幅度降至原来的 0.7 倍时，记下输入信号的频率，这就是放大电路通频带的下限频率 f_L。

（2）将 RP_2 的值调至最大，测试有负反馈时的频带宽度 f_{Bf}。方法同（1）步骤中的①和②，记下有负反馈时的上限频率（f_{Hf}）和下限频率（f_{Lf}）。

（3）计算无负反馈时的频带宽度及有负反馈时的频带宽度，按表实 3-4 的要求，将测试及计算结果记入表中。

四、技能训练数据记录

表实 3-1　三极管的工作点

电源电压/V	U_{CEQ}/V	U_{BEQ}/V	U_{EQ}/V	I_{CQ}/mA	三极管的工作状态
12					

表实 3-2　三极管的放大作用

输入信号电压 u_i/mV	输出信号电压 u_o/mV	电压放大倍数 A_u
10		

表实 3-3　负反馈对放大器放大倍数的影响

U_{CEQ}/V	U_{BEQ}/V	U_{EQ}/V	I_{CQ}/mA	输入信号电压 u_i/mV	输出信号电压 u_o/mV	电压放大倍数 A_{uf}

表实 3-4　负反馈对放大器频率特性的影响

无负反馈时			有负反馈时		
上限频率 f_H/Hz	下限频率 f_L/Hz	频带宽度 f_B/Hz	上限频率 f_{Hf}/Hz	下限频率 f_{Lf}/Hz	频带宽度 f_{Bf}/Hz

五、技能训练习题

1. 在上述技能训练中，你遇到了什么问题？如何解决的？

2. 通过上述技能训练，你能否看出负反馈对放大器的放大倍数和频率特性各有什么影响？

3. 在该电路中，R_4 起什么作用？你能通过实验验证吗？

技能训练 2　分压式电流负反馈偏置电路

一、技能训练目的

（1）加深对分压式电流负反馈偏置电路的理解。

（2）掌握分压式电流负反馈偏置电路的安装、调试和性能测试方法。

（3）进行元器件的安装与焊接技术训练。

（4）练习使用示波器、信号发生器、毫伏表及稳压电源等基本通用实验仪器。

二、技能训练电路

实验电路如图实 3-2 所示。VT 为硅 NPN 型 3DG6 管，$\beta=50$，$R_{RP}=47k\Omega$，$R_1=10k\Omega$，$R_2=5.1k\Omega$，$R_3=1k\Omega$，$R_4=300\Omega$，$R_L=5.1k\Omega$，$C_1=C_2=22\mu F$，$C_3=47\mu F$，$U_{CC}=6V$。

三、技能训练步骤

1. 万能实验电路板的制作

① 在一块约为 15cm×20cm 的单面敷铜板上，用笔画出约 0.8cm×0.8cm 的若干方格，并使相邻的方格之间留有 0.2cm 的间距。用小刀将间距部分的铜箔划开揭掉，只保留

0.8cm×0.8cm 的小方块铜箔。

② 在每个小方块的敷铜板上，用 $\phi 1.0$ mm 的钻头均匀打穿四个孔。用细砂纸轻轻磨去铜箔上的氧化层，再涂上酒精松香溶液，晾干，上锡，这样万能实验电路板就制好了。制作好的万能实验电路板如图实 3-3 所示。

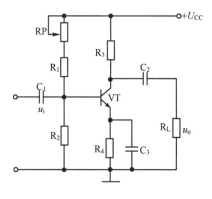

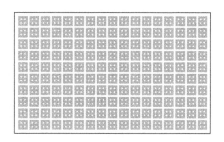

图实 3-2　实验电路　　　　　　　　图实 3-3　万能实验电路板

③ 为了今后做多种实验的需要，还可在该板上制作出振荡线圈、中周变压器及集成电路的插孔。这几个插孔的位置及其间距，必须预先用成品元件比试好，以免实验电路板制成后元件的引脚插不进去。

2．安装放大电路并初步调整工作点

① 在万能实验电路板上安装元器件，并自行检查焊接质量。

② 接通电源，调节电位器 RP，使集电极电流为 1.5mA 左右。

3．调整工作点

① 用信号发生器给电路输入频率为 1kHz、幅度为 10mV 的正弦波信号。用示波器观察负载两端的输出电压波形。

② 逐渐加大输入信号幅度并调节 RP，使输出电压波形的正峰与负峰恰好同时刚要出现削波失真时为止，此时工作点已经调好。

③ 去掉输入信号，测量放大电路的工作点，并按表实 3-5 的要求，将数据填入表中。

4．放大倍数的测定

当 R_3=1kΩ 时，给放大器输入频率为 1kHz、幅度为 10mV 的正弦波信号。用示波器观察 R_L 两端的电压波形，测量输出电压的幅度，求出电压放大倍数，并将结果填入表实 3-6 中。

5．观察集电极电阻对放大电路输出波形的影响

将 R_3 分别更换为电阻值为 500Ω、10kΩ 的电阻，观察输出电压波形的失真情况，并将结果填入表实 3-7 中。

四、技能训练数据记录

表实 3-5　放大器的静态工作点

U_{CC}/V	U_{BEQ}/V	$I_{BQ}/\mu A$	U_{EQ}/V	U_{CEQ}/V	I_{CQ}/mA
6					

表实 3-6　电压放大倍数

测试条件	u_i/mV	u_o/mV	A_u
$R_3=1k\Omega$ $R_L=5.1k\Omega$			

表实 3-7　集电极电阻对放大器输出波形的影响

u_i	R_3	输出波形	失真情况
正弦波，1kHz，10mV	500Ω		
	1kΩ		
	10kΩ		

五、技能训练思考题

1．在制作"万能实验电路板"的过程中，遇到了什么问题？如何解决的？

2．在调整工作点的过程中，遇到了什么问题？如何解决的？

3．在使用示波器、信号发生器、毫伏表及稳压电源时，遇到了什么问题？如何解决的？

4．通过本次实验，你有哪些体会与收获？

 # 本章小结

1．在各种放大电路中，人们经常利用反馈的方法来改善各项性能，使电路输出量（电压或电流）的变化反过来影响输入回路，从而控制输出端的变化，起到自动调节的作用。

2．不同类型的反馈对放大电路产生的影响不同。

正反馈使放大倍数增大；

负反馈使放大倍数减小，但其他各项性能可以获得改善。

电压负反馈使输出电压 u_o 保持稳定，因而降低了电路的输出电阻 r_o；

电流负反馈使输出电流 i_o 保持稳定，因而提高了电路的输出电阻 r_o。

串联负反馈提高电路的输入电阻 r_i；并联负反馈则降低输入电阻 r_i。

直流负反馈的主要作用是稳定静态工作点，一般不再区分它们的组态。本章主要讨论了各种形式的交流负反馈。

3．反馈的判断方法。反馈信号从输出回路的输出极取出的是电压反馈，反馈信号从输出回路的公共极取出的是电流反馈；反馈信号送回输入极的是并联反馈，反馈信号送回输入回路公共极的是串联反馈。

4. 在实际的负反馈放大电路中，有四种常见的组态：电压串联式、电流串联式、电压并联式和电流并联式。

5. 引入负反馈后，放大电路的许多性能得到了改善，如提高放大倍数的稳定性，降低非线性失真，展宽频带和改变电路的输入、输出电阻等。改善的程度取决于反馈深度，反馈深度愈强，放大倍数降低得愈多，其他各项性能的改善也愈显著。

6. 如果 Q 点过低且接近截止区，会造成截止失真（顶部失真）；如果 Q 点过高且接近饱和区，会造成饱和失真（底部失真）。

7. 通频带表示放大器能够放大信号的频率范围。f_L 叫下限频率，f_H 叫上限频率，在 $f_L \sim f_H$ 放大倍数最大且基本不变。$f_L \sim f_H$ 的频率范围 f_{BW} 叫做放大器的通频带。f_L 和 f_H 位于放大倍数最大值的 0.707 处。

8. 晶体管输入、输出特性的非线性也会使输出波形不同于输入波形，这就是放大器的非线性失真。放大器的非线性失真越小越好。

9. 共射放大电路输出电压与输入电压反相，输入电阻和输出电阻大小适中，适用于一般放大或多级放大电路的中间级；分压式偏置共射电路具有稳定静态工作点的作用；共集电极放大电路电压放大倍数小于 1 且接近 1；但具有输入电阻高、输出电阻低的特点，多用于多级放大电路的输入级和输出级。共基极放大电路适用于高频或宽带放大电路。

10. 场效应管也可以组成基本放大电路，它与晶体管组成的电路区别在于：晶体管是电流控制元件，而场效应管是电压控制元件。由于场效应基本放大电路的输入电阻很高，常用于多级放大电路的输入级或测量放大器的前置级。

11. 多级放大器各级之间的耦合方式有阻容耦合、变压器耦合、直接耦合三种。多级放大器的电压放大倍数等于各级放大器放大倍数之积。输入电阻是第一级放大器的输入电阻，输出电阻是最后一级放大器的输出电阻。

12. 放大器输出电压的幅度随频率变化的规律，叫做幅频特性。放大器输出电压的相位随频率变化的规律，叫做相频特性。

 习题

一、选择题

1. 要使负载变化时，输出电压变化较小，且放大器吸收电压信号源的功率也较少，可以采用（　　）负反馈。

　　A. 电压串联　　　　B. 电压并联　　　　　　C. 电流串联　　　　D. 电流并联

2. 某传感器产生的电压信号没有带负载的能力（即不能向负载提供电流），要使经放大后产生输出电压与传感器产生的信号成正比，放大电流宜用（　　）负反馈放大器。

　　A. 电压串联　　　　B. 电压并联　　　　　　C. 电流串联　　　　D. 电流并联

3. 选择合适答案填入括号内。

（1）为了稳定放大电路的输出电压，应引入（　　）负反馈；

（2）为了稳定放大电路的输出电流，应引入（　　）负反馈；

（3）为了增大放大电路的输入电阻，应引入（   ）负反馈；

（4）为了减小放大电路的输入电阻，应引入（   ）负反馈；

（5）为了增大放大电路的输出电阻，应引入（   ）负反馈；

（6）为了减小放大电路的输出电阻，应引入（   ）负反馈。

    A．电压   B．电流   C．串联   D．并联

4．已知交流负反馈有四种组态，请选择合适的答案填入下列空格内。

（1）欲得到电流—电压转换电路，应在放大电路中引入＿＿＿＿＿＿；

（2）欲得到电压信号转换成与之成比例的电流信号，应在放大电路中引入＿＿＿＿＿＿；

（3）欲减小电路从信号源索取的电流，增大带负载能力，应在放大电路中引入＿＿＿＿＿＿；

（4）欲从信号源获得更大的电流，并稳定输出电流，应在放大电路中引入＿＿＿＿＿＿。

    A．电压串联负反馈   B．电压并联负反馈   C．电流串联负反馈   D．电流并联负反馈

5．在晶体管放大电路中，出现截止失真的原因是工作点（   ）

    A．偏高   B．偏低   C．适当

6．为了使晶体管工作于饱和区，必须保证（   ）。

    A．发射结、集电结均正偏

    B．发时结正偏，集电结反偏

    C．发射结、集电结均反偏

7．在阻容耦合多级放大器中，输入信号一定的情况下，为了提高级间耦合的效率，必须（   ）。

    A．电阻的阻值尽可能小

    B．提高输入信号的频率

    C．加大电容以减小容抗

8．场效应晶体管源极输出器类似于（   ）。

    A．共发射电路   B．共集电极电路   C．共基极电路

9．为了使工作于饱和状态的晶体管进入放大状态，可采用（   ）的方法。

    A．减小 I_b B．减小 R_c C．提高 E_c 的绝对值

二、判断题

10．判断题图 1 所示电路中反馈元件 R_f 是正反馈还是负反馈。

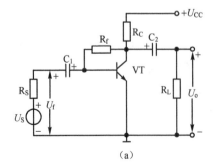 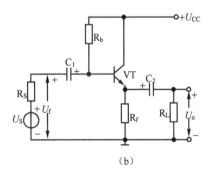

              （a）   （b）

题图 1　习题 10 图

11．下列题图 2 所示电路中，哪些元件组成反馈通路？并指出反馈类型。

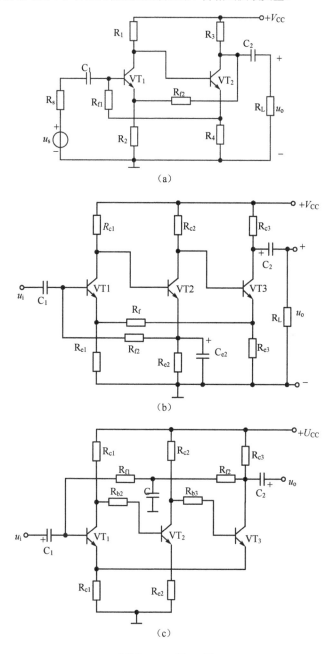

（a）

（b）

（c）

题图 2　习题 11 图

12．题图 3 所示各电路中，R_f 为反馈元件，试判断哪些是交流反馈支路？哪些可以稳定输出电压或输出电流？哪些可以提高或降低输入电阻？哪些可以提高或降低输出电阻？

三、计算题

13．分压式电流负反馈偏置电路如题图 4 所示，已知 R_{B1}=30kΩ，R_{B2}=10kΩ，R_C=2kΩ，R_E=1kΩ，V_{CC}=12V，β=100。求静态工作点 I_{CQ}、U_{CEQ}、I_{BQ}。

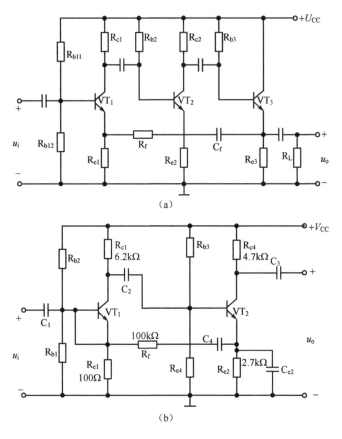

(a)

(b)

题图3　习题12图

14. 分压偏置共源放大电路如题图5所示，已知 $R_{G1}=150\text{k}\Omega$，$R_{G2}=50\text{k}\Omega$，$R_G=1\text{M}\Omega$，$R_D=R_S=10\text{k}\Omega$，$V_{DD}=20\text{V}$，$U_{GS\,(\text{off})}=-5\text{V}$，$I_{DSS}=1\text{mA}$。试计算电路的静态工作点。

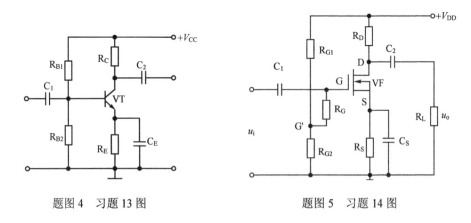

题图4　习题13图　　　　　　　　题图5　习题14图

四、问答题

15. 简述分压式电流负反馈偏置电路静态工作点的稳定原理，并用渐变式表示其静态工作点的稳定过程。

16. 简述分压式电流负反馈偏置电路静态工作点的稳定原理，并用渐变式表示其静态工作点的稳定过程。

17. 共集电极电路的主要特点是什么？在多级放大器中，共集电极电路常用在哪一级？为什么？

第4章
集成运算放大器及其应用

【学习目标】

- 了解直接耦合放大电路的零点漂移现象、产生的原因及抑制办法；
- 掌握差动放大电路的组成及工作原理；
- 了解集成运算放大器的特点、分类及封装形式；
- 掌握集成运算放大器的基本运算功能；
- 学会识别集成运算放大器的型号和管脚序号。

集成电路是利用先进的工艺技术，将具有某种功能的电子线路，制造在一块很小的半导体芯片上而形成的微型电子器件。集成运算放大器（简称运放）是发展最早、应用广泛的模拟集成电路，是一种高电压放大倍数的多级直接耦合放大器。它工作在放大区时，输入和输出呈线性关系，所以它又被称为线性集成电路。性能理想的运算放大器应该具有电压增益高、输入电阻大、输出电阻小、工作点漂移小等特点。

4.1 集成运算放大器概述

4.1.1 集成运算放大器的外形和符号

运算放大器大多数被制成集成电路，一般采用正负双电源供电。它主要应用于对模拟信号的处理，组成各种具有运算功能的电路。在数字电路中，也可作为触发器、数—模转换器等使用，常见的集成运算放大器有双列直插式、扁平式和圆壳式，如图 4.1-1 所示。

图 4.1-1　集成运算放大器的外形

集成运算放大器的符号有用方框式的，也有用三角形的，如图 4.1-2 所示。图中 1、2 为两个输入端，3 为输出端，其中 1 端标有"—"号，称为"反向输入端"，表示输出电压与该输入电压的相位相反；2 端标有"+"号，称为"同向输入端"，表示输出电压与该输入电压的相位相同。

目前常用的双列直插式型号有μA741（8 端）、LM324（14 端）等，图 4.1-3 所示为 LM324 引脚排列。其端子排列为：从正面看，带半圆形或其他形状的标识端向左，其左下角的端子为 1 号端子，然后逆时针依次排号，左上角的端子为最后一个，连接电路时注意不能接错。

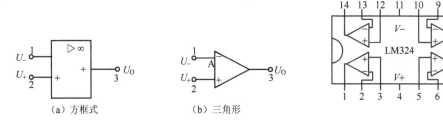

图 4.1-2　集成运算放大器的符号　　　　　图 4.1-3　LM324 引脚排列

从集成运算放大器内部看，每一组运算放大器有 5 个引出脚，其中"+""—"为两个信号输入端，图中 2、6、9、13 为反向输入端，3、5、10、12 为同相输入端；"U_+"、"U_-"为正、负电源端；1、7、8、14 为输出端。

4.1.2　集成运算放大器的用途及分类

集成电路的品种繁多，按其制造工艺不同，可分为薄膜集成电路、厚膜集成电路、混合集成电路和半导体集成电路等几大类。按其功能可分为模拟集成电路和数字集成电路两大类。

电路的集成技术首先被用于数字电路，这是因为数字设备是由种类较少、电路简单而且大量使用的一些基本电路组成的。特别适合于集成化、系列化和大规模生产。数字集成电路主要用于脉冲信号的处理。模拟集成电路主要用于放大各种微弱的电信号，也可以外接一些辅助电路或反馈电路，构成集成运算放大器、集成稳压器和集成功率放大器等各种运算放大器。运算放大器是模拟计算机中的主要部件，它能完成电信号的各种数学运算。

集成运算放大器若根据它的指标、特点和应用范围，又可将集成运算放大器分为通用型和特殊型两大类。通用型的指标比较均衡全面，适用于一般的电子线路；特殊型的指标中，大部分有一项为满足某些专用电路需要而设计的。

国产集成运算放大器的分类如下：

通用型 $\begin{cases} 通用Ⅰ型（低增益） \\ 通用Ⅱ型（中增益） \\ 通用Ⅲ型（高增益） \end{cases}$　　特殊型 $\begin{cases} 高精度型　高阻抗型 \\ 高速型　高压型 \\ 低功耗型　功率型 \end{cases}$

目前，集成运算放大器还在向低漂移、低功耗、高速度、高输入阻抗、高放大倍数和高输出功率等高指标的方向发展。

4.2 集成运算放大器的组成

4.2.1 集成运算放大器的特点

集成运算放大器因为受到电路构成形式、集成工艺条件的制约。其电路特点为：

（1）各级放大器之间采用直接耦合方式；

（2）尽可能用有源器件代替无源元件；

（3）电路中的元件均来自同一块硅片，适用于制作对称性良好的电路；

（4）电路中的电阻、电容值不能过大，大阻值元件一般采用外接的方法解决。

4.2.2 集成运算放大器的组成

虽然集成运算放大器品种繁多，性能各异，但是它们的电路结构大同小异，一般由输入级、中间级、输出级和偏置电路四部分组成，如图 4.2-1 所示，图（a）为一个简化的集成运算放大器内部电路图，图（b）为集成运算放大器内部方框图。

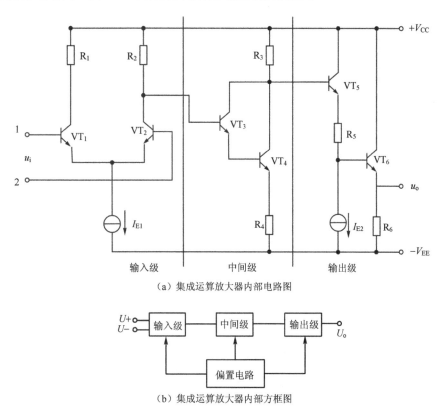

（a）集成运算放大器内部电路图

（b）集成运算放大器内部方框图

图 4.2-1 集成运算放大器的组成

1. 输入级

输入级是接收微弱电信号、消除零点漂移的关键级。一般采用带恒流源的差分放大器。

因为差分放大器既可以减小零点漂移，提高整个电路的共模抑制比，又有两个输入端，为集成运算放大器提供多种输入方式。

2．中间级

中间级的任务是提供足够高的电压放大倍数。所以，一般由共发射极放大电路组成。

3．输出级

输出级的任务是提供一定幅度的电压、较大的功率和较低的输出电阻。所以通常采用互补对称功率放大电路，以提高带负载能力。

4．偏置电路

偏置电路的任务是向各级放大器提供稳定的偏置电流，以保证整个电路具有合适的静态工作点。一般由恒流源电路组成。

由此可见，差分电路和电流源是组成集成运算放大器的基本单元电路。

4.2.3　集成运算放大器的主要参数

（1）最大差模输入电压 U_{idmax}：是指运放两个输入端之间所能承受的最大差模输入电压。

（2）最大共模输入电压 U_{icmax}：是指运放两个输入端之间所能承受的最大共模输入电压。

（3）开环差模电压放大倍数（或电压增益）A_{ud}：开环是指运放未加反馈时的状态，A_{ud} 用分贝表示为 $20\lg|A_{ud}|$(dB)。高增益运放的 A_{ud} 可达 140dB 以上，理想运放的 A_{ud} 为无穷大。输出端开路，且工作于线性放大区时，输出电压于两输入端信号电压之差的比值，称为集成运算放大器的开环电压放大倍数 A_{ud}，也称为差模电压放大倍数。

（4）差模输入电阻 r_{id}：r_{id} 越高，差模输入电流越小；理想运放的 r_{id} 为无穷大。

（5）开环输出电阻 r_o：r_o 越小，集成运算放大器带负载的能力越强；理想运放的 r_o=0。

（6）共模抑制比 K_{CMR}：是指运放的差模电压增益与共模电压增益之比的绝对值。K_{CMR} 的值越大，表示抑制共模信号的能力越强。理想运放的 K_{CMR} 为无穷大。

（7）最大输出电压 U_{opp}：是指运放输出的最大不失真电压的峰值。一般情况下，U_{opp}（$U_{CC}-U_{CES}$）值略小于电源电压。

集成运算放大器的种类很多，现将集成运算放大器 μA741 的参数列入表 4.2-1 中，以便参考。

表 4.2-1　集成运算放大器 μA741 在常温下的电参数表（电源电压±15V，温度 25℃）

参数名称	参数符号	测试条件	最 小 值	典 型 值	最 大 值	单　　位
输入失调电压	U_{IO}	$R_S \leqslant 10\text{k}\Omega$	—	1.0	5.0	mV
输入失调电流	I_{IO}	—	—	20	200	nA
输入偏置电流	I_{IB}	—	—	80	500	nA
差模输入电阻	r_{id}	—	—	0.3	2.0	MΩ
输入电容	C_i	—	—	1.4	—	pF
输入失调电压调整范围	U_{IOR}	—	—	±15	—	mV

续表

参数名称		参数符号	测试条件	最小值	典型值	最大值	单位
差模电压增益		A_{ud}	$R_L \geq 2k\Omega$, $U_o \geq \pm 10V$	50 000	200 000	—	V/V
输出电阻		r_O	—	—	75	—	Ω
输出短路电流		I_{OS}	—	—	25	—	mA
电源电流		I_S	—	—	1.7	2.8	mA
功耗		P_C	—	—	50	85	mW
瞬态响应 （单位增益）	上升时间	$t(\tau)$	$U_I=20mV$; $R_L=2k\Omega$, $C_L \leq 100pF$	—	0.3	—	μs
	过冲	$k(V)$		—	5.0%	—	—
转换速率		S_R	$R_L \geq 2k\Omega$	—	0.5	—	V/μs

小结

集成电路与使用晶体管和电阻等分立元件构成的电路相比较有下列优缺点：

集成电路	缺　点
体积小	耐压低
价格便宜	不耐电流
可靠性好	不耐热
具有新的功能	容易产生振荡和噪声
容易维修	处理困难
耐振动	线圈难以单片集成
功耗小	大容量电容难以集成

4.3　差分放大电路

零点漂移是指晶体管的参数受环境温度的影响变化时，会使调整好的静态工作点发生偏移。而且前一级产生的偏移量直接送到后一级电路并放大，末级输出的偏移电压会很大，使放大电路输出端静态电位偏离原始的零点，称为零点漂移，简称零漂或温漂。

课堂讨论：为什么直接耦合多级放大电路会产生零点漂移呢？

因为运算放大器均是采用直接耦合的方式，而直接耦合多级放大电路的缺点是各级电路的静态工作点是相互影响的；又由于各级电路的放大作用和第一级的微弱变化，会使输出级产生很大的变化。电源电压的波动或元器件参数受温度的影响而发生变化时，输出将随时间缓慢变化，这样就形成了零点漂移，如图 4.3-1 所示。

图 4.3-1　放大电路的零点漂移

产生零漂的主要原因是：晶体三极管的参数受温度的影响。

零点漂移比较严重时，会将有用信号"淹没"，电路完全失去正常的放大功能。零点漂移信号是一种干扰信号，必须采取可靠、有效的措施来抑制它。

4.3.1　抑制零点漂移的措施

为了抑制零点漂移通常采用：

（1）选用温度稳定性良好的硅晶体管；

（2）在电路中引入直流负反馈；

（3）采用温度补偿的方法，利用热敏元件来抵消放大管的变化；

（4）采用"差动放大电路"等。

因为集成运算放大器是一个多级直接耦合放大电路，克服零点漂移的关键在第一级，所以采用差分放大电路，能够有效地抑制零点漂移。

4.3.2　差分放大电路

1. 差分放大电路的基本结构

差分放大电路（也称差动放大电路）的基本结构如图 4.3-2 所示。它由两个完全对称的单管放大电路组成，负载 R_L 接在两管的集电极之间。两只放大管 VT_1 和 VT_2 的参数相同，性能一致，且电阻器 $R_{S1}=R_{S2}=R_S$，$R_{C1}=R_{C2}=R_C$，$R_{B11}=R_{B12}=R_{B1}$，$R_{B21}=R_{B22}=R_{B2}$；有两个输入端，两个输出端，输出电压 u_o 从两管的集电极输出；U_{CC1}、U_{CC2} 为两个供电电源，R_E 为发射极公共电阻。RP 是平衡电位器（也称调零电位器），它的阻值很小（一般在 100Ω 以内）。平衡电位器 RP 的调整方法是：在无输入信号时调节 RP，使两只放大管的集电极电流相等，以使电路静态时的输出电压为零。这种连接方式称为双端输入、双端输出方式。

在该电路中，放大管的发射极不直接接地，而是通过 R_E 接电源 U_{EE} 的负极。在发射极加入负电源是为了能采用较大的发射极电阻 R_E（R_E 一般为 10kΩ），这样既能保证放大管工作点的正常，又能更有效地抑制零点漂移。

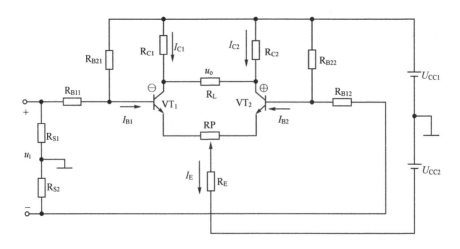

图 4.3-2　双端输入—双端输出式差动放大电路的基本结构

2．差分放大电路的性能

（1）对共模信号的抑制作用。

由于差分放大电路是左右完全对称的，所以能有效地抑制零点漂移。例如，温度变化（或电压波动）使两个晶体管的输入端加上大小相等、极性相同的输入零漂电压。这样会导致两管集电极电流增量相等，集电极电压变化量相等。从而使输出电压变化量为零，这个过程可用图 4.3-3 所示的渐变式表示。

$$\begin{matrix}\text{温度升高或}\\\text{电源电压升高}\end{matrix}\rightarrow\begin{matrix}I_{\text{C1}}\\I_{\text{C2}}\end{matrix}\text{增量相等}\rightarrow\Delta I_{\text{C1}}=\Delta I_{\text{C2}}\rightarrow\Delta U_{\text{C1}}=\Delta U_{\text{C2}}\rightarrow\Delta U_{\text{o}}=\Delta U_{\text{C1}}-\Delta U_{\text{C2}}=0$$

图 4.3-3　共模抑制作用过程式

通常把这种大小相等、极性相同的信号，叫做共模信号。干扰信号或零点漂移具有共模信号特征。

（2）对差模信号的放大作用。

差模信号（也称有用信号）就是大小相等、极性相反的信号。

如果差分电路的两个输入端加上一对大小相等、极性相反的差模信号，此时 VT_1 管集电极电压下降，VT_2 管的集电极电压上升，且二者的变化量的绝对值相等；同样这时 VT_1 管的射极电流增大，VT_2 管的射极电流减小，且增大量和减小量相等。因此流过 R_E 的电流始终为零，公共射极端电位将保持不变。这时的差模电压放大倍数仅相当于单管放大电路的放大倍数，该电路用多一倍的元件换来对零点漂移的抑制能力。

差分放大电路电压放大倍数的计算公式与单管放大电路相同。当电路空载时，电压放大倍数为

$$A_u=-\beta\frac{R_{\text{C}}}{R_{\text{B1}}+r_{\text{be}}}\qquad(4.3\text{-}1)$$

当电路接上负载 R_L 后，电压放大倍数为

$$A_u=-\frac{\beta R'_{\text{L}}}{R_{\text{B1}}+r_{\text{be}}}\qquad(4.3\text{-}2)$$

在图 4.3-2 中，由于 R_L 的中点是交流的零电位，故在式（4.3-2）中，R'_L 应为 $R_L/2$ 与 R_C 的并联值。

通过上述分析可知，双端输入—双端输出式差动放大电路用两只放大管对输入信号进行放大，其放大作用仅相当于一个单管放大电路，换来的是对共模信号的抑制作用，有效地克服了零点漂移。

（3）共模抑制比（K_{CMR}）。

差分放大电路的主要优点是在放大差模信号的同时，还能有效地抑制共模信号。我们把差模放大倍数与共模放大倍数的比值称为共模抑制比，通常用符号表示，即

$$K_{\text{CMR}}=\left|\frac{A_{u\text{d}}}{A_{u\text{c}}}\right|\qquad(4.3\text{-}3)$$

我们可以把共模抑制比看成是有用的信号和干扰成分的对比。放大器对共模信号的抑制能力越强，电路受共模信号干扰的影响越小，放大器的质量越高。可见，共模抑制比是衡量差动放大电路性能优劣的重要指标之一。

（4）输入电阻。

图 4.3-2 所示电路的输入电阻，应该是从 VT_1 输入端到 VT_2 输入端的全部电阻。由于 RP 的阻值很小，在实际应用中可以忽略。这样，电路的输入电阻为

$$r_i \approx 2(R_{B1} + r_{be}) \tag{4.3-4}$$

（5）输出电阻。

图 4.3-2 所示电路的输出电阻，应该是从两管的输出端看进去的等效电阻。由于三极管的输出电阻值很大，故输出电阻近似为两只三极管集电极电阻的串联之和，用公式表示为

$$r_o \approx 2R_C \tag{4.3-5}$$

4.3.3　其他形式的差分放大电路

差动放大电路有两个输入端和两个输出端，因此信号的输入、输出方式有四种连接情况。它们的连接方式和特点如表 4.3-1 所示。

表 4.3-1　四种差分放大电路的连接方式及特点

连接方式	电 路 图	特　点
双端输入双端输出		电压放大倍数为：$A_u = -\dfrac{\beta R'_L}{R_{B1} + r_{be}}$ 共模抑制比为：$K_{CMR} \to \infty$ 输入电阻：$r_i \approx 2(R_{B1} + r_{be})$ 输出电阻：$r_o \approx 2R_C$
双端输入单端输出		电压放大倍数为：$A_u = -\dfrac{\beta R'_L}{2(R_{B1} + r_{be})}$ 共模抑制比为：$K_{CMR} \approx \dfrac{\beta R_e}{R_e + r_{be}}$ 输入电阻：$r_i \approx 2(R_{B1} + r_{be})$ 输出电阻：$r_o = R_C$
单端输入双端输出		电压放大倍数为：$A_u = -\dfrac{\beta R_C}{R_{B1} + r_{be}}$ 这种放大电路忽略共模信号的放大作用时，它就等效为双端输入的情况。因此，双端输入的结论均适用单端输入、双端输出

连接方式	电 路 图	特 点
单端输入 单端输出		这种电路等效于双端输入、单端输出。其特点是：它比单管基本放大电路抑制零点漂移的能力强，还可根据不同的输出端，得到同相或反相关系

由上表可知，差动放大电路电压放大倍数仅与输出形式有关，只要是双端输出，它的差模电压放大倍数与单管基本放大电路相同；若为单端输出，它的差模电压放大倍数是单管基本电压放大倍数的一半，输入电阻均相同。

4.3.4　具有恒流源的差分放大电路

1. 电流源

电流源对提高集成运算放大器的性能起着极为重要的作用。它一方面为放大电路提供稳定的偏置电流；另一方面作为放大电路的有源负载，提高单级放大器的增益和动态范围。恒流源影响共模放大倍数，使共模放大倍数减小，从而增加共模抑制比。因此，它在集成运算放大器的内部使用非常广泛。

（1）镜像电流源。

镜像电流源电路如图 4.3-4 所示，设 VT_1、VT_2 的参数完全相同，则 $U_{BE1}=U_{BE2}$，$I_{C1}=I_{C2}$，由图可知基准电流为：$I_{REF} = I_{C1} + 2I_B = I_{C1} + 2\dfrac{I_{C1}}{\beta}$，故 $I_{C1} = \dfrac{I_{REF}}{1+\dfrac{2}{\beta}} = I_{C2}$，当 $\beta \gg 2$ 时，

$I_{C2} \approx I_{REF} = \dfrac{U_{CC} - U_{BE}}{R} \approx \dfrac{U_{CC}}{R}$，由此可知，当 R 确定后，I_{REF} 也就被确定了，I_C 也就随之而定。且将 I_{C2} 看成是 I_{REF} 的镜像，所以称为镜像电流源。

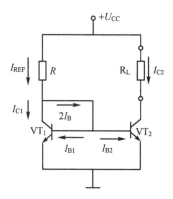

图 4.3-4　镜像电流源

（2）微电流源。

微电流源是模拟集成电路中常用的一种电流源，电路如图 4.3-5 所示。当基准电流 I_{REF} 一定时，由图 4.3-5 可得：

$$U_{\mathrm{BE1}} - U_{\mathrm{BE2}} = \Delta U_{\mathrm{BE}} = I_{\mathrm{E2}} R_{\mathrm{e2}}$$

即

$$I_{\mathrm{C2}} \approx I_{\mathrm{E2}} = \frac{\Delta U_{\mathrm{BE}}}{R_{\mathrm{e2}}}$$

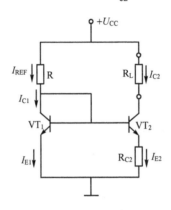

图 4.3-5　微电流源

由上式可知，利用两管基—射电压差 ΔU_{BE} 可以控制输出电流 I_{C2}，由于 ΔU_{BE} 的数值较小，故用很小的 R_{e2} 即可获得微小的工作电流，称为微电流源。

（3）电流源用做有源负载。

在模拟集成电路中，电流源也广泛地作为负载电阻使用以代替集电极电阻 R_{C}，称为有源负载。放大器采用有源负载后的电压增益比电阻负载大很多，且不需要很高的电源电压，并能够较好地改善电路性能。图 4.3-6 为电流源作为集电极负载的电路，图中 VT_1 是放大管，VT_2、VT_3 组成电流源作为 VT_1 的集电极有源负载。

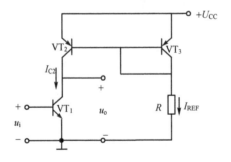

图 4.3-6　电流源用做有源负载

小结

电流源的作用:

- 电流源相当于阻值很大的电阻;
- 电流源不影响差模放大倍数;
- 电流源影响共模放大倍数,使共模放大倍数减小,从而增加共模抑制比,理想的电流源相当于阻值为无穷大的电阻,所以共模抑制比是无穷大。

2. 具有恒流源的差动放大电路

由于基本差分放大器存在两个缺点:一是共模抑制比不高,二是不允许输入端有较大的共模电压变化。因为输入共模电压变化将直接造成差模电压放大倍数的变化,为此,用恒流源代替差分电路中的 R_E,可以有效地克服上述缺点。

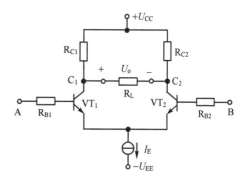

图 4.3-7 具有恒流源的差分电路

如图 4.3-7 所示,公共发射极接恒流源,两管的集电极电流均恒定,从而使集电极对地的零点漂移很小,再经过 C_1、C_2 双端输出,漂移量几乎接近于零,大大提高了抑制零点漂移的效果。

练一练 1

1. 静态时,让直接耦合放大器的输入端和输出端的工作电位为零电位,其工作电源往往采用_____供电。

2. 直接耦合放大器的级数愈多,放大倍数愈大,零点漂移会_____。

3. 在差动式直流放大器中,典型的共模输入信号来源于_____和_____。

4. 为了有效地抑制零点漂移,多级直流放大器的第一级均采用_____电路。

5. 差动式直流放大器的两种输入方式为_____和_____。

6. 评价差动式直流放大器的性能,必须同时考虑它的_____和_____。

7. 单端输入、单端输出的差动式直流放大器中,输入端和输出端的接地状况是_____。

8. 当加在差动式直流放大器两个输入端的信号_____和_____时,称为差模输入。

9. 在差动式直流放大器中,R_E 对_____呈现很强的负反馈作用;而对_____则无负反馈作用。

10. 当直接耦合放大器的输入信号为零时,它的输出电压作_____和_____变化,这种现象称为零点漂移。

11. 在差动式直流放大器中,常用晶体三极管_____来代替电阻 R_E。

12. 在差动式直流放大器中,双端输出时,其电压放大倍数和单管放大器的电压放大倍数_____。

4.4　集成运算放大电路的应用及使用常识

4.4.1　理想集成运算放大器的特性

集成运算放大器的成本低，用途广泛。如果集成运算放大器外接不同的反馈网络后，能实现多种电路功能：可作为放大器、模拟运算、有源滤波、振荡器、转换器（如电流/电压转换器、频率/电压转换器等）、可构成非线性电路（如对数转换器、乘法器等）等。

理想集成运算放大器的特性是尽善尽美的，如增益无限大、通频带无限大、同相与反相之间以及两输入端与公共端到地之间的输入电阻为无限大、输出阻抗为零、输入失调电压为零、输入失调电流为零、只放大差模信号，能完全抑制共模信号等。

实际使用的集成运算放大器与理想集成运算放大器的特性有一定的差异，但是今后集成运算放大器的发展方向正趋于理想集成运算放大器。它们的差异见表 4.4-1。

表 4.4-1　实际集成运算放大器与理想集成运算放大器之间的差异

特　　　性	理想集成运算放大器	实际集成运算放大器
失调电压	0 V	0.5～5mV
失调电流	0A	1 nA～10 μA
失调电压的温度	0 V/℃	(1～50) μV/℃
偏置电流	0 A	1 nA～100 μA
输入电阻	∞Ω	10kΩ～1000MΩ
通频带	∞Hz	10kHz～2MHz
输出电流	为电源的容量	1～30mA
共模抑制比	∞dB	60～120dB
上升时间	0s	10ns～10 μs
转移速率	∞V/s	(0.1～100) V/μs
电压增益	∞dB	1000～1 000 000dB
电源电流	0A	0.05～25mA

4.4.2　理想集成运算放大器的分析方法

输出电压与输入电压之间关系的特性曲线称为传输特性，从运算放大器的传输特性（见图 4.4-1）看，可分为线性区和饱和区。运算放大器可工作在线性区，也可工作在饱和区，但分析方法不一样。

当运算放大器工作在线性区时，输入和输出电压呈线性关系，所以运算放大器是一个线性放大元件。

运算放大器工作在线性区时，分析依据有两条：

① 由于运算放大器的差模输入电阻 $R_{id} \to \infty$，故可认为两个输入端的输入电流为 $i_+ = i_- \approx$

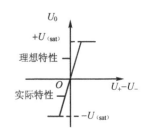

图 4.4-1　运算放大器的传输特性

0，好像断开一样，称为"虚断"路。

②　由于运算放大器的开环电压放大倍数 $A_{ud} \to \infty$，而输出电压是一个有限的数值，所以有

$$U_+ - U_- = U_o / A_{ud} \approx 0$$

即　　　　　　　　　　　　　　　　$U_+ \approx U_-$

反相端电位和同相端电位几乎相等，近似于短路又不可能是真正的短路，称为"虚短"路。

如果同相端接地，即 $U_+ = 0$，可知 $U_- \approx 0$，说明反相端的电位也接近于地电位，是一个不接地的地电位端，通常成为"虚地"。

同相端接地，反相端就"虚地"，这是由"虚短"原则派生的一个原则。反相端电位和同相端电位几乎相等，近似于短路又不可能是真正的短路，称为"虚短"路。

由于许多应用电路中集成放大器都工作在线性区，因此，虚短路和虚断路原则简化了集成放大器的分析过程。

集成放大器工作在饱和区时，输出电压只有两种可能：当 $U_+ > U_-$ 时，$U_0 = +U_{0(sat)}$；当 $U_+ < U_-$ 时，$U_0 = -U_{0(sat)}$。

此时，虚短路原则不成立，$U_+ \neq U_-$，但虚断路原则仍成立，即 $i_+ = i_- \approx 0$。

小结

集成运算放大器工作在线性状态时，其结论如下：

- 同相输入端的电位等于反相输入端的电位，$U_+ \approx U_-$。
- 理想集成运算放大器的输入电阻，$r_i = \infty$ 时，同相、反相输入端不取用电流，$i_+ = i_- = 0$。

4.4.3　集成运算放大器的基本接法

集成运算放大器在使用中，总是接有反馈网络从而形成闭环结构，作为负反馈放大器来使用的。根据电路输入方式的不同，运算放大器的闭环结构有反相输入、同相输入和差动输入三种基本接法。

1. 反相输入运算放大电路

（1）反相输入运算放大电路的结构。

反相输入运算放大电路如图 4.4-2 所示。输入信号 u_i 经输入电阻 R_1 接在反相输入端；输入信号 u_i 从反相输入端与地之间加入运算放大器，故称为反相输入运算放大电路。

图 4.4-2 中，R_F 是反馈电阻，引入的是深度电压并联负反馈，使电路工作在闭环状态。R_2 是输入平衡电阻，它的作用是使两个输入端的外接电阻相等，从而使电路处于平衡状态。所以，R_2 的阻值应等于 R_1 与 R_F 的并联之和。

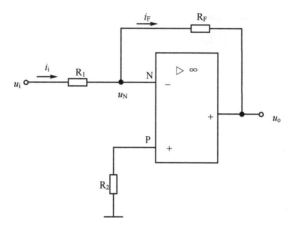

图 4.4-2 反相输入运算放大电路

（2）反相输入运算放大电路的工作原理。

当输入信号 u_i 为正值时，电流 i_i 流入反相输入端。由于反相输入端与输出端反相，故 u_o 为负值。反馈电流 i_F 从反相输入端流至输出端。

根据理想运算放大器的结论可知，运算放大器的输入电流近似为零，即

$$i_N = i_P = 0$$

可以得到

$$i_i = i_F$$

根据理想运算放大器的结论可知，运算放大器的输入电压近似为零；又因为同相输入端接地，可以得到

$$u_N = u_P = 0$$

应当指出，实际运算放大电路的 N 点电位不等于零，只是很接近零，可以看成接地。由于并不是真正的接地，所以在反相输入运算放大电路中，称该点为"虚地"。反相输入端为"虚地"的现象是反相输入运算放大电路的重要特点，不要将反相输入端看成与地短路。

由图 4.4-2 所示电路可以得出如下关系式：

$$i_i = \frac{u_i - u_N}{R_1} \approx \frac{u_i - 0}{R_1} = \frac{u_i}{R_1}$$

$$i_F = \frac{u_N - u_o}{R_F} \approx \frac{0 - u_o}{R_F} = -\frac{u_o}{R_F}$$

$$\frac{u_I}{R_1} \approx -\frac{u_o}{R_F}$$

所以，电压放大倍数为

$$A_{uF} = \frac{u_o}{u_i} = \frac{-i_F R_F}{i_i R_1} = -\frac{R_F}{R_1} \tag{4.4-1}$$

由式（4.4-1）可以看出：

① 输出电压与输入电压呈比例关系，负号表示输出电压与输入电压的相位相反，这也是反相输入运算放大电路名称的由来。只要运算放大器的开环电压放大倍数足够大，则闭环电压放大倍数就只决定于 R_F 与 R_1 之比，而与运算放大电路的其他参数无关。

② 当 $R_F=R_1$ 时，$A_{uF}=-1$。这说明，当外电路满足 $R_F=R_1$ 时，输出电压与输入电压大小相等、相位相反，该电路就成了倒相器（或称为反相器）。

从反相输入端的"虚地"（$u_N=0$）可知，反相输入运算放大电路的闭环输入电阻等于 R_1。

由于闭环电压放大倍数 A_{uF} 只决定于 R_F 与 R_1 之比，而与 R_L 无关，所以对 R_L 来说，反相输入运算放大电路是一个理想的电压源，即反相输入运算放大电路的闭环输出电阻值为零。

2．同相输入运算放大电路

（1）同相输入运算放大电路的结构。

同相输入运算放大电路如图 4.4-3（a）所示。信号从同相输入端与地之间加入运算放大器。为了实现负反馈，输出电压 u_o 仍通过 R_F 加到反相输入端。输入回路中接入 R_2 是为了使两个输入端的外接电阻值相等，从而使电路处于平衡状态，所以 R_2 的阻值应等于 R_1 与 R_F 并联之和。

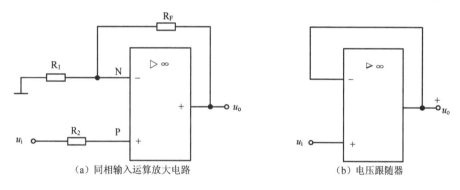

（a）同相输入运算放大电路　　　　　　　　（b）电压跟随器

图 4.4-3　同相输入运算放大电路

（2）同相输入运算放大电路的工作原理。

根据理想运算放大器的两条结论可知，加上信号后，R_2 上几乎无电流，即 $i_N=i_P=0$，$u_N=u_P=u_i$。

由图 4.4-3（a）所示电路还可以看出，N 点对地的电位为

$$u_N = \frac{R_1}{R_1 + R_F} u_o$$

可得到

$$u_i \approx u_N = \frac{R_1}{R_1 + R_F} u_o$$

$$u_o = \frac{R_1 + R_F}{R_1} u_i$$

所以，同相输入运算放大电路的电压放大倍数为

$$A_{uF} = \frac{u_o}{u_i} = 1 + \frac{R_F}{R_1} \qquad (4.4\text{-}2)$$

由式（4.4-2）可以看出，同相输入运算放大电路的输出电压与输入电压呈比例关系，而且相位相同。只要运算放大器的开环电压放大倍数足够大，闭环电压放大倍数 A_{uF} 就只决定于 R_F 与 R_1 之比，而与运算放大电路的其他参数无关。

在同相输入运算放大电路中，由于 $i_N = i_P = 0$，故闭环输入电阻为无穷大。可见，同相输入运算放大电路的闭环输入电阻远大于反相输入运算放大电路的闭环输入电阻。

与反相输入运算放大电路一样，同相输入运算放大电路的闭环输出电阻的值也为零。

当同相输入运算放大电路的反相输入端与输出端短接时，电路如图 4.4-3（b）所示，由于 $R_F = 0$，所以 $A_{uF} = 1$。这说明，当满足 $R_F = 0$ 时，输出电压与输入电压大小相等、相位相同。所以，这种电路称为电压跟随器，它与前面介绍的射极输出器相似。电压跟随器是同相输入运算放大电路（$R_F = 0$）的一个特例，它常用于阻抗变换电路及缓冲电路。

3．差动输入运算放大电路

（1）差动输入运算放大电路的结构。

对于运算放大器来说，反相输入与同相输入都属于单端输入。当输入信号同时从反相输入端和同相输入端输入时，称为差动输入或双端输入。图 4.4-4（a）所示电路即为运算放大器的差动输入接法。从电路的结构可以看出，差动输入运算放大电路是由反相输入运算放大电路和同相输入运算放大电路组合而成的。

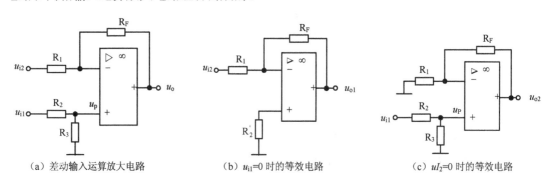

（a）差动输入运算放大电路　　　（b）$u_{i1}=0$ 时的等效电路　　　（c）$uI_2=0$ 时的等效电路

图 4.4-4　差动输入运算放大电路

（2）差动输入运算放大电路的工作原理。

由图 4.4-4（a）所示电路可以看出，输入信号 u_{i2} 通过 R_1 加到反相输入端；输入信号 u_{i1} 通过 R_2 和 R_3 分压后加到同相输入端。根据电工学的叠加定理，可求出输出电压 u_o 与输入电压 u_{i1}、u_{i2} 具有如下关系：

① 令 $u_{i1} = 0$，则电路属于反相输入运算放大电路，其等效电路如图 4.4-4（b）所示。根据式（4.4-1）可得出

$$u_{o1} = u_{i2} \frac{-R_F}{R_1}$$

② 令 $u_{i2}=0$，则电路属于同相输入运算放大电路，其等效电路如图 4.4-4（c）所示。运算放大电路同相输入端的电压 u_P 应等于电阻 R_2 与 R_3 的分压值，即

$$u_P = u_{i1} \frac{R_3}{R_2 + R_3}$$

根据式（4.4-2）可得到

$$u_{o2} = u_P \left(1 + \frac{R_F}{R_1}\right) = u_{i1} \frac{R_3}{R_2 + R_3} \left(1 + \frac{R_F}{R_1}\right)$$

则输出电压为

$$u_o = u_{o1} + u_{o2} = u_{i1} \frac{R_3}{R_2 + R_3} \left(1 + \frac{R_F}{R_1}\right) + u_{i2} \frac{-R_F}{R_1} \qquad （4.4-3）$$

在电路中，若选取 $R_1=R_2$，$R_3=R_F$，则式（4.4-3）可简化为

$$u_o = \frac{R_F}{R_1}(u_{i1} - u_{i2}) \qquad （4.4-4）$$

即输出电压与两个输入电压之差成正比，故该电路又称为差动放大电路。

4.4.4 基本集成运算放大器的比较

集成运算放大器的闭环结构有多种接法，它们的功能有很大差异。表 4.4-2 列出了集成运算放大器五种结构的特点。

表 4.4-2 五种基本集成运算放大器的比较

名　称	电路图	特　点
反相比例运算器	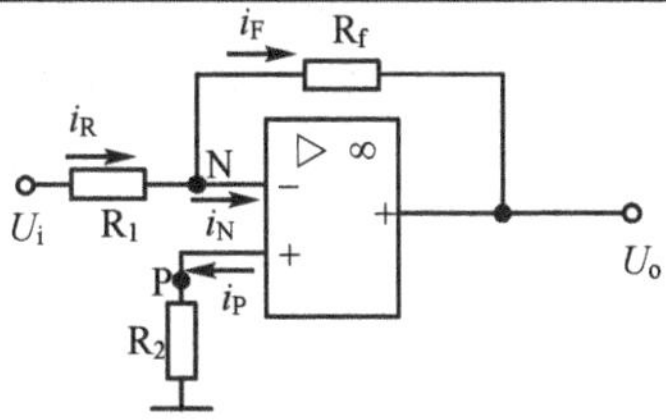	反相比例运算电路中输入输出电压的关系为 $u_o = \frac{R_f}{R} u_i$ 若 $R_f = R$，则 $A_{uf} = 1$，即 $u_o = -u_i$，这时电路为倒相器
同相比例运算器	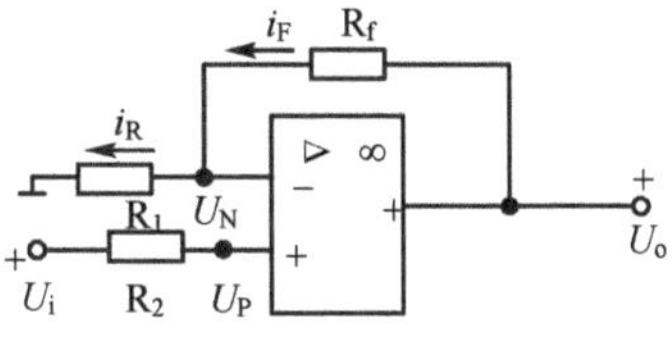	该电路输入输出的电压关系为 $u_o = \left(1 + \frac{R_f}{R}\right) u_i$ 它具有高输入电阻、低输出电阻的优点，但有共模输入，所以为了提高运算精度，应当选用高共模抑制比的集成运算放大器
加法器	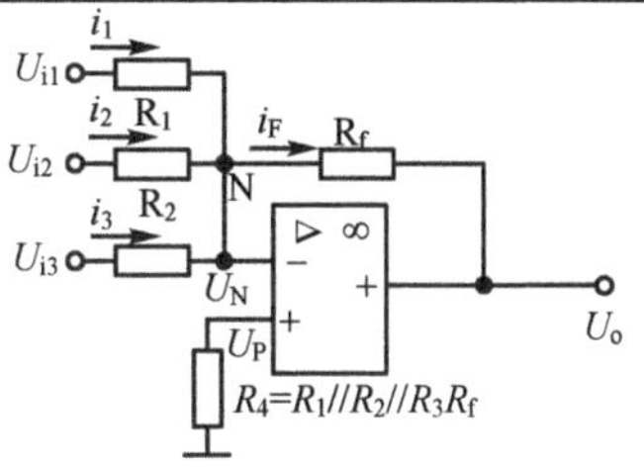	该电路的输出表达式为 $u_o = -R_f \left(\frac{u_{i1}}{R_1} + \frac{u_{i2}}{R_2} + \frac{u_{i3}}{R_3}\right)$

名　称	电路图	特　点
减法器		该电路的输出表达式为 $$u_o = \frac{R_f}{R}(u_{i2} - u_{i1})$$ 实现了对输入差模信号的比例运算
电压跟随器		该电路输出电压的幅度和相位均随输入电压而变化，电性能类似于射极输出器。其信号运算关系为 $$u_o = u_i$$

4.4.5　集成运算放大器的选择与测试

集成运算放大器不仅用途非常广泛，而且种类又非常多，所以在实际应用中，必须掌握选择与使用的方法。

1．集成运算放大器的选择

选择运放的基本原则是根据实际需要进行选择。对于没有特殊要求的电路，应优先考虑使用通用型运放，因为通用型运放不仅价格便宜，而且容易购买到。

具体选择方法可概括为以下几点：

① 当信号源的内阻较大时，应选择输入级为场效应晶体管的运放电路，如 LM351 等。

② 如输入信号中含有较大的共模信号，应选择共模抑制比较大和共模电压范围较大的运放电路，如 LM308 等。

③ 对于精度要求高的电路，应选择高增益、低漂移的运放电路，如 OP–07 等。

④ 对于频带较宽的电路，应选择宽频带的运放电路，如 LM353 等。

⑤ 对于要求功耗较低的电路，应选择低功耗的运放，如 LM312 等。

⑥ 对于输出功率要求较大的电路，应选择大功率的运放，如 MCEL165 等。

2．集成运算放大器的测试

由于运放参数的分散性，运放的实际参数往往与手册上给出的典型值有些差别。所以，在使用前应对运放的主要参数进行必要的测试。在条件具备的情况下，可用专门的集成运算放大器测试仪进行测试；在不具备专用测试仪时，可参考有关资料，自己搭接测试电路进行测试。

4.4.6　集成运算放大器使用中的注意事项

1．调零

由于运放失调电压和失调电流的存在，当输入为零时，输出并不为零。为此，对运放电路必须进行调零。调零一般有以下两种方法：第一，对于有调零引出端的运放，只要外加一个调零电位器就可进行调零；第二，对于没有调零引出端的运放，需要自己设计一个调零电路进行调零。

（1）有调零引出端运放的调零。

对于有调零引出端的运放，说明书中应明确给出调零端及外接电位器的数值。在进行调零时，应首先断开输出端与后续电路的联系，并使输入为零；然后，调节调零电位器，使输出为零。

（2）无调零引出端运放的调零。

通常双运放和四运放等运放电路，由于受管脚数目的限制，常省却调零引出端。在需要调零的情况下，需外接调零电路。图 4.4-5 所示为运算放大器失调电压的调零电路，图（a）所示为反相输入运放的调零电路，图（b）所示为同相输入运放的调零电路。

失调电压的调零电路由 R_3、R_4、R_P 和 $+U_{CC}$ 和 $-U_{EE}$ 等构成。通过调零电路，可给 A 点引入一个直流补偿电压。通过调节电位器 R_P，改变 A 点电压，达到调零的目的。为了不影响运放电路的正常工作，必须使 $R_4 \gg R_3$。

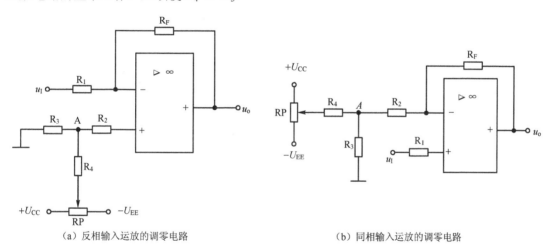

(a) 反相输入运放的调零电路 　　　　　　　(b) 同相输入运放的调零电路

图 4.4-5　运算放大器失调电压的调零电路

2．集成运算放大器的保护

在使用中，如果出现电源电压接反、输入电压过高、输出端短路或过载等，均可能使运放损坏。因此，必须在电路中采取保护措施，以保证运放的正常工作。

（1）防止电源电压接反的保护电路。

防止电源接反的保护电路如图 4.4-6 所示。为了防止电源电压接反，可在电源的正、负引脚端分别正向串入一只保护二极管。当电源电压方向接对时，二极管导通，运放电路正常工作；否则，电压不能进入运放电路。这种保护电路结构非常简单，所以该电路也是各种电子设备普遍采用的一种保护电路。

（2）输入端保护电路。

当运放输入端所加信号幅度过大时，可能使运放输入级晶体管损坏。为此，需要在运放的输入端加装限幅保护电路。

在集成运算放大器的线性应用电路中，由于接成深度负反馈的闭环形式，故输入端存在虚短现象。因此，运放线性应用电路的输入端，可以不采取保护措施。

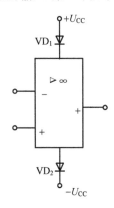

图 4.4-6　防止电源电压接反的保护电路

在集成运算放大器的非线性应用电路中，由于运放电路工作在开环甚至在正反馈工作状态下，因而输入端无虚短现象。所以，对运放非线性应用电路的输入端必须采取保护措施。

常用的输入端保护措施是在两个输入端之间加装限幅保护电路。输入端保护电路如图 4.4-7 所示。图（a）为反相输入运放的输入端保护电路，为了防止差模输入信号电压过高，在输入端设置了限幅二极管保护电路，使输入信号电压的幅度被钳位在二极管的正向导通电压降内；图（b）为同相输入运放的输入端保护电路，为了防止共模输入信号电压过高，在输入端设置了限幅稳压管保护电路，使输入信号电压的幅度被限制在稳压二极管的稳定电压内。

（3）输出端保护电路。

为防止运放的输出端短路、过载而造成损坏，可设置输出端保护电路。目前生产的集成运算放大器电路，一般均设有较为完整的输出保护电路。所以，使用时一般无须考虑输出保护问题。早期生产的集成运算放大器，有的没有设置输出保护电路，所以需要外加限压（或限流）保护电路。

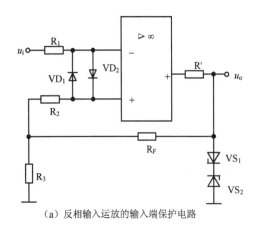

（a）反相输入运放的输入端保护电路

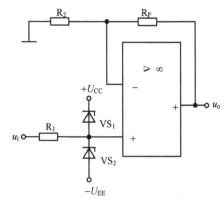

（b）同相输入运放的输入端保护电路

图 4.4-7　输入端保护电路

输出限压保护电路如图 4.4-8 所示，该电路由两个反向串联的稳压二极管组成，其总击穿电压为一只稳压二极管的稳定电压 U_Z 与另一只稳压二极管的正向导通电压（0.7V）之和，即 $U_Z+0.7V$。图（a）为将保护电路并联在反馈电阻两端；图（b）为将保护电路与输出电压并联，即接在输出端与地之间。

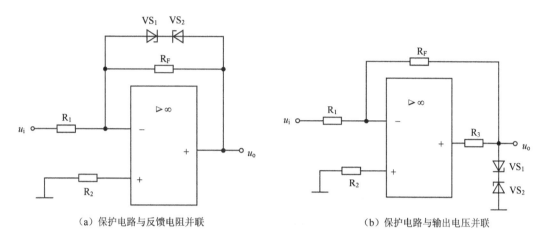

(a) 保护电路与反馈电阻并联   (b) 保护电路与输出电压并联

图 4.4-8　输出限压保护电路

电路正常工作时，输出电压低于 $U_Z+0.7V$，保护电路不起作用。当输出电压过高而且超过 $U_Z+0.7V$ 时，必有一只稳压二极管击穿，将输出电压钳位在 $U_Z+0.7V$ 范围内，从而对输出端进行保护。

为了保证运放电路的正常工作，保护电路的稳压二极管，除其稳压值必须合适外，还必须选用反向漏电小的优质稳压二极管。

3．自激振荡的消除

集成运算放大器内部是一个高增益的多级放大电路，而运放电路一般都引入了深度负反馈。在信号的高频区，由于相移的产生很可能使负反馈变为正反馈，使电路产生自激振荡，无法正常工作。为了防止自激振荡的产生，通常采用适当的频率补偿和相位补偿措施。

目前，国产的大多数集成运算放大器，都在集成块电路内部设置了消除自激的补偿网络，这种运放称为内补偿型集成运算放大器电路。按要求使用这些运放，一般不会出现自激振荡现象。

有一些早期生产的集成运算放大器电路，其内部没有消除自激振荡的补偿网络，这种运放称为外补偿型集成运算放大器。这种运放在使用时需按产品说明书（手册）的要求，在补偿端接入指定的 RC 补偿网络，以消除自激振荡。产品说明书中一般都附有典型应用电路，以供使用时参考。

4．使用集成运算放大器时的注意事项

（1）用万用表的电阻挡测量集成运算放大器各引脚对负电源端及正电源端的正、反向电阻，将测得的阻值与同型号质量良好的集成电路加以比较，如阻值差异很大，一般是集成运

算放大器损坏。

（2）"堵塞"现象，又称为"自锁"现象，它是指反馈运放突然发生工作不正常，输出电压接近正、负电源两个极限值的情况。引起"堵塞"的原因是当输入信号过强或受强干扰信号的影响时，运放内部某些管子进入饱和状态，从而使负反馈变成正反馈而引起的。解决的方法是切断电源，重新接通，或把组件两个输入端短路一下，就可使电路恢复正常工作。

（3）工作时产生"自激"的原因是集成运算放大器的 RC 补偿元件参数选择不合适、电源滤波不良或输出端有电容性负载。解决的方法是，重新调整 RC 补偿元件参数，加强对负电源的滤波，调整电路板的布线结构，避免电路接线过长。

练一练 2

1. 运算放大器实质上是一种具有＿＿＿＿＿＿＿＿＿＿＿＿＿＿多级直流放大器。

2. 运算放大器具有＿＿＿＿＿和＿＿＿＿＿功能。

3. 集成运算放大器的外形结构和普通晶体三极管相似，所不同的是集成运算放大器有＿＿＿＿＿＿。

4. 运算放大器的两个基本特点是＿＿＿＿＿＿＿＿和＿＿＿＿＿＿＿＿＿。

5. 比例运算放大器的输出电压和输入电压之比为＿＿＿＿＿＿＿＿＿＿＿。

6. 加法器的输出电压为＿＿＿＿＿＿＿＿。

7. 积分运算器的电路形式同比例运算器类似，所不同的是＿＿＿＿＿＿＿＿＿＿＿＿。

8. 集成电路按其制造工艺不同，可分为＿＿＿＿、＿＿＿＿、＿＿＿＿和＿＿＿＿集成电路等几大类。

9. 集成电路中各元件的空间位置十分相近，可以看成是在同一点上，所以它们的＿＿＿＿＿＿＿可以认为是相同的，不受＿＿＿＿＿＿＿的影响。

10. 运算放大器的调零方法是将＿＿＿＿端短路，利用调零电位器来调节差动式放大器两个集电极电压差。

【阅读材料】 常见集成运算放大器及使用

1. 常见的集成运算放大器

① 常见的集成运算放大器有国产的 CF×× 系列；国外的 LM×× 系列、LF×× 系列。

② 如国产的 CF318、CF324、CF358、CF714、CF741。国外对应的型号为 LM318、LM324、LM358、μ714、μ741。其中 LM324 为低功耗四运放，LM358 为低功耗双运放，其他的为单运放。

③ 使用时要根据 Data Sheet 中的参数选用，注意电源电压范围，是单电源还是双电源工作。

2. 集成电压比较器

① 常用的有单比较器 LM311、双比较器 LM393、四比较器 LM339。

② LM311：单电源工作电压为 +5～+15V，双电源工作电压为 ±5～±15V。负载能力为 50mA。

③ LM339：单电源工作电压为+2~+36V，双电源工作电压为±1~±18V。共模输入范围 0~1.5V（U_{CC}）。

④ 电压比较器的输出一般为集电极开路形式，因此使用时在输出端需加上拉电阻（3~15kΩ）。

3．电压比较器的应用实例

（1）单幅比较器（见图 4.4-9）。

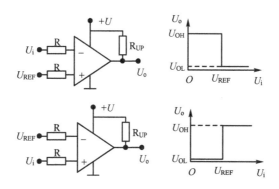

图 4.4-9　单幅电压比较器电路及波形图

（2）窗口比较器（见图 4.4-10）。

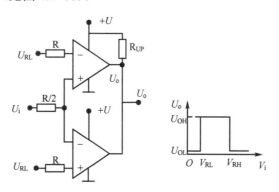

图 4.4-10　窗口比较器电路及波形图

应注意：$U_{RL}<U_i<U_{RH}$ 时，输出为高电平。

4．电压基准

① 常见的有 LM136/236/336、LM138/238/385、MC1403、AD580 等，输出基准电压值有 1.2V、2.5V、5V 几种。

② 温度：−55~+125℃；−25~+85℃；0~+70℃。

③ 应用电路比较简单，主要给比较器、A/D、D/A 转换器提高参考基准电压，也可以作高稳定性电源的基准。

5．运算放大器的应用电路实例

（1）前置放大器。

运算放大器也适合做音频前置放大器用，图 4.4-11 所示的是其中一例，为了从直流开始放大，它需要漂移调整，用 R_1 也可以改变增益。

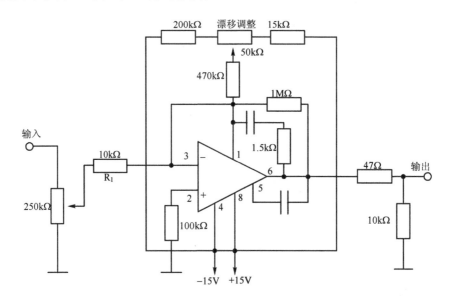

图 4.4-11　音频前置放大器

（2）均衡放大器。

如图 4.4-12 所示为均衡放大器。此电路由于对直流增益为 1，所以不要漂移调整。由电阻和电容构成反馈电路，选择电阻和电容的值，以得到录音特性。电源采用单电源。

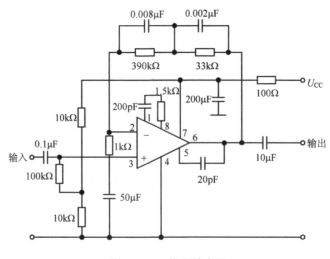

图 4.4-12　均衡放大器

技能训练 1　差分放大电路

一、技能训练目的

（1）了解差分放大电路的结构特点及工作原理。

（2）掌握差分放大电路的调试方法。

（3）学习测量差分放大电路的电压放大倍数及共模抑制比的方法。

二、技能训练电路

技能训练电路如图实 4-1 所示。图中，VT_1 和 VT_2 要用型号、性能完全一致的晶体管（应使用晶体管特性图示仪进行筛选），最好使用差分对管。电阻应使用金属膜电阻器，电位器应使用线绕式。

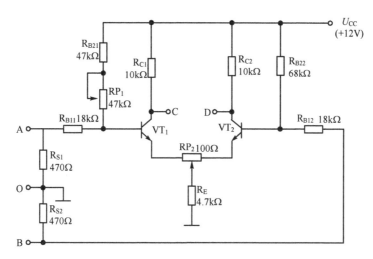

图实 4-1　差分放大电路

三、技能训练步骤

1. 安装元器件

按图实 4-1 所示安装元器件，将 RP_1 的滑动端置最大位置、RP_2 的滑动端置中间位置。检查无误后，继续做下面的实验。

2. 调整、测量静态工作点

（1）将两输入端（A、B 点）对地（O 点）短接后，接通电源。

（2）调节 RP_1，使两管的集电极（C、D 点）电压均为 10V 左右，即两输出端电位差为零。若调节 RP_1 不能使两输出端的电位差为零，那是由于电路不对称造成的，可通过调节 RP_2 使之为零。

（3）按表实 4-1 的要求进行测量，并将测量结果记入表中。

3．差分输入、双端输出

（1）断开 A 和 B 间的短路线，在 A 和 B 之间加入频率为 1kHz，幅度为 200mV 的正弦信号。注意：信号发生器的地线应接 B 端，不要接实验电路的地线。

（2）按表实 4-2 的要求，用毫伏表分别测量以下两种情况时电路各处的信号电压，并将测量结果记入表中。

① R_E 正常接入时；

② 短路 R_E 时。

注意：测量时，需将毫伏表的地线与实验电路的地线相连，否则干扰很大。不能直接测量 C 和 D 点间的电位差，只能分别测量 C 和 D 点对地的电压。

4．共模放大

（1）将 A 和 B 两点接在一起作为输入端，接通信号源的地线与实验电路的地线。

（2）输入频率为 1kHz，幅度为 100mV 的正弦信号。按表实 4-3 的要求，用毫伏表分别测量以下两种情况时的电路各处的信号电压，并将测量结果记入表中。

① R_E 正常接入时；

② 短路 R_E 时。

四、技能训练记录

表实 4-1　静态工作点的测量

差 分 管	U_C/V	U_B/V	U_E/V	输出端（$U_{O1}-U_{O2}$）/V
VT_1				
VT_2				

表实 4-2　差分放大

R_E/kΩ	VT_1 集电极对地信号电压 u_{o1}/mv	VT_2 集电极对地信号电压 u_{o2}/mV	双端输出电压 $u_d=u_{o1}-u_{o2}$/mV	差模电压放大倍数 A_d $A_d=\dfrac{u_d}{u_i}$
4.7				
0				

表实 4-3　共模放大

R_E/kΩ	VT_1 集电极对地信号电压 u_{o1}/mV	VT_2 集电极对地信号电压 u_{o2}/mV	双端输出电压 $u_c=\|u_{o1}-u_{o2}\|$/mV	共模电压放大倍数 A_c $A_c=\dfrac{u_c}{u_i}$
4.7				
0				

五、技能训练习题

1．根据以上实验结果，分别计算当 R_E=4.7kΩ 与 R_E=0 时的共模抑制比，并进行比较。

2．填空。

（1）在差分放大器中，由于两只放大管的参数＿＿＿＿＿＿，其他元件亦即＿＿＿＿＿，并且采用＿＿＿＿＿耦合及零点调节装置，所以它的零点漂移极小。

（2）在差模放大时，由于＿＿＿＿＿耦合的原因，一只管电流增大，另一只管电流＿＿＿＿＿，流经射极电阻的电流基本＿＿＿＿＿，所以射极电阻不起负反馈作用。

（3）在输入共模信号时，两管电流同时＿＿＿＿＿，所以射极电阻对共模信号起了＿＿＿＿反馈作用，使共模放大倍数＿＿＿＿＿。

技能训练 2　集成运算放大器主要参数的测试

一、技能训练目的

理解集成运算放大器主要参数的含义，掌握集成运算放大器主要参数的测试方法。

二、技能训练电路及仪器设备

1．技能训练电路

集成运算放大器主要参数测试的技能训练电路如图实 4-2 所示。图（a）所示为 U_{oS} 测试电路；图（b）所示为 I_{oS} 测试电路；图（c）所示为 A_d 测试电路；图（d）所示为 K_{CMR} 测试电路。

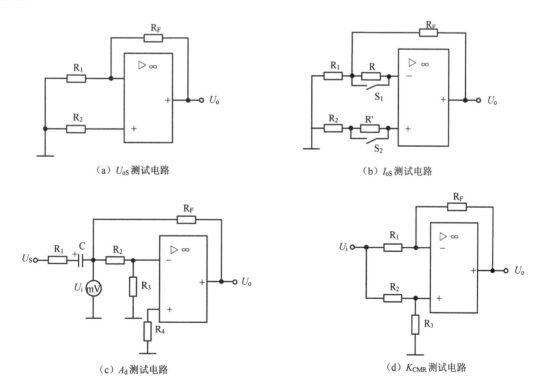

（a）U_{oS} 测试电路　　　　　　　　　　（b）I_{oS} 测试电路

（c）A_d 测试电路　　　　　　　　　　（d）K_{CMR} 测试电路

图实 4-2　集成运算放大器主要参数测试的技能训练电路

2．仪器设备

（1）双路直流稳压电源　　　　　　　　1 台
（2）双踪示波器　　　　　　　　　　　1 台
（3）低频信号发生器　　　　　　　　　1 台
（4）晶体管毫伏表　　　　　　　　　　1 台
（5）数字万用表　　　　　　　　　　　1 块

三、技能训练内容及步骤

1．测量输入失调电压 U_{oS}

（1）输入失调电压 U_{oS} 的测量电路如图实 4-2（a）所示。图中，R_F=51kΩ，R_1=51Ω，$R_2=R_1 /\!/ R_F$。

（2）按图接线，用示波器监视电路的输出端，如有自激振荡，应先消振，然后再进行测量。

（3）测量输出电压 U_o，输入失调电压可由下式求得

$$U_{os} = \frac{R_1}{R_1 + R_F}U_o$$

2．测量输入失调电流 I_{oS}

（1）输入失调电流 I_{oS} 的测量电路如图实 4-2（b）所示。图中，R_F、R_1、R_2 的参数同图实 4-2（a），$R=R'=10kΩ$。

（2）按图接线，用示波器监视电路的输出端，如有自激振荡，应先消振，然后再进行测量。

（3）测出开关断开时的输出电压 U_{o2} 和开关闭合时的输出电压 U_{o1}，输入失调电流可由下式求得

$$I_{oS} = \frac{U_{o2} - U_{o1}}{R} \frac{R_1}{R_1 + R_F}$$

3．测量开环差模电压增益 A_d

（1）开环差模电压增益 A_d 的测量电路如图实 4-2（c）所示。图中，R_1=1kΩ，$R_2=R_F=$51kΩ，$R_3=R_4$=51Ω，C=5μF。

（2）按图接线，用示波器监视电路的输出端，如有自激振荡，应先消振，然后再进行测量。

（3）调零。将 U_S 端接地，调节调零电位器，使输出电压等于零。

（4）按照所选用运放器件指定的频率范围，在输入 U_S 端加入一定幅值的交流电压信号（可以由零逐渐增加信号的幅度），用示波器观察输出电压波形，在输出电压不失真的条件下测出 U_o 和 U_i。开环差模电压增益可由下式求得

$$A_d = \frac{U_o}{\dfrac{R_3}{R_2 + R_3} U_I}$$

4. 测量共模抑制比 K_{CMR}

（1）共模抑制比的测试电路如图实 4-2（d）所示。图中，$R_1=R_2=1\text{k}\Omega$，$R_F=R_3=100\text{k}\Omega$。

（2）按图接线，接通电源，消振，调零。

（3）在输入 U_i 端加入一定频率、一定幅值的正弦交流信号电压，在输出电压不失真的条件下，测出 U_i 和 U_o。共模抑制比 K_{CMR} 可由下式求得

$$K_{CMR} = \frac{A_d}{A_c} = \frac{R_F}{R_1}\frac{U_F}{U_o}$$

四、技能训练思考题

（1）在测量输入失调电压和输入失调电流的电路中，能不能接入调零电位器？

（2）在测量输入失调电流的电路中，为什么 R 与 R' 要相等？

（3）在测量开环电压增益时，如何确定信号的频率？应注意什么？

 本章小结

1. 直接耦合放大电路是组成集成运算放大器的基础，它可以放大缓慢变化或直流成分的信号。直接耦合放大电路的主要问题是零点漂移，产生零漂的主要原因是温度引起管子参数的变化。抑制零漂的方法有很多种，最有效、最常用的是差分放大电路。

2. 差分放大电路采用对称的电路形式进行参数补偿以减小零点漂移。它具有差模放大和共模抑制特性。差分放大电路可根据实际需要灵活地构成双入双出、双入单出、单入双出、单入单出四种电路连接方式。

3. 大小不等或极性相反的输入信号叫做差模信号。

大小相等、极性相同的输入信号叫做共模信号。

4. 共模抑制比（K_{CMR}）是差分放大电路的差模放大倍数与共模放大倍数之比，是衡量差分放大电路性能优劣的重要指标。

5. 集成运算放大器是由具有高放大倍数的直接耦合放大电路所组成。由于将电路中管子、元件等都集成在同一硅片上，所以差分对管的参数匹配性能良好，环境温度条件相近，有利于克服零点漂移。

6. 集成运算放大器的主要参数有：开环差模电压增益、输入失调电压、输入失调电流、输入偏置电流、差模输入电阻、输出电阻、最大差模输入电压、最大共模输入电压。

7. 理想运算放大器的主要条件：开环差模电压增益为无穷大，开环差模输入电阻为无穷大，开环输出电阻为零，共模抑制比为无穷大，输入失调电压为零，输入失调电流为零。

8. 根据理想运算放大器的条件推导出的两个重要结论是：①两输入端之间电压为零，称为"虚短"；②输入电流等于零，称为"虚断"。运用这两个结论，可使运算放大器的分析过程大大简化。

9. 集成运算放大器的调零一般有两种方法。对于有调零引出端的运放，只要外加一个调零电位器就可进行调零；对于没有调零引出端的运放，需要设计一个调零电路进行调零。

10. 集成运算放大器自激振荡的消除方法是，对于内补偿型集成运算放大器，一般不需进行补偿。对于外补偿型集成运算放大器需按要求在补偿端接入指定的 RC 补偿网络，以消除自激振荡。

习题

一、选择题

1. 直接耦合放大器级间耦合方式采用（　　）。

    A. 阻容耦合　　　　　　　　B. 变压器耦合　　　　　　　　C. 直接（或通过电阻）耦合

2. 差动式直流放大器与直耦式直流放大器相比，其主要优点在于（　　）。

    A. 有效地抑制零点漂移　　　B. 放大倍数增加　　　　　　C. 输入阻抗增加

3. 差动式直流放大器抑制零点漂移的效果取决于（　　）。

    A. 两个晶体三极管的放大倍数

    B. 两个晶体三极管的对称程度

    C. 各个晶体三极管的零点漂移

4. 在典型的差动放大器中，用恒流源代替 R_E 的优点是（　　）。

    A. 便于集成化

    B. 避免辅助电源的电压数值取得太高

    C. 增加电压放大倍数

5. 造成直流放大器零点漂移的因素很多，其中最难控制的是（　　）。

    A. 电源电压的变化　　　　　B. 电阻、电容数值的变化　　　C. 半导体器件参数的变化

6. 差动式直流放大器相比直接耦合放大器，是以多用一个晶体管为代价，换取（　　）。

    A. 较高的电压放大倍数　　　B. 抑制零点漂移能力　　　　C. 电路形成对称

7. 甲、乙两个直流放大器，输出端的零点漂移电压一样，甲的放大倍数是乙的 10 倍，即甲放大器的漂移现象比乙放大器的漂移现象（　　）。

    A. 一样　　　　　　　　　　B. 轻一些　　　　　　　　　　C. 重一些

8. 对运算放大器进行调零，是由于（　　）。

    A. 存在输入失调电压　　　　B. 存在输入失调电流　　　　C. 存在输入偏置电流

9. 运算放大器很少开环使用，其开环电压放大倍数主要用来说明（　　）。

    A. 电压放大能力　　　　　　B. 共模抑制力　　　　　　　C. 运算精度

10. 为了增大电压放大倍数，集成运算放大器的中间级多采用（　　）。

    A. 共射放大电路　　　　　　B. 共基放大电路　　　　　　C. 共集放大电路

二、问答题

11．什么叫集成电路？集成电路的主要特点是什么？

12．多级放大电路常用的耦合方式有几种？如果输入信号的频率范围为 0～200kHz，应选择哪种耦合方式？为什么？

13．什么叫零点漂移？什么叫差模信号？什么叫共模信号？

14．通用集成运算放大器一般由几部分组成，每一部分常采用哪种基本电路？通常对每一部分性能的要求分别是什么？

15．双端输入—双端输出式差动放大电路在结构上有什么特点？它是怎样抑制零点漂移的？

16．什么是运算放大器？理想运算放大器应具备哪些条件？从理想运算放大器的条件可推导出什么结论？

三、判断题

17．判断下列说法是否正确（正确的在括号内画"✓"；错误的在括号内画"×"）。

（1）处于线性工作状态下的集成运算放大器，反相输入端可按"虚地"来处理。（　　　）

（2）在反相输入运算放大电路中引入的反馈属于电压串联负反馈，在同相输入运算放大电路中引入的反馈属于电压并联负反馈。（　　　）

（3）在反相加法运算电路中，集成运算放大器的反相输入端为虚地，流过反馈电阻的电流基本上等于各支路输入电流之和。（　　　）

（4）有源负载可以增大放大电路的输出电流。（　　　）

（5）集成运算放大器的输入失调电流 I_{IO} 是两端电流之差。（　　　）

四、计算题

18．有甲乙两个直接耦合放大电路，甲电路的 $A_u=100$，乙电路的 $A_u=50$。当外界温度变化了 20℃时，甲电路的输出电压漂移了 10V，乙电路的输出电压漂移了 6V，问哪个电路的温度漂移参数小？其数值是多少？

19．在反相输入运算放大电路中，已知：$R_1=20\text{k}\Omega$，$A_{uF}=-3$，试求 R_2 和 R_F 的阻值。

20．题图 1 是一个单端输出的差动放大电路。指出 1、2 两端哪个是同相输入端，哪个是反相输入端，并求该电路的共模抑制比 K_{CMR}。

设 $U_{CC}=12\text{V}$，$-U_{EE}=-6\text{V}$，

$R_B=10\text{k}\Omega$，$R_E=6.2\text{k}\Omega$，

$R_C=5.1\text{k}\Omega$，

晶体管 $\beta_1=\beta_2=50$，

$r'_{bb1}=r'_{bb2}=300\Omega$，

$U_{BE1}=U_{BE2}=0.7\text{V}$。

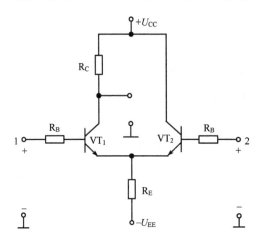

题图 1　习题 20 图

第5章

正弦波振荡电路

【学习目标】

- 了解振荡现象及产生的原因；
- 掌握自激振荡的概念以及产生自激振荡的条件；
- 学会用相位平衡条件判别电路能否起振；
- 理解正弦波振荡电路的基本工作原理；
- 了解 LC 振荡电路、RC 振荡电路、石英晶体振荡电路的结构特点及应用；
- 了解振荡电路在实际中的应用。

放大电路是一种利用直流电源提供的电能，并把微弱的交流信号进行放大的电子电路。也就是说，放大电路必须有微弱的交流信号输入，才能把直流电源提供的电能转变成较大的交流信号输出。振荡电路与放大电路不同，振荡电路是一种在没有外加交流输入信号的情况下，把直流电源提供的电能转变成交流电能输出的电子电路。根据输出信号波形的不同，振荡电路可分为两大类，一类是正弦波振荡电路，其输出波形接近正弦波；另一类是非正弦波振荡电路，其输出波形为方波、脉冲波、锯齿波、三角波等。

本章将学习正弦波振荡电路的组成和它的一般分析方法，然后介绍几种典型振荡电路的工作原理和特点。

5.1 振荡电路的基本知识

5.1.1 自激的概念

正弦波振荡电路也是一种基本的模拟电子电路。电子技术实验中使用的低频信号发生器就是一种正弦波振荡器。大功率的振荡电路还可以直接为工业生产提供能源。例如，高频加热炉的高频电源、超声波探伤、无线电和广播电视信号的发送与接收等，都离不开正弦波电路。总之正弦波振荡在测量、自动控制、通信和热处理等各种技术领域都有着广泛的应用。如图 5.1-1 所示为常见的带有振荡电路的电气设备。

　　无线话筒　　　　　　遥控汽车　　　　　　　信号发生器

图 5.1-1　常见的带有振荡电路的电气设备

课堂讨论：究竟什么是振荡现象呢，在日常生活中会遇到这种现象吗？

　　例如：在一些大型集会活动中，因为场地较大，为了让全场都能听到讲话人的声音，一般要安装扩音机，当讲话者对着话筒讲话时，我们就可以从扬声器里听到讲话人的声音。但是有时，扩音机的开关刚一打开、音量开得太大，或者麦克风离喇叭太近，我们立即会听到从扬声器发出刺耳的啸叫声，如图 5.1-2 所示。这时，如果将扩音机的音量输出调小，或适当变换话筒和扬声器的相对位置，就可以消除这种现象。

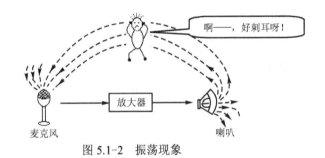

图 5.1-2　振荡现象

　　可见，话筒、扩音机和喇叭，构成了一个放大系统，其中包含了声电转换和电声转换装置。话筒是整个放大系统的输入端，喇叭则是输出端。一个正常工作的放大系统，应该是有输入信号才有输出信号，没有输入信号也就没有输出信号。而上面的例子中，没有人对着话筒讲话，喇叭却发出了声音。放大器的这种没有外加输入信号，就有输出信号的现象，称为自激振荡现象，或者称为自激。使电信号长时间以一定的幅值持续波动的现象称为振荡。

　　一个放大器之所以会产生自激振荡，其实质是在放大器中存在着一定强度的正反馈。

5.1.2　自激振荡的过程

　　实际应用的振荡器，起始并不需要外加信号激励，而是当接通电源的瞬间，电路收到微弱的扰动，就形成了初始信号。这个信号，经过放大器放大、选频后，通过正反馈网络回送到输入端，形成放大—选频—正反馈—再放大的过程，使输出信号的幅度逐渐增大，振荡便由小到大地建立起来了。当信号幅度达到一定数值时，由于晶体管非线性区域的限制作用，使管子的放大作用削弱，即电路的放大倍数下降，振幅也就不再增大，最终使电路维持稳幅振荡，如图 5.1-3 所示。

图 5.1-3　振荡的波形情况

5.1.3　正弦波振荡器的组成及工作原理

1．正弦波振荡器的方框图

图 5.1-4 为正弦波振荡电路的方框图。从结构上看，正弦波振荡电路就是一个没有输入信号的带选频网络的正反馈放大器。

选频网络的作用是对某个特定频率的信号产生谐振，从而保证正弦波振荡具有单一的工作频率。

反馈网网是将输出信号正反馈到放大电路的输入端，作为输入信号，从而使电路产生自激振荡。

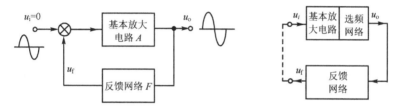

图 5.1-4　正弦波振荡电路的方框图

2．正弦波振荡电路的组成

振荡电路的基础是放大器，放大器和振荡器既有区别又有联系。如图 5.1-5（a）所示为选频放大器，它有外加的输入交流信号，输出一个比输入大的交流信号，这样才能完成放大的功能。如图 5.1-5（b）所示为振荡器，该电路绝大部分结构与选频放大器相同，但是供放大的输入信号不是外加的，而是由振荡电路自身的正反馈网络（图（b）中反馈网络是 L_2）提供的反馈信号充当。所以，一个放大器加一个正反馈网络就可以构成一个振荡器。

在图 5.1-5（b）中，晶体管 VT 及其偏置电路构成了放大器，变压器的二次绕组 L_2 构成正反馈网络，变压器一次绕组和电容 C 构成 LC 并联谐振电路是选频网络和放大器的集电极负载。

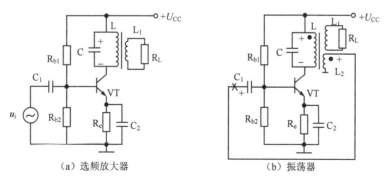

（a）选频放大器　　　　　　（b）振荡器

图 5.1-5　振荡器的组成

课堂讨论：各种振荡器都应该能够在加电后自行启动进入振荡状态，加电启动时需要一个初始信号。这个初始信号是如何产生的呢？

任一电路在接通直流电源时都会产生一个电冲击，这个电冲击是频率非常丰富的交流信号。由于振荡电路是一个闭合的正反馈系统，因此，不管这个电冲击发生在电路的哪一部分，最终总要传送到基本放大电路的输入端充当电路的初始信号，振荡器的各种频率由选频网络从初始信号中选出，成为电路中的振荡信号和输出信号。

因为振荡电路中不可避免地会存在微小扰动，这个扰动又一定会传到放大器的输入端，所以最初的输入电压就是这些扰动形成的。

3．振荡电路的工作原理

振荡电路接通直流电源后，电路中出现电冲击，这个电冲击包含了非常丰富的频率成分，被选频网络选频后，在负载上形成幅度很小但频率单一的正弦电压。由于电路构成了闭合的正反馈系统，而且放大器工作在线性区域，放大倍数比较大，所以输出电压幅度不断增加。随着输出电压幅度的不断增加，反馈电压幅度也不断增加，晶体管从线性工作区进入非线性区，电压放大倍数开始下降，输出电压幅度的增长速度变慢。当电压放大倍数下降到某一值时，输出电压幅度的增长完全停止，电路进入等幅振荡状态。

4．振荡电路的分类

振荡电路从输出波形上分，一般有两大类：一类为正弦波振荡电路，这种振荡电路产生的是正弦波。另一类为非正弦波振荡电路，通常称为脉冲波发生器。它随电路连接不同，产生的输出波形可为锯齿波、三角波、方波、尖脉冲等。

在正弦波振荡电路中，只有一个频率符合振荡条件，因此输出单一频率的信号；而在非正弦波振荡器中，则有许多频率符合振荡条件，因此输出中有大量谐波。

从选频网络的组成元件分：有 LC 振荡器、RC 振荡器和石英振荡器等类型。

5.1.4　振荡电路能自动产生振荡的条件

若要一个结构上符合振荡器组成的电路能够在加电后自动形成振荡，必须具备的条件是幅度足够的正反馈。在两个条件中，幅度条件容易实现，反馈极性是严格的。

电路必须构成正反馈才能振荡，这个条件又称为相位条件。在放大和反馈组成的环境中，由于各种形式的电容、电感的存在，每部分电路环节都会对正弦波信号产生一定量的相位变化，但信号反馈到输入端应该与原信号同相，即

$$\varphi = \varphi_A + \varphi_F = \pm 2n\pi \ (n = 0, 1, 2, \cdots) \tag{5.1-1}$$

式中，φ——振荡器总的相移；

　　　　φ_A 和 φ_F——基本放大器和反馈网络的相移。

而且电路工作状态无论是增幅振荡还是等幅振荡，都应满足正反馈。在电路具备正反馈

的前提下，当电路的放大倍数 A 和反馈网络的反馈系数 F 满足：

$AF<1$ 时，输出信号的幅度逐渐减小为零，称为减幅振荡；

$AF=1$ 时，输出幅度稳定不变的交流信号，称为等幅振荡；

$AF>1$ 时，输出幅度增加的交流信号，称为增幅振荡。

所以，振荡器要能够振荡必须满足

$$AF \geqslant 1 \tag{5.1-2}$$

式（5.1-2）称为振荡器振荡的振幅条件。

由此可见，虽然把与输入同相的输出信号反馈到输入端，就可以保证有了输入信号，并得到连续的输出信号。但是只将输出信号反馈到输入端，并不能保证实现振荡，如表 5.1-1 所示。

因此，为了实现电路的振荡，必须同时满足以下两个条件。

$\begin{cases} ① \text{ 相位平衡条件：} \varphi=\varphi_A+\varphi_F=\pm2n\pi（n=0,1,2,\cdots） \\ ② \text{ 振幅平衡条件：} AF=1 \end{cases}$

表 5.1-1 反馈电压与放大器输入电压的关系

项 目	幅 度	相 位	结 果
反馈电压与放大器输入电压	相等	不同	多次谐波
	不等	相同	振幅由大到小或振幅由小到大
	相等	相同	振荡

 小结

综上所述可知：

- 振荡器的功能是在无外加输入信号的情况下，电路自动输出一个周期性的交变信号。
- 正弦波振荡器包括基本放大电路、反馈网络、选频网络和稳幅电路四部分，许多振荡器电路的选频网络和反馈网络是合在一起的。
- 自激振荡的条件有两个：一个是相位平衡条件，另一个是振幅平衡条件。
- 振荡器的初始信号是由于电路刚开始工作时，电路参数的微小扰动或接通直流电源开关瞬间的"电冲击"所形成的。
- 根据选频网络的元件性质不同，正弦波振荡器分为 LC 振荡器、RC 振荡器和石英晶体振荡器等。

练一练 1

1. 正弦波振荡电路是不需要_____就能产生具有一定频率和振幅的_____信号的电路。

2. 正弦波振荡电路以自身的_____反馈信号作为输入信号而稳定地工作，自激振荡电路是引入_____反馈的放大电路，要求反馈信号的相位与净输入信号相位_____，而且幅度也要_____。

3. 正弦波振荡电路是由_____和_____两大主要部分组成一个闭环系统。为了产生单一频率正弦波，电路中还应有_____网络，为了振幅稳定、波形改善，电路中应具有_____环节。

4. 振荡电路的平衡条件是＿＿＿＿，＿＿＿＿反馈才能满足振荡电路的相位平衡条件。

5. 振荡器的输出信号最初由（　　）而来。

    A．基本放大器　　　　　　　B．选频网络　　　　　　　　C．干扰或噪声信号

5.2　LC 正弦波振荡电路

能产生正弦波信号的电路称为正弦波振荡电路。正弦波振荡电路的选频网络有两种结构形式：一种由电感器 L、电容器 C 组成，称为 LC 正弦波振荡电路；另一种由电阻器 R、电容器 C 组成，称为 RC 正弦波振荡电路。LC 正弦波振荡电路又分为变压器耦合振荡电路、三点式振荡电路和石英晶体振荡电路三种。

5.2.1　谐振基础

最容易产生振荡的电路，是将线圈 L 与电容器 C 组合起来的谐振电路，如图 5.2-1 所示。

其工作原理是：

当 S 接 1 时，电源对 C 正向充电，然后迅速切换开关；

当 S 接 2 时，C 储存的电能通过 L 释放，L 又为 C 反向充电，C 再次通过 L 放电，L 再次为 C 正向充电……

由此可见，因为线圈中存在电阻，此振荡电流会逐渐衰减，形成图 5.2-2 所示的波形。

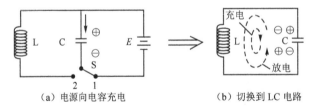

    （a）电源向电容充电　　　　　　　　（b）切换到 LC 电路

图 5.2-1　谐振电路的工作原理　　　　　　　图 5.2-2　L 的惯性引起振荡电流

5.2.2　变压器耦合振荡电路

1．变压器耦合振荡电路的结构

变压器耦合振荡电路如图 5.2-3（a）所示，基本放大电路由晶体管及其偏置电路构成，选频网络由集电极负载 LC 并联谐振电路构成，正反馈网络由变压器的二次绕组 L'和耦合电容 C_B 构成。反馈信号从 L'的上端取出，经耦合电容 C_B，输送至晶体管的基极。图 5.2-3（a）所示中，L 与 L'上端的黑圆点是"同名端"符号，它表示 L 的上端与 L'的上端相位相同。

2．电路能否振荡的判断

（1）相位条件的判断。

判断振荡电路是否满足相位条件，就是判断电路的反馈是否为正反馈。判断方法可用瞬时极性法，以图 5.2-3（a）所示电路为例，具体方法如下。

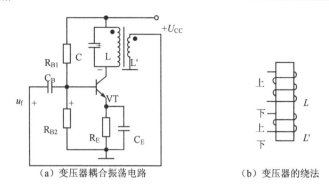

（a）变压器耦合振荡电路　　　　　（b）变压器的绕法

图 5.2-3　变压器耦合振荡电路

假设晶体管输入端的瞬时极性为正，根据共发射极电路各极的相位关系可知，此时集电极的瞬时极性为负，L 两端的瞬时极性为上正、下负。在绕制变压器时，应使 L 与 L'的极性相同，具体绕法如图 5.2-3（b）所示。这样，可使反馈信号的极性与基极的极性相同，实现正反馈，以满足振荡的相位条件。

（2）幅度条件的判断。

判断振荡电路是否满足振荡的幅度条件，就是判断放大电路是否满足幅度条件 $AF \geqslant 1$。从理论上讲，幅度条件的判断应通过计算或测量，以便检查电路是否满足 $AF \geqslant 1$，但是，这样太复杂。实际上，由于 L 与 L'同绕在一个磁心上，耦合很紧。所以，通过对电路的分析，只要放大电路的静态工作点合适，即可认为放大电路满足 $AF \geqslant 1$。在实际应用中，适当增减 L' 的匝数，即可调节反馈系数的大小，使正反馈量合适。

3．振荡频率

振荡器的振荡频率就是选频网络的固有频率。对于 LC 振荡电路来说，振荡频率可用下式计算

$$f_0 \approx \frac{1}{2\pi\sqrt{LC}} \tag{5.2-1}$$

式中，f_0 为振荡频率，单位为 Hz（赫兹）；L 为谐振回路的总电感，单位为 H（亨利）；C 为谐振回路的总电容，单位为 F（法拉）。

由式（5.2-1）可以看出，当改变电感器 L 或电容器 C 的大小时，均可改变振荡频率 f_0。在实际应用中，电容器 C 一般选用可变电容器，这样可通过调节可变电容器的容量，使输出正弦波信号的频率实现连续可调。

4．变压器耦合振荡电路实例

变压器耦合振荡电路在广播通信设备中应用非常广泛，普通超外差式收音机的本机振荡电路一般采用变压器耦合振荡电路，如图 5.2-4 所示。

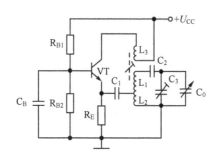

图 5.2-4　超外差式收音机的本机振荡电路

（1）电路结构。

在图 5.2-4 所示电路中，基本放大电路由晶体管 VT 及其偏置电路构成，R_{B1} 和 R_{B2} 是基极分压偏置电阻，R_E 是发射极电阻；L_1、L_2 和 C_2、C_3、C_0 构成了选频电路；L_1 和 L_2 是振荡线圈，L_3 是正反馈线圈。通常 L_1、L_2 与 L_3 同绕在一个磁心上，合称为"振荡线圈"。C_0 是可变电容器，称为本机振荡调谐电容；C_2 是固定电容器，称为垫整电容；C_3 是微调电容器，称为补偿电容。

（2）振荡频率。

振荡频率可以利用式（5.2-1）进行计算，L 为 L_1、L_2 及其互感之和，即 $L=L_1+L_2+2M$；C 为 C_3 与 C_0 并联再与 C_2 串联之和，即

$$C = \frac{(C_0 + C_3)\,C_2}{C_0 + C_3 + C_2}$$

通过调节 C_0 的大小，可以改变本机振荡频率。

（3）振荡电路的工作原理。

在接通电源的瞬间，电流从零增大到额定值，这个变化的电流通过 L_3 时，L_3 两端将产生自感电压；通过 L_3 对 L_1 和 L_2 的电磁感应，使 L_1 和 L_2 得到感应电压。这一感应电压将在振荡电路中引起振荡，振荡频率为 f_0。

从 L_2 两端取出一部分振荡电压作为反馈信号，通过 C_1 和 C_B 的耦合，加在晶体管的发射结两端。信号电压经晶体管放大后从集电极输出，输出信号电压再经 L_3 耦合给 L_1、L_2，为振荡电路补充能量，使电路维持等幅振荡。

（4）振荡电路工作是否正常的检查。

振荡电路工作是否正常的检查，包括直流电路的检查和交流电路的检查。直流电路的检查可通过测量电路的静态工作点来进行，交流电路的检查主要是检查电路是否振荡。

① 直流电路工作状态是否正常的检查。测量直流工作点，如果电路处于放大状态，说明直流电路工作正常；如果电路处于截止或饱和状态，说明直流电路有故障。

② 振荡电路是否振荡的检查。测量发射极电压，短路本机振荡电路（可用金属镊子短路 C_0 两端，使振荡电路停振），观察发射极电压是否有变化。如果发射极电压有变化，则说明振荡电路在振荡；反之，说明振荡电路停振。

5.2.3 三点式振荡电路

三点式振荡电路是应用很广泛的一类 LC 振荡器，因不用区别线圈的同名端，而且制造工艺简单，振荡频率高，故而应用较为广泛。它分为电容三点式和电感三点式两种类型。因为振荡器中 LC 并联谐振回路有三个端点分别与晶体管三个电极相连，因此，称为三点式振荡电路。

1. 电感三点式振荡电路

电感三点式振荡电路又称为哈特利电路，其结构如图 5.2-5 所示，图（a）为该振荡电路的原理图，图（b）为该电路的简化交流等效电路。图中的电感线圈采用中间抽头的自耦变压器，这样的线圈绕制方便，L_1 和 L_2 耦合紧密、容易起振。

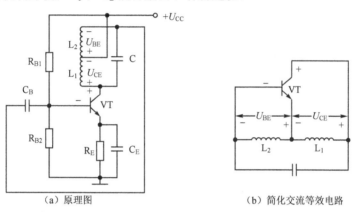

（a）原理图　　　　　　　　（b）简化交流等效电路

图 5.2-5　电感三点式振荡电路

（1）电感三点式振荡电路的结构。

由图 5.2-5（a）所示电路可以看出，R_{B1} 和 R_{B2} 是振荡管的分压偏置电阻，R_E 是发射极电阻，C_E 是发射极旁路电容，C_B 是基极的隔直耦合电容，L_1、L_2 与 C 构成振荡电路的选频电路。由图 5.2-5（b）可以看出，反馈网络由 L_1 和 L_2 构成，反馈电压 U_{BE} 取自 L_2 两端。

（2）电感三点式振荡电路的工作原理。

① 振荡条件。由图 5.2-5（b）所示电路可以看出，反馈电压 U_{BE} 与振荡电路的输出电压 U_{CE} 相位相同，属于正反馈，满足振荡的相位条件。振荡电路幅度条件的判断与变压器耦合振荡电路相同，即通过对电路的分析，确认只要放大电路的工作点合适，即可认为满足振荡的幅度条件。

② 反馈系数。由于 L_1、L_2 与 C 构成 LC 振荡的选频电路，一般均能满足 $Q \gg 1$，可以认为流经 L_1 和 L_2 的电流相等。根据反馈系数的定义，反馈系数为

$$K_f = \frac{U_{BE}}{U_{CE}} = \frac{L_2 + M}{L_1 + M}$$

式中，M 表示 L_1 与 L_2 之间的互感，它表示 L_1 与 L_2 的耦合程度。如果 L_1 与 L_2 为全耦合，即

L_1 与 L_2 之间无漏磁，则反馈系数为

$$K_f = \frac{N_2}{N_1}$$

式中，N_1 和 N_2 分别为线圈 L_1 与 L_2 的匝数。

③ 振荡频率。在电感三点式振荡电路中，电感 L_1、L_2 是串联关系，而且 L_1 与 L_2 之间有互感。电感三点式振荡电路的频率为

$$f_0 = \frac{1}{2\pi\sqrt{LC}} \tag{5.2-2}$$

式中，$L = L_1 + L_2 + 2M$。

综上所述，电感三点式正弦波振荡电路的优缺点如下：

优点：容易起振，用可变电容能方便地调节振荡频率，广泛应用于收音机、信号发生器等需要经常改变频率的电路中，其频率可以达几十兆赫兹。

缺点：对高次谐波不能很好地消除，因为反馈电压在电感 L_2 上，频率越高，L_2 的感抗越大，不能将其短路，所以其输出波形容易含有高次谐波，波形较差。一般用于产生几十兆赫兹以下的频率，更高频率的振荡器可采用电容三点式正弦波振荡电路。

2. 电容三点式振荡电路

（1）电容三点式振荡电路的结构。

电容三点式振荡电路如图 5.2-6 所示，图（a）为原理图，图（b）为简化交流等效电路。图（a）中，晶体管及其偏置电路构成了基本放大电路；LC 并联谐振回路由 C_1、C_2、L 构成了选频网络；正反馈信号从电容器 C_2 的两端取出，经电容 C_B 耦合，加在晶体管的发射结两端。

（2）电容三点式振荡电路的工作原理

如图 5.2-6（b）所示电路中，电容的三个端点分别接至晶体管 VT 的三个电极，形成电容三点式电路。因为②端交流接地，则①、③相位必然相反。设 B 点瞬时极性为（+），则 VT 集电极为（−），③端瞬时极性为（+），该信号反馈到 B 点与原信号同极性，故为正反馈，满足相位平衡条件。

LC 并联谐振回路的总电容 $C = \dfrac{C_1 C_2}{C_1 + C_2}$。电路的振荡频率约等于 LC 并联谐振频率，即

$$f_0 \approx \frac{1}{2\pi\sqrt{LC}} = \frac{1}{2\pi\sqrt{L\dfrac{C_1 C_2}{C_1 + C_2}}}$$

同前面的分析一样，起振的幅值条件是容易满足的。电容两端的电压与其容量成反比，只要适当选择 C_1 与 C_2 的比值，就能得到足够大的反馈电压。一般情况下是 $C_1/C_2 \leqslant 1$。准确数值可通过具体实验调试确定。

电容三点式正弦波振荡电路的优缺点如下。

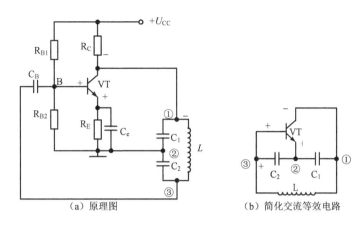

（a）原理图　　　　　　　　　　　（b）简化交流等效电路

图 5.2-6　电容三点式振荡电路

优点：由于电容三点式振荡器中高次干扰谐波可以被 C_2 滤掉，所以输出波形较好。C_1 和 C_2 的容量能选得很小，甚至和晶体管的级间电容的数值相近，振荡频率可做得很高，能达到 100MHz 以上。

缺点：由于晶体管的级间电容不稳定，也会使振荡频率不稳定。又因为调整 C_1 或 C_2 的同时改变了反馈电压，影响到电路的起振条件，所以该电路的频率调节不方便，适用于频率固定的电路。调整电感时，受 C_1 和 C_2 的影响，频率变化范围较小。

3．改进型电容三点式振荡电路

如图 5.2-7（a）所示，由于晶体管结电容的容量容易受温度和工作点变化等因素的影响，致使电路的振荡频率不稳定。如果电路的振荡频率较低，那时振荡电容 C_1 和 C_2 的容量较大，晶体管结电容的影响尚可以忽略不计。但是，实用电容三点式振荡电路的工作频率一般多在几十兆赫兹以上，C_1 和 C_2 的容量都很小，结电容的影响不能忽略。为了使电路的振荡频率稳定，必须对电容三点式振荡电路加以改进。下面，介绍两种实用的改进型电容三点式振荡电路。

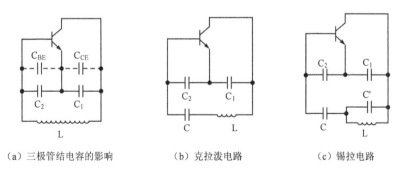

（a）三极管结电容的影响　　　　　（b）克拉泼电路　　　　　　　（c）锡拉电路

图 5.2-7　实用的电容三点式振荡电路

（1）克拉泼电路。

克拉泼电路是在典型电容三点式电路的电感 L 上再串联一个电容 C，它的简化交流等效电路如图 5.2-7（b）所示。在该电路中，振荡电路的总电容等于 C_1、C_2 与 C 的串联之和，即

$$C_{总} = \cfrac{1}{\cfrac{1}{C_1} + \cfrac{1}{C_2} + \cfrac{1}{C}}$$

在参数的选择上，应该满足 $C \ll C_1$，$C \ll C_2$，所以 $C_{总} \approx C$，故 C_1 和 C_2 可以忽略不计。也就是说，克拉泼电路的振荡频率只由 L 和 C 决定，与 C_1 和 C_2 的大小基本无关。因此，克拉泼电路的振荡频率是稳定的。

（2）锡拉电路

锡拉电路是在克拉泼电路的电感 L 两端再并联一个电容 C'，它的简化交流等效电路如图 5.2-7（c）所示。在该电路中，振荡电路的总电容值 $C_{总}$ 等于 C_1、C_2 与 C 串联之后，再与 C' 的并联之和，即

$$C_{总} = C' + \cfrac{1}{\cfrac{1}{C_1} + \cfrac{1}{C_2} + \cfrac{1}{C}}$$

在参数的选择上，应满足 $C \ll C_1$，$C \ll C_2$，所以 $C_{总} \approx C' + C$，故 C_1 和 C_2 可以忽略不计。也就是说，锡拉电路的振荡频率只由 L 和 $C'+C$ 决定，与 C_1 和 C_2 的大小基本无关。因此，锡拉电路的振荡频率是稳定的。

以上两种改进电路，除了具有振荡频率受晶体管影响小的优点以外，还可以很方便地调节振荡频率，所以这两种电路在实际应用中得到了广泛的应用。

小结

电感三点式和电容三点式振荡电路的特点，从交流通路中可以看出它们的共同特点，即晶体管的三个电极分别与谐振回路的三个端点连接，三个电极两两之间都接有一个电抗；与发射极相连的两个电抗是同性质的电抗，另一个电抗为反性质的电抗（接在基极与集电极间的电抗），这就是三点式振荡器的电抗连接规则。满足这种接法的电路必然满足相位平衡条件，否则，三点式振荡器的连接是不正确的。各种 LC 振荡电路的比较见表 5.2-1。

表 5.2-1 LC 振荡电路的比较

电路形式	变压器耦合电路	电感三点式电路	电容三点式电路	电容三点式改进电路
振荡频率	$f_0 \approx \dfrac{1}{2\pi\sqrt{LC_{总}}}$	$f_0 \approx \dfrac{1}{2\pi\sqrt{(L_1 + L_2 + 2M)C}}$	$f_0 \approx \dfrac{1}{2\pi\sqrt{L\dfrac{C_1 C_2}{C_1 + C_2}}}$	$f_0 \approx \dfrac{1}{2\pi\sqrt{LC_{总}}}$
频率调节方法及范围	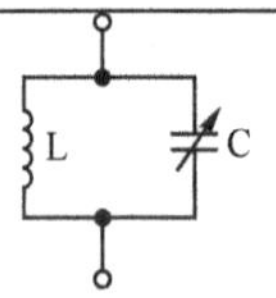 频率可调 范围较宽	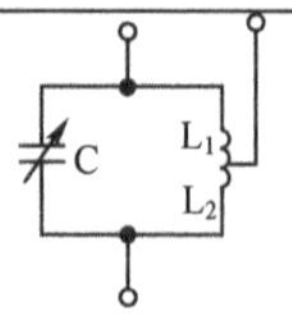 频率可调 范围较宽	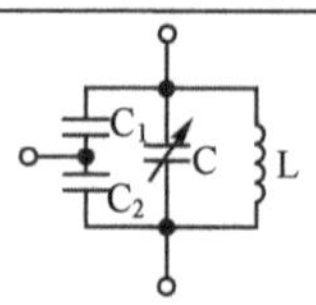 频率可调 范围较小	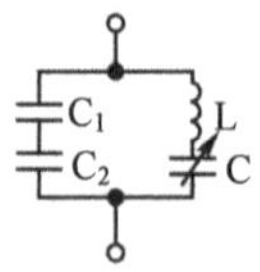 频率可调 范围较小
振荡波形	一般	高次谐波分量大 波形差	高次谐波分量小 波形好	高次谐波分量小 波形好

续表

电路形式	变压器耦合电路	电感三点式电路	电容三点式电路	电容三点式改进电路
频率稳定度	可达 10^{-4}	可达 10^{-4}	可达 $10^{-4} \sim 10^{-5}$	可达 10^{-5}
适用频率	几千赫兹至几十兆赫兹	几千赫兹至几十兆赫兹	几兆赫兹至 100 兆赫兹以上	几兆赫兹至 100 兆赫兹以上

【**例 5.2-1**】 请判断图 5.2-8 所示各交流通路是否满足振荡器的相位平衡条件。

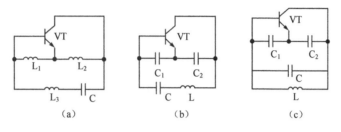

图 5.2-8 例 5.2-1 图

解：图（a）：根据三点式振荡器电抗的连接规则，本图中晶体管发射极连接的两个电抗都是感抗，则连接集电极与基极的电抗必须是容抗才能满足相位平衡条件。而连接集电极与基极的支路是 L_3 与 C 的串联电路，这就要求 L_3 与 C 串联的等效电抗呈容抗。

图（b）：该图就是克拉泼振荡器的交流通路。晶体管发射极的两个电抗都是容抗，因此要求 LC 支路的等效电抗呈感性。

图（c）：该图中晶体管 VT 的集电极和基极间连接的是 LC 并联回路，它必须呈感性才有可能形成振荡。

【**例 5.2-2**】 某振荡器的电路如图 5.2-9 所示。L_2=1 mH，分析电路中振荡器的各组成部分，判断电路是否满足振荡的相位平衡条件，并求振荡频率的可调范围。

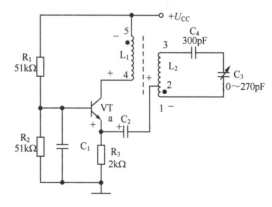

图 5.2-9 例 5.2-2 图

解：由图可知，反馈网络从晶体管的集电极取信号，送回发射极，而且基极通过 C_1 电容交流接地，所以这个振荡器的放大电路部分是共基极放大器。电阻 R_1、R_2、R_3 组成分压式电流负反馈偏置电路，C_1 是基极旁路电容，C_2 是耦合电容。L_1 是晶体管的集电极交流负载。

L_2、C_3、C_4 组成 LC 谐振回路充当反馈和选频网络，反馈电压取自 L_2 的 1、2 两点之间。

相位条件的判断。由于共基极放大器的输入端在发射极，所以在图中 a 点断开电路，输入正极性信号，因共基极放大器的输入和输出信号相位相同，故晶体管集电极的信号极性也为正。L_1 的 4 端为"+"，5 端为"−"。根据同名端的位置，L_2 的 1 端为"−"，2 端为"+"，满足正反馈的相位条件。

$L=L_2=1$ mH，C 为 C_3 和 C_4 的串联值。

当 $C_3=10$ pF 时，

$$C = \frac{C_3 C_4}{C_3 + C_4} = \frac{300 \times 10}{300 + 10} = 9.7\,(\text{pF})$$

$$f_{01} = \frac{1}{2\pi\sqrt{LC}} = \frac{1}{2\pi\sqrt{1 \times 10^{-3} \times 9.7 \times 10^{-12}}} \approx 1.6 \times 10^6\,(\text{Hz})$$

当 $C_3=270$ pF 时，

$$C = \frac{C_3 C_4}{C_3 + C_4} = \frac{300 \times 270}{300 + 270} = 140\,(\text{pF})$$

$$f_{02} = \frac{1}{2\pi\sqrt{LC}} = \frac{1}{2\pi\sqrt{1 \times 10^{-3} \times 140 \times 10^{-12}}} \approx 0.4 \times 10^6\,(\text{Hz})$$

由以上计算可知，当可变电容由 10~270 pF 连续可调时，振荡频率从 1.6~0.4MHz 连续可调，这种方法实际上也是变压器耦合的正弦波振荡器调整振荡频率所使用的方法。

【阅读材料】振荡器的实际应用

1．无线话筒电路

（1）无线话筒的工作路径。

无线话筒指的是小型发射机，它是常用的发射设备。可在调频广播波段实行无线发射，也可用于监听、信号转发和电化教学。由于结构简单、装调容易，所以很适合初学者装置。其功能如图 5.2-10 所示。

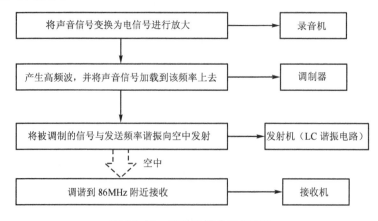

图 5.2-10　无线话筒的工作路径

只要具有将声音信号输入话筒进行放大的部分（自制或使用录音机的放大部分）、将放大了的声音信号传向空中而进行振荡、调制的部分和接收空中电波的接收机部分三部分功能，就可以用无线的方式将声音传至远方。无线话筒可以说是在无线电波法许可范围的小小广播电台。

（2）无线话筒振荡器的工作原理。

图 5.2-11 为无线话筒的振荡器电路，此电路可在 FM 调频波段上的 86MHz 附近的频率振荡。

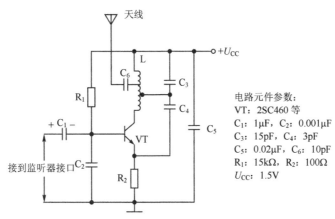

图 5.2-11　调频无线话筒的发射电路

工作原理为：驻极体话筒将声音转变为音频电流，加在由晶体管 VT、线圈 L 和电容器 C_3、C_4 组成的高频振荡器上，形成调频信号由天线发射到空间。在 10 m 范围内，由具有调频广播波段（86MHz 附近）的收音机接收，经扬声器还原成原来的声音，实现声音的无线传播。驻极体话筒灵敏度越高，无线话筒的效果越好。

2．高频头的本机振荡电路

由于电容三点式振荡电路的高频特性很好，所以在实际的超高频正弦波振荡电路中应用较多。图 5.2-12 所示电路就是电视机 KP-12 型高频头的本机振荡电路，它的高频特性好、振荡频率稳定、负载能力强，该电路是锡拉电路在实际应用中的典型例子之一。

（1）振荡电路的结构。

由图 5.2-12 所示电路可以看出，该电路是分压偏置的射极输出电路。R_1 和 R_2 是基极分压偏置电阻，R_3 是发射极电阻，振荡管 VT 和电容 C_1、C_2、C_3、C_4 及电感 L_1 构成了电容三点式锡拉电路。它采用滚筒式频道转换器，用更换电感线圈的方式来选择电视频道，以满足不同频道对本机振荡频率的要求。为了保证振荡频率的准确，它的电感线圈设有微调磁心。电感线圈的微调磁心不是一般的铁氧体磁心，而是机械强度很高的黄铜"磁心"，用以延长它的使用寿命。进行频率微调时，磁心向线圈里面转动时，电感量减小；磁心向线圈外面转动时，电感量增大。

（2）振荡电路的工作原理。

在电源接通的瞬间，电流从零增大到额定值，这个变化的电流中包含了多种频率的正弦波信号，经过电路的多次选频、放大后，即可得到单一频率、幅度稳定的正弦波信号。正弦波信号从发射极输出，经输出电容 C_5 耦合送往混频级电路。由于该电路采用了射极输出方式，所以它的负载能力强、波形好。

（3）振荡电路工作是否正常的检查。

电容三点式振荡电路工作是否正常的检查方法与变压器耦合振荡电路基本相同，也包括直流电路的检查和交流电路的检查。

① 直流电路的检查。测量振荡电路的静态工作点，如果测得发射结正偏、集电结反偏，则说明直流电路工作正常。

② 交流电路的检查。检查振荡电路是否振荡，可通过测量发射极的电压来判断。在测量发射极电压的同时，用手拿镊子或改锥等金属物品碰触振荡管基极，迫使振荡电路停振，看发射极电压是否有变化。如果发射极电压有变化（多为发射极电压略有下降），说明振荡电路正在振荡；如果发射极电压没有变化，说明振荡电路停振。

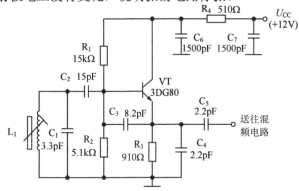

图 5.2-12　电容三点式振荡电路的应用

练一练 2

一、判断题

1. 电路只要满足 $|\dot{A}\dot{F}|=1$，就一定会产生正弦波振荡。（　　）

2. 负反馈放大电路不可能产生自激振荡。（　　）

3. 在 LC 振荡电路中，不用通用型集成运放作放大电路的原因是其上限截止频率太低。（　　）

4. 从结构上看，正弦波振荡电路是一个没有输入信号的带选频网络的正反馈的放大器。（　　）

二、填空题

5. 根据选频网络的不同，正弦波振荡电路可分为（　　）振荡电路、（　　）振荡电路和（　　）振荡电路。

6. 从能量转换的角度看，正弦波振荡电路是将直流电源的（　　）转换成（　　）电能输出的电路。

7. 要保证振荡电路满足相位平衡条件，必须具有（　　）网络。

三、判断题

8．判断图 5.2-13 所示各电路能否满足自激振荡的相位条件。

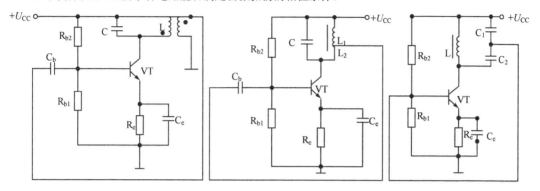

图 5.2-13　练一练题 8 图

5.3　RC 正弦波振荡电路

在对电路振荡频率要求比较低时，如果采用 LC 振荡器，会使得 L 和 C 的数值非常大，从各角度看这都是不值得的，所以在生产 200 kHz 以下的正弦波时，一般采用 RC 振荡器。

5.3.1　RC 移相振荡器

1．RC 移相网络的频率特性

RC 移相网络的电路如图 5.3-1 所示，图（a）是 RC 超前移相网络，图（b）是滞后移相网络，二者电路构成是一样的，只不过输出电压分别取自电阻和电容，下面以超前移相网络为例来分析它的相位变化。

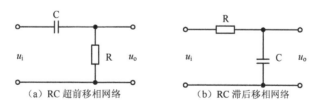

图 5.3-1　RC 移相网络电路

在图 5.3-1（a）所示的 RC 超前移相网络中，输出电压的相位超前输入电压，其相位差为 φ 并随信号的频率而变化。当频率很低时，输出电压超前输入电压约 90°，但这时输出电压的幅度近似为 0；当频率很高时，输出电压和输入电压相位相同；当信号的频率在这两者之间变化时，输出电压超前输入电压的相位在 0°~90° 变化。

如果只有一节 RC 移相网络，90° 的相移对应频率为 0 时，且输出电压为 0，在实际应用中没有意义。如果有两节这样的 RC 超前移相网络连在一起，在不同频率的信号下，就有可能产生 0°～180° 的相移，同样将三节连在一起，就可以产生 0°～270° 的相移。由于前面所提到的原因，如果在某一频率下要产生 180°的相移，至少要有三节这样的移相网络。

RC 滞后移相网络除了输出电压滞后输入电压以外，其他与超前移相网络相同，这里不再赘述。

2．RC 移相式振荡器

如图 5.3-2 所示是 RC 移相振荡器的电路图。在电路中，晶体管 VT 和它的偏置电路构成共发射极放大器，产生 180°的相移；R_1C_1、R_2C_2、C_3 和放大器的输入电阻构成三级 RC 移相网络，对某一特定频率的信号也产生 180°的相移，使它满足振荡的相位条件。因此只要放大器有足够的放大倍数，就能产生振荡。

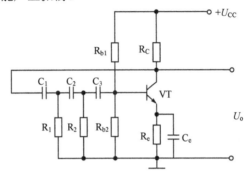

图 5.3-2　RC 移相振荡器

实践证明，当晶体管的 β 值太小时，电路不能起振；太大时输出波形失真严重，所以 β 值要选得合适。这种电路的振荡频率为

$$f_0 = \frac{1}{2\pi\sqrt{6}RC} \tag{5.3-1}$$

5.3.2　RC 桥式振荡器

1．RC 串并联网络

RC 串并联网络电路如图 5.3-3（a）所示，输入信号由 1、3 端输入，输出信号由 2、4 端输出。分析该网络的输出信号与输入信号幅度的关系，可得到图 5.3-3（b）所示 RC 串并联网络的幅频特性曲线，分析输出信号与输入信号相位的关系可得到图 5.3-3（c）所示的 RC 串并联网络的相频特性曲线。

从 RC 串并联网络的幅频特性曲线中可以看出，当频率为某一数值 f_0 时，输出电压最大，且输出电压与输入电压的比值是 1/3；从相频特性曲线可以看出，在当输入信号的频率从 0～∞变化时，输出电压与输入电压的相位差在 90°～-90°之间变化，当频率为 f_0 时，相位差为 0°。

所以 RC 串并联网络电路，当频率为 f_0 是输出幅度最大，且输出与输入同相，当 $R_1=R_2=R$ 且 $C_1=C_2=C$ 时，频率 f_0 为

$$f_0 = \frac{1}{2\pi RC} \tag{5.3-2}$$

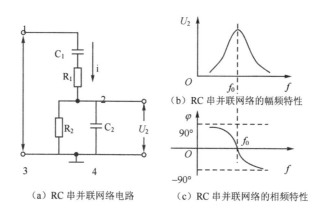

(a) RC 串并联网络电路

(b) RC 串并联网络的幅频特性

(c) RC 串并联网络的相频特性

图 5.3-3　RC 串并联网络

2. RC 桥式振荡器

如图 5.3-4 所示为 RC 桥式振荡器的电路图和方框图。

RC 桥式放大器的放大电路是由 VT_1 和 VT_2 组成的两级阻容耦合放大器，选频和反馈网络由 RC 串并联网络构成。两级共发射极放大器的相移为 360°，串并联网络在频率为 f_0 时的相移为 0，满足振荡的相位条件，而在其他频率时相移不为 0，则不能满足振荡的相位条件。

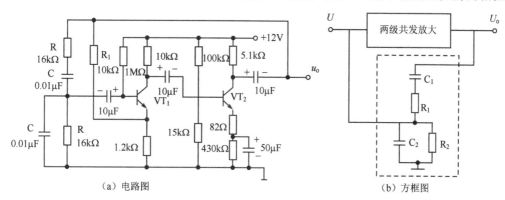

(a) 电路图

(b) 方框图

图 5.3-4　RC 桥式振荡器的电路和方框图

由于在 f_0 时反馈网络输出电压与输入电压的比值是 1/3，即 $F_u=1/3$，若要满足振荡的振幅条件，则 $A_u=3$ 即可，放大部分是由两级放大器组成的，其放大倍数很大，就会造成输出失真和振幅不稳，这时在电路中引入由负反馈电阻形成的负反馈，来改善波形和稳定振荡的幅度。

综上所述，RC 正弦波振荡电路的优缺点如下。

优点：输出信号频率可以在一个相当宽的范围内进行调节，便于加负反馈稳幅，容易得到良好的振荡波形。

缺点：只能产生低频信号，精度低。

【阅读材料】　集成函数发生器 ICL8038

随着集成电路的迅速发展，由 ICL8038 构成的集成函数发生器已被广泛应用于生产、科研及教学领域。由于 ICL8038 具有多种波形产生电路和波形变换电路，所以称为函数发生器。

1. ICL8038 的基本结构

ICL8038 为 14 脚、双列直插塑料封装结构，其管脚如图 5.3-5 所示。ICL8038 有单电源、双电源两种供电方式。单电源供电时，正电源应在 +10～+30V 内，⑪脚接地；双电源供电时，电源电压应在 ±5~±15V 内，正电源接⑥脚，负电源接⑪脚。

ICL8038 原理框图如图 5.3-6 所示。ICL8038 内部由电压比较器 A、电压比较器 B、电压跟随器、触发器、三角波—正弦波转换器、反相器及两个电流源 I_1 和 I_2 等构成。图 5.3-6 中，电压比较器 A 的阈值（门限电压）为 $\frac{2}{3}(U_{CC}+U_{EE})$，电压比较器 B 的阈值为 $\frac{1}{3}(U_{CC}+U_{EE})$。两个电流源的大小由外接电位器调节，为了使电路正常工作，必须保证 $I_2 \geq I_1$。

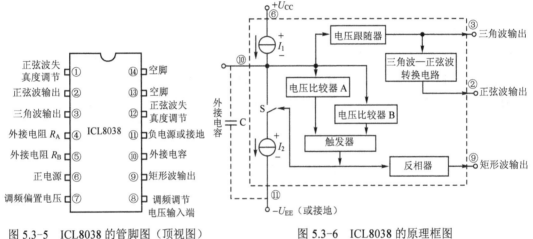

图 5.3-5　ICL8038 的管脚图（顶视图）　　　　图 5.3-6　ICL8038 的原理框图

2. ICL8038 的基本工作原理

由集成电路 ICL8038 构成的函数发生器的工作原理如下：

设触发器输出低电平，它控制开关 S，使其断开。这时，只有电流源 I_1 能向外接电容充电，使电容两端电压 U_C 随时间线性上升。当 U_C 达到电压比较器 A 的阈值时，电压比较器 A 输出跳变信号，使触发器输出的低电平翻转为高电平。当触发器输出为高电平后，控制开关 S，使其闭合，则电流源 I_2 和 I_1 都接通。由于 $I_2 \geq I_1$，所以外接电容放电，使电容两端电压 U_C 随时间线性下降。当 U_C 下降到电压比较器 B 的阈值时，电压比较器 B 输出跳变信号，使触发器翻转回低电平，触发器的低电平再次使开关 S 断开，电流源 I_1 又向外接电容充电。如此循环，产生振荡。

通过上述分析可知，触发器由电压比较器 A 和 B 控制，使其输出高或低电平，再经反相器从⑨脚输出矩形波信号。外接电容两端电压 U_C 随时间线性上升或下降而产生三角波信号，此信号通过电压跟随器从③脚输出；同时，三角波信号通过三角波—正弦波转换电路，得到正弦波信号，从②脚输出。

3．ICL8038 输出信号的波形

关于 ICL8038 输出信号波形，只要将电流源的电流控制为 $I_2=2I_1$，则在⑨脚、③脚、②脚即可分别得到矩形波、三角波和正弦波信号；如果控制 I_2 在 I_1 与 $2I_1$ 之间，则在⑨脚、③脚、②脚可分别得到矩形波、锯齿波和正弦波信号。

4．ICL8038 的应用电路

由集成电路 ICL8038 构成的多功能信号发生器如图 5.3-7 所示。图中，ICL8038 的②脚、③脚、⑨脚分别为正弦波、三角波（或锯齿波）和方波（或矩形波）信号的输出端。①脚、⑫脚是正弦波信号的失真调整端，通过调节电位器 RP_1、RP_2 可以改善正弦波信号的失真。④脚、⑤脚是三角波上升时间与下降时间的调整端，通过调节电位器 RP_3 即可调整三角波的上升时间及下降时间。为了调整正弦波信号的失真度，需同时配合调节电位器 RP_1、RP_2 及 RP_3，可使正弦波信号的失真度减小到 0.5% 。⑧脚是信号频率的调整端，通过调节电位器 RP_4 可改变信号频率，使信号频率在 20Hz ～20kHz 变化。

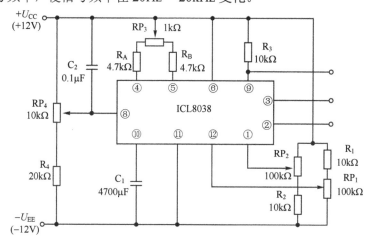

图 5.3-7　ICL8038 多功能信号发生器

练一练 3

一、判断题

1．因为 RC 串并联选频网络作为反馈网络时的 $\varphi_F=0°$，单管共集放大电路的 $\varphi_A=0°$，满足正弦波振荡的相位条件 $\varphi_A+\varphi_F=2n\pi$（$n$ 为整数），故合理连接它们可以构成正弦波振荡电路（　　　）。

2．在 RC 桥式正弦波振荡电路中，若 RC 串联选频网络中的电阻均为 R，电容均为 C，则其振荡频率 $f_0=1/RC$。（　　　）

二、问答题

3．RC 振荡器为什么适用于低频振荡电路？频率过高时 RC 振荡电路有什么问题？

5.4 石英晶体振荡电路

振荡频率的稳定性是振荡电路的一个重要性能指标。实际上，一般振荡电路的振荡频率总会受到环境温度的变化、电源电压的变化、负载的变化、晶体管及其他元件温度系数等因素的影响而发生变化。随着科学技术的发展，有些电子设备对振荡电路振荡频率的稳定性要求很高，石英晶体振荡电路就是一种振荡频率非常稳定的正弦波振荡电路。

5.4.1 石英晶体的特性

1. 石英晶体的外形和结构

石英是一种硬度很高的天然六棱形晶体，如图 5.4-1（a）所示。它是硅石的一种，其化学成分是二氧化硅（SiO_2）。从一块石英晶体上按一定的方位角切下的薄片称为晶片，晶片可以是正方形、矩形或圆形等，如图 5.4-1（b）所示。

（a）石英晶体

（b）石英晶片

图 5.4-1 石英

在石英晶片的两个表面上覆上一层银做极片，并引出两个电极，加上外封装就成为石英晶体振荡器（简称石英晶体）。石英晶体一般由外壳、晶片、金属板、引线、绝缘体、底座等组成。如图 5.4-2（a）所示。外壳材料有金属、玻璃、胶木、塑料等，外形有圆柱形、管形、长方形、正方形等多种，如图 5.4-2（b）所示。

石英晶体振荡器也称石英晶体谐振器或石英晶振，它用来稳定频率和选择频率，是一种可以取代 LC 谐振回路的晶体谐振元件。

石英晶体振荡器广泛应用于高精度频率的振荡器（如电子钟表电路、接收机的时钟信号电路、通信系统的射频振荡器、电视机、录像机、无线通信设备、数字仪表等电子设备）中。

（a）内部结构　　　　　　　（b）外形

图 5.4-2 石英晶体产品

2．石英晶片的压电效应

当在石英晶片两侧施加压力时，将在晶片的两侧平面上出现数量相等的正、负电荷；当在其两侧施加拉力时，也会在其两侧的平面上出现数量相等的正、负电荷，只是方向正好与施加压力相反。

如果给石英晶片两侧加上直流电压，晶片将会产生形变，例如压缩；如果改变所加直流电压的方向，晶片也会产生形变，不过这时晶片将膨胀；这就是石英晶片的压电效应。

3．石英晶片的压电谐振

当给石英晶片两侧加交变电压时，石英晶片会产生与所加交变电压同频率的机械振动，但是这种振动的幅度一般很小；当外加交变电压的频率为某一特定值时，石英晶片的振动幅度将会突然增大，这种现象叫做石英晶片的压电谐振。

4．石英晶体振荡器的符号及其频率

（1）石英晶体振荡器的符号。

石英晶体振荡器的符号如图 5.4-3（a）所示。

石英晶体振荡器的等效电路如图 5.4-3（b）所示，其中 C_0 为支架电容，C-L-R 支路是振荡器的等效电路。

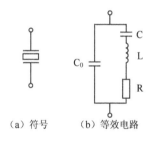

（a）符号　　（b）等效电路

图 5.4-3

（2）石英谐振器的频率。

从石英谐振器的等效电路可以看出，石英谐振器有两个谐振频率：一个是串联谐振频率 f_S；另一个是并联谐振频率 f_P。

当 C-L-R 支路产生串联谐振时，等效电路的阻抗最小（等于 R），串联谐振频率 f_S 为

$$f_S \approx \frac{1}{2\pi\sqrt{LC}} \tag{5.4-1}$$

当电路产生并联谐振时，并联谐振频率 f_P 为

$$f_P \approx \frac{1}{2\pi\sqrt{L\dfrac{C\,C_0}{C+C_0}}} \tag{5.4-2}$$

在石英谐振器中，并联谐振频率 f_P 略高于串联谐振频率 f_S。

（3）石英谐振器的电抗—频率特性。

由图 5.4-4 所示石英谐振器的电抗—频率特性曲线可以看出，当谐振频率在 $f_P \sim f_S$ 时，石英谐振器呈感性，相当于一个电感器；当谐振频率在 f_S 以下、f_P 以上时，石英谐振器均呈容性，相当于一个电容器。

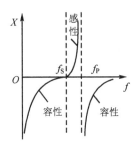

图 5.4-4 电抗—频率特性曲线

5.4.2 石英晶体振荡电路

石英晶体振荡器作为选频元件所组成的正弦波振荡电路的形式是多样的。但是其基本电路只有两类：一类为并联型石英晶体振荡电路，工作在 $f_P \sim f_S$，石英晶体相当于电感；另一类为串联型石英晶体振荡器，工作在 f_S 处，利用阻抗最小的特性来组成振荡电路。

1. 串联型石英晶体振荡电路

串联型石英晶体振荡电路如图 5.4-5 所示。它的反馈信号不是直接接到晶体管的输入端，而是经过石英晶体接到晶体管的发射极与基极之间，从而实现正反馈。当调谐振荡回路，使其振荡频率等于石英晶体谐振器的串联谐振频率 f_S 时晶体的阻抗最小，且为纯电阻，这时正反馈最强，相移为零，故满足自激振荡条件。对于 f_S 以外的其他频率，晶体的阻抗增大，相移也不为零，不满足自激振荡条件，因此振荡频率等于晶体的串联谐振频率 f_S。

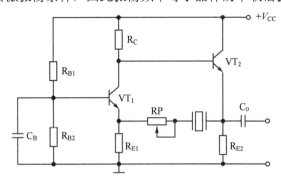

图 5.4-5 串联型石英晶体振荡电路

由于晶体的固有频率与温度有关，所以在特定的场合下，将采用温度补偿电路或将石英晶体置于恒温槽中，以达到更高频率稳定度的要求。

2．并联型石英晶体振荡电路

并联型石英晶体振荡电路如图 5.4-6 所示。石英晶体运用在感性区，相当于一个电感器。因此，该电路可看做是一个电容三点式振荡电路。

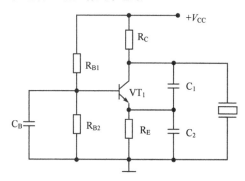

图 5.4-6　并联型石英晶体振荡电路

 小结

石英晶体使用时应注意以下几点：

- 石英晶体谐振器成品上标有一个标称频率，当电路工作在这个频率时，频率稳定度最高。
- 石英晶体在使用时要接一定的补偿电容，以补偿生产过程中晶片的频率误差，从而达到标称频率。
- 石英晶体工作时，必须有合适的激励电平，以保证频率稳定。
- 由于石英晶振工作在一定的温度范围内且具有较高的频率稳定度，使用时可以采用恒温设备或温度补偿措施。

技能训练　LC 正弦波振荡器（变压器耦合式）

一、技能训练目的

（1）掌握调节和测量振荡频率的方法。

（2）学会判断振荡器是否起振的方法。

二、技能训练电路

技能训练电路如图实 5-1 所示。

三、技能训练步骤

1．安装与调试

（1）按图实 5-1 在印制电路板上安装元件。

（2）将开关 S_1 与反馈线圈的 A、A'点相连，开关 S_2 与耦合电容的 C 点相连。振荡电容

C_4 应置中间位置。

（3）从大至小调节电位器 RP，使集电极电流为 0.5 mA。

（4）测量振荡电路的工作点，并按表实 5-1 的要求，将测量结果记入表中。

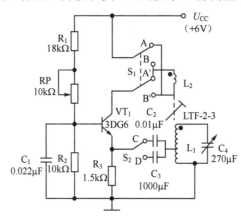

图实 5-1　LC 正弦波振荡器技能训练电路

2．判断电路是否起振

（1）用万用表直流 2.5V 挡测量发射极电压，用镊子短路 C_4（或 L_1）两端，看发射极电压是否有变化，如发射极电压有变化（一般是略有下降），则表示电路已振荡。

（2）若短路 C_4 时发射极电压毫无变化，很可能是由于 L_2 接反所致，这时需将开关 S_1 与 B、B'点相连，再重新进行判断。

3．验证相位平衡条件

将开关 S_1 与 B、B'点相连（即调换 L_2 的方向），重做上面的实验。因为当反馈信号电压与振荡信号电压反相时，将不能满足振荡的相位平衡条件，振荡电路将停振。

4．验证幅度平衡条件

将开关 S_1 与 A、A'点相连，使振荡电路起振，然后将开关 S_2 与 D 点相连，减小耦合电容（将耦合电容减小为 1000pF），降低振荡信号电压的输入量，再判断振荡电路是否起振。

5．振荡频率的测量及振荡频率的微调

（1）振荡频率的测量。

① 在振荡电路起振的情况下，将 C_4 置中间位置，用示波器的探头从集电极取出振荡信号，观察振荡信号波形并计算振荡频率。若振荡信号的幅度过小，不易观察，可经一个阻容耦合放大器将振荡信号放大后再进行观察。

② 将 C_4 完全旋入，观察并记录振荡电路的最低频率 f_{min}；

③ 将 C_4 缓慢旋出，观察振荡频率逐渐升高的情况；

④ 将 C_4 完全旋出，观察并记录振荡电路的最高频率 f_{max}。

⑤ 按表实 5-2 的要求，将上述测量结果记入表中。

（2）振荡频率的微调。

将 C_4 置中间位置，用小改锥（最好用"无感改锥"）轻轻转动振荡线圈的磁心，观察振荡频率的微调情况。记下它的最大值和最小值，其变化量 Δf 就是振荡频率的微调范围。

四、技能训练记录

表实 5-1　振荡电路的工作点

电源电压/V	U_{CE}/V	U_{BE}/V	U_E/V	I_C/mA
6				

表实 5-2　振荡电路的振荡频率

最低频率 f_{min}/Hz	最高频率 f_{max}/Hz	频率的微调范围 Δf/Hz

五、技能训练习题

（1）振荡器的起振条件是什么？

（2）有一个 LC 正弦波振荡器，振荡线圈 L=120 μH，振荡电容 C 的可调范围为 20～270 pF。试求这个振荡器的最高频率和最低频率。

（3）在上述技能训练中，如果改变振荡管的工作点，振荡频率能改变吗？为什么？

（4）在用普通改锥转动振荡线圈的磁心时，会发生什么现象？为什么？

（5）在判断电路是否起振时，为什么要用镊子短路 C_4（或 L_1）两端？这样做的原理是什么？

六、选做实验：RC 桥式正弦波振荡器的研究

1. 技能训练目的

（1）掌握调节和测量振荡频率的方法。

（2）学会判断振荡器是否起振的方法。

2. 技能训练电路

技能训练电路如图实 5-2 所示，图中元件的参数如下：

$R_1=R_3$=20 kΩ，$R_2=R_4$=2.2 kΩ，R_5=330 Ω（负温度系数的热敏电阻），R_6=510 kΩ，R_7=6.8 kΩ，R_8=1 kΩ，R_9=51 kΩ，R_{10}=12 kΩ，R_{11}=5.1 kΩ，R_{12}=680 Ω，R_L=51 kΩ，R_{RP1}=10 kΩ，R_{RP2}=470 kΩ，R_{RP3}=100 kΩ，$C_1=C_2$=0.01 μF，$C_3=C_4=C_5$=20 μF，C_6=50 μF，VT_1 为 3DG6，VT_2 为 3DG12，U_{CC}=+12V

3. 技能训练仪器

直流稳压电源 1 台；示波器 1 台；毫伏表 1 台；信号发生器 1 台；万用表 1 只。

4. 技能训练内容与步骤

（1）调试静态工作点。

断开 S_2 和 S'_2，调节 RP_1 为最大值。由 A 端输入 1 kHz 正弦波信号，用示波器观察输出

电压的波形。通过调节 RP_2、RP_3 和输入信号的幅度，使输出信号幅度最大且不失真。测量电路的静态工作点，将测试数据填入自行设计的表格中。

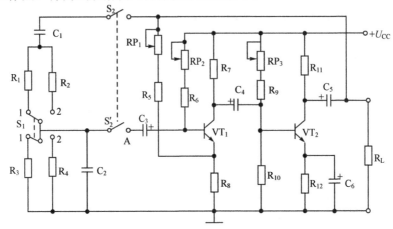

图实 5-2　RC 桥式正弦波振荡器技能训练电路

（2）观察起振后的波形，调节为不失真的稳幅振荡，测试振荡频率。

撤去信号源，闭合 S_2 和 S_2'，S_1 置位置 1，用示波器观察输出信号波形。通过调节 RP_1，使输出信号为不失真的正弦波，测量输出振荡信号电压 U_o 的幅度，测量振荡频率 f_{01} 并计算振荡频率的理论值 f_{01}'。

将 S_1 置位置 2，重复上述操作，测量输出振荡信号电压 U_o' 的幅度，测量振荡频率 f_{02} 并计算振荡频率的理论值 f_{02}'。

将上述测量及计算的结果填入自行设计的表格中。

 ## 本章小结

　　1. 振荡电路是一种在没有外加交流输入信号的情况下，把直流电源提供的电能转变成交流电能输出的电子电路。振荡电路由一个基本放大电路与一个正反馈网络组成，为了使振荡电路能够输出单一频率的正弦波信号，振荡电路还必须设有选频网络。

　　2. 振荡电路振荡条件为

$$\begin{cases} |AF| \geqslant 1 \\ \varphi_A + \varphi_F = \pm 2n\pi \end{cases} \quad (n = 0, 1, 2, \cdots)$$

式中，$|AF| \geqslant 1$ 是振荡电路的幅度平衡条件；$\varphi_A + \varphi_F = \pm 2n\pi$ 是振荡电路的相位平衡条件。

　　3. LC 正弦波振荡电路有变压器耦合振荡电路、三点式振荡电路和石英晶体振荡电路三种类型。

　　① 振荡器的振荡频率就是选频网络的固有振荡频率。

　　② 振荡电路是否工作正常的检查包括以下两部分：

　　a. 测量直流工作点，如果测得直流工作点正常，则说明直流电路工作正常。

　　b. 短路本机振荡电路，迫使振荡电路停振，看发射极电压是否有变化。如果发射极电压有变化，则说明振荡电路在振荡；如果发射极电压不变，则说明振荡电路停振。

4．三点式振荡电路。

① 相位条件的判断。与振荡管发射极相连的两个元件应为电抗性质相同的元件，另一个与集电极、基极相连的元件应与上述两元件的电抗性质相反。

② 幅度条件的判断。一般只要放大电路的工作点合适，即可认为满足振荡的幅度条件。

5．RC 正弦波振荡电路。

① RC 正弦波振荡电路是利用电阻器和电容器组成选频网络的振荡电路。

② RC 正弦波振荡电路的幅频特性曲线反映了输出电压、输入电压幅度的相对大小与信号频率的关系；相频特性曲线反映了输出电压、输入电压的相位差与信号频率之间的关系。

③ RC 正弦波振荡的振荡频率为

$$f_0 = \frac{1}{2\pi RC}$$

6．石英晶体振荡电路。

① 石英晶片的压电效应和压电谐振。

② 石英晶体振荡电路有串联型和并联型两种。在串联振荡电路中，石英晶体呈短路状态；在并联振荡电路中，石英晶体运用在感性区，相当于一个电感器。

③ 石英晶体振荡电路的串联谐振频率为

$$f_S \approx \frac{1}{2\pi\sqrt{LC}}$$

石英晶体振荡电路的并联谐振频率为

$$f_P \approx \frac{1}{2\pi\sqrt{L\dfrac{C\,C_o}{C+C_o}}}$$

 # 习题

一、选择题

1．电容三点式 LC 正弦波振荡器与电感三点式 LC 正弦波振荡器相比较，其优点是（　　）。

　　A．电路组成简单　　　　　　　B．输出波形好　　　　　　　　C．容易调节振荡频率

2．现有电路：

（1）制作频率为 20Hz～20kHz 的音频信号发生电路，应选用（　　）。

（2）制作频率为 2～20MHz 的接收机的本机振荡器，应选用（　　）。

（3）制作频率非常稳定的测试用信号源，应选用（　　）。

　　A．RC 桥式正弦波振荡电路　　B．LC 正弦波振荡电路　　　　C．石英晶体正弦波振荡电路

3．将下列电子设备采用的哪种振荡电路填入合适的括号内。

（1）实验用的低频信号发生器内部振荡电路采用（　　）。

（2）收音机的高频本机振荡电路采用（　　）。

（3）石英电子钟内振荡电路采用（　　）。

（4）精确计时仪器内部振荡电路采用（　　）。

 A．RC 振荡电路   B．LC 振荡电路   C．石英晶体振荡电路

4．改进型电容三点式 LC 振荡器的最大优点是（　　）。

 A．减小了极间电容的影响 B．提高了电路频率的稳定性 C．以上两者都是

5．石英晶多谐振荡器的突出优点是（　　）。

 A．速度高   B．电路简单

 C．振荡频率稳定   D．输出波形边沿陡峭

二、问答题

6．振荡器与放大器有什么联系与区别？

7．正弦波振荡器由哪几部分组成？各部分的作用是什么？

8．一个没有选频网络的正弦波振荡电路能否产生振荡？能否得到单一频率的正弦波信号？

9．如果某振荡器的 $AF = 1.5$，$\varphi_A + \varphi_F = 540°$，问该电路能产生振荡吗？为什么？

10．在电容三点式振荡电路中，反馈电容 C_2 的值为什么不宜取得过小？如果 C_2 的值取得过小，振荡电路会出现什么问题？

三、判断题

11．试判断题图 1 中的几个电路是否满足振荡的相位平衡条件。

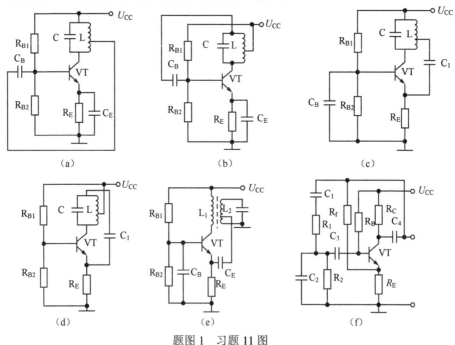

题图 1　习题 11 图

四、分析计算题

12．如题图 2 所示电路为一个超外差式收音机的本机振荡电路，C_0 是可变电容器，其容量范围为 12～360pF，$C_2 = 15$pF，$L = 170\mu$H。试计算在可变电容器的变化范围内，本机振荡频率的可调范围是多少？

13. 某电视机高频头的本机振荡电路如题图 3 所示。已知 $C_1=2.2\text{pF}$，$C_2=8.2\text{pF}$，$C=15\text{pF}$，$C'=3.3\text{pF}$，$L=2\mu\text{H}$。试计算该电路的振荡频率。

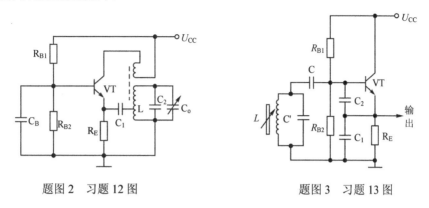

题图 2　习题 12 图　　　　　　　题图 3　习题 13 图

14. 在题图 4（a）和（b）中，请按正弦波振荡电路的连接规则正确连接 1、2、3、4 各点，并指出它们的电路类型。

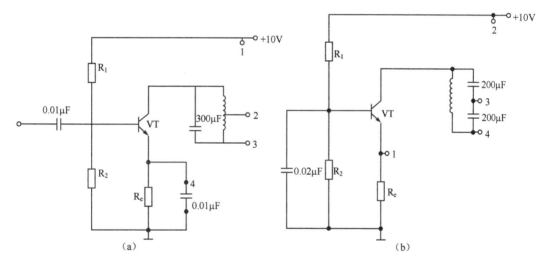

题图 4　习题 14 图

第6章
功率放大电路

【学习目标】

- 了解功率放大电路的特殊要求；
- 了解不同种类功率放大电路的作用；
- 掌握低频功率放大器与电压放大器的区别；
- 掌握乙类功率放大器的组成及工作原理；
- 掌握如何解决输出功率、效率和非线性失真三者之间的矛盾；
- 学会在实际应用中安全地使用大功率管。

6.1 功率放大电路的特点和分类

在前面研究的电路中，基本以电压放大为主，它们的输出功率都不是很大，而在一些电子设备中，经常需要有足够大的输出功率去控制或驱动某种负载进行工作。例如，驱动电表，使指针偏转；驱动扬声器，使之发出声音；驱动自动控制系统中发动机转动等，这种要求有足够大的输出功率的放大电路称为功率放大电路，简称功放。

6.1.1 功率放大电路的要求

一般多级放大器的末级都被称为功率放大器，由于它的输入、输出信号都比较大，所以晶体管一般都工作在"大信号"状态，它们的工作情况、技术指标以及分析方法等都与工作在"小信号"状态的电路不同，主要有以下几个基本要求：

1. 输出功率要求足够大

最大输出功率 P_{OM}：在输入为正弦波且输出基本不失真的情况下，负载可能获得的最大交流功率。它是指输出电压 u_o 与输出电流 i_o 有效值的乘积。

2. 效率要高

在输出功率比较大时，效率问题尤为突出。如果功率放大电路的效率不高，不仅会造成能量的浪费，而且消耗在电路内部的电能将转换为热量，使管子、元件等温度升高。为定量反映放大电路效率的高低，定义放大电路的效率为

$$\eta = \frac{P_{\mathrm{OM}}}{P_{\mathrm{E}}} \times 100\%$$

式中，P_{OM} 为负载上得到的交流信号功率；P_{E} 为电源提供的直流功率。

输出的交流功率实质上是由直流电源通过晶体管转换而来的。在直流功率一定的情况下，若向负载提供尽可能大的交流功率，则必须减小损耗，以提高转换效率。

3. 尽量减小非线性失真

在功率放大的电路中，晶体管处于大信号工作状态，因此输出波形会不可避免地产生一定的非线性失真，而且同一功放管输出功率越大，非线性失真往往越严重，这就使输出功率和非线性失真成为一对主要矛盾。但是，在不同场合下，对非线性失真的要求不同。例如，在测量系统和电声设备中，这个问题显得重要，而在工业控制系统等场合中，则以输出功率为主要目的，对非线性失真的要求就降为次要问题了。

4. 晶体管常工作在极限状态

在功率放大电路中，使输出功率尽可能大，要求晶体管工作在极限状态。在晶体管特性曲线上，晶体管工作点变化的轨迹受到最大集电极耗散功率 P_{CM}、最大集电极电流 I_{CM}、最大集—发击穿电压 $U_{\mathrm{BR(CEO)}}$ 三个极限参数的限制，为防止晶体管在使用中损坏，必须使它工作在如图 6.1-1 所示的安全工作区域内。

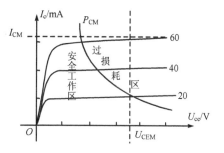

图 6.1-1 晶体管的安全工作区域

6.1.2 功率放大电路的分类

功率放大电路主要是向负载提供功率的放大器。从晶体管的工作状态来看，低频功率放大器可分为：甲类、乙类、甲乙类和丙类四种功率放大器，如图 6.1-2 所示。

甲类功率放大器的静态工作点 Q 是选在晶体管放大区内，且信号的作用范围也限制在放大区，此时若输入信号为正弦波，则输出信号也为正弦波，非线性失真很小，如图 6.1-2（a）所示，甲类功放对整个输入信号都有放大作用。由于其静态工作点选得较高，静态电流较大，所以效率较低，实用中较少采用。

乙类功率放大器的静态工作点 Q 是选在晶体管放大区和截止区的交界处，信号的作用范围一半在放大区，另一半在截止区。此时若输入信号为正弦波，则输出信号为正弦波的一半，如图 6.1-2（b）所示，乙类功放只对输入信号的半个周期有放大作用，另外半个周期完全截止。虽然其静态电流为零，损耗小、效率高，但是非线性失真太大，这是不允许的。

为了使正弦波信号的正半周、负半周都得到放大，乙类放大电路应使用两只性能相同的功率放大管组成推挽放大电路，让两只功率放大管分别放大正弦波信号的正半周和负半周。

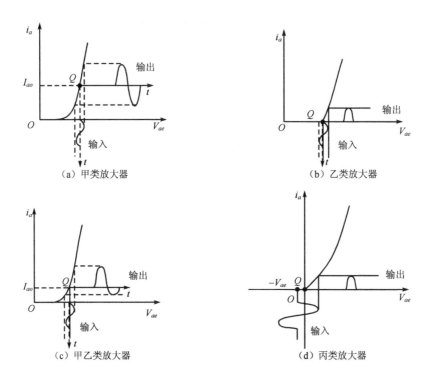

图 6.1-2　功率放大器的分类

甲乙类功率放大器的静态工作点 Q 的位置略高于乙类，但低于甲类，处在放大区内。此时若输入正弦波，则输出将为单边失真的正弦波，如图 6.1-2（c）所示，甲乙类功放介于甲类和乙类之间，即功率放大管有较小的静态偏置电流。在实际甲乙类放大电路中，为了克服失真，应使用两只性能相同的功率放大管组成推挽放大电路，两只功率放大管分别负责不失真地放大正弦波信号的正半周和负半周，在负载上再将正半周信号和负半周信号合成为完整的正弦波信号，如图 6.1-3 所示。

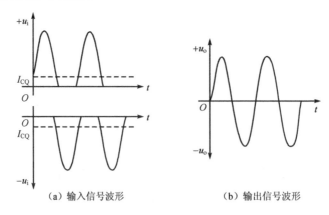

（a）输入信号波形　　　　　　（b）输出信号波形

图 6.1-3　实际甲乙类功放电路的输入、输出信号波形

丙类功率放大器只有半个周期中的一部分有放大的作用，其余部分截止，如图 6.1-2（d）所示。

课堂讨论：射极输出器输出的电阻低，带负载能力也强，可以用做功率放大器吗？

答：不合适，因为效率太低。

　　　　射极输出器效率低的原因分析，如图 6.1-4 所示。

一般情况下，虽然射极输出器的静态工作点（Q）设置较高，如图 6.1-4（b）所示，信号波形正、负半周均不失真，但是电路中存在的静态电流（I_{CQ}），在晶体管和射极电阻中会造成较大的静态损耗，致使射极输出器的效率降低。

假设 Q 点正好在负载线中点，若忽略晶体管的饱和压降，则有 $U_{CEQ}=1/2U_{CC}$，$I_{CQ}=U_{CC}/2R_L$。

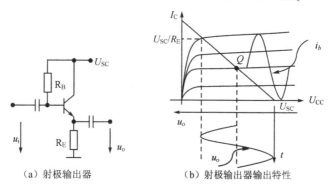

（a）射极输出器　　　　　　（b）射极输出器输出特性

图 6.1-4　射极输出器电路及输出特性曲线

所以 $P_E=U_{CC}\times I_{CQ}=U^2_{CC}/2R_L$

结果

$$P_0 = (\frac{U_{CC}}{2\sqrt{2}})\times(\frac{U_{CC}}{2\sqrt{2}R_L})=\frac{U^2_{CC}}{8R_L}$$

$$\eta = \frac{P_0}{P_E} = 25\%$$

 小结

功率放大电路与电压放大电路的区别。

（1）本质相同。

电压放大电路或电流放大电路：主要用于增强电压幅度或电流幅度。

功率放大电路：主要输出较大的功率。

但无论哪种放大电路，在负载上都同时存在输出电压、电流和功率，从能量控制的观点来看，放大电路实质上都是能量转换电路。

因此，功率放大电路和电压放大电路没有本质的区别。称呼上的区别只是强调输出量不同而已。

（2）任务不同。

电压放大电路的主要任务：使负载得到不失真的电压信号；输出的功率并不一定大；在小信号状态下工作。

功率放大电路的主要任务：使负载得到不失真（或失真较小）的输出功率；在大信号状

态下工作。

（3）指标不同。

电压放大电路：主要指标是电压增益、输入和输出阻抗。

功率放大电路：主要指标是功率、效率、非线性失真。

（4）研究方法不同。

电压放大电路：图解法、等效电路法。

功率放大电路：图解法。

6.2 甲类功率放大器

6.2.1 甲类功率放大器的电路组成

如图 6.2-1 所示为一单管甲类功率放大器的电路图。从电路图中可以看出，这几个电路的结构与小信号放大器基本相同，其中 R_{b1}、R_{b2} 为分压偏置电路，R_e 可以稳定静态工作点，C_e 是它的旁路电容，但是因功率放大器输出的电压和电流都大，所以晶体管要选用大功率晶体管，这个电路与小信号放大器不同的是它的输入、输出都用到了变压器，统称为耦合变压器。

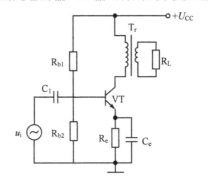

图 6.2-1　甲类功率放大器

课堂讨论：为什么在甲类功率放大器中需要变压器？

因为功率放大器的负载是各式各样的，其阻抗有高有低，如扬声器一般为 4～6Ω，而继电器一般为几百欧以上。若不用变压器耦合，而将各种负载直接接入输出回路中，则往往达不到输出较大功率的目的，如图 6.2-2 所示。负载为 8Ω扬声器时的交流负载线很陡。若将工作点选在 Q_1 处，可以看出当有信号输入时，电流的动态范围虽然很大，但与其相对应的电压动态范围却很小，因此输出功率不大。若将负载为 1000Ω的继电器换入时，又可看到其交流负载线很平，虽然可得到很大的电压动态范围，但与其相对应的电流动态范围却很小，负载得到的功率仍不大。不难看出，若将工作点选在 Q_3 处，即令负载阻抗变换为 100 欧左右时，其所对应的电压、电流的动态范围都很大，这时负载获得的功率最大。通常称这时的负载为最佳负载，这时晶体管的工作状态为最佳工作状态。

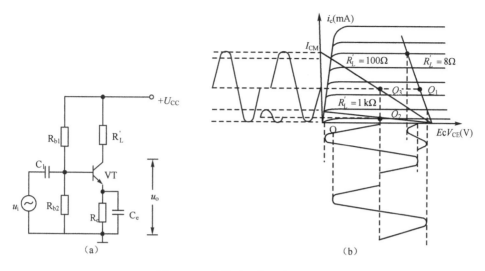

图 6.2-2　负载对工作状态的影响

如何才能将各种不同的负载都转变为最佳负载呢？直接将扬声器阻抗增加或将继电器阻抗减小的方法会给成批生产带来困难。但利用变压器可以完成阻抗变换和传送功率的任务。因此，变压器在电路中的主要作用是进行阻抗变换，实现阻抗匹配。

6.2.2　甲类功率放大器的静态工作点

由于电路中用一只晶体管放大交流信号的正负半周，为保证输出信号不失真，需要设置合适的静态工作点，静态工作点的选取与前面所学的电压放大器基本相同。

图 6.2-3 为单管甲类功率放大器图解分析。为了充分利用功率管的线性工作区，一般 Q 点应选择在交流负载线的中点。所以，在设计功率放大器时，一般步骤是，先通过 Q 点作直线 AB，使 Q 点位于 AB 线的中点，然后求出相应于交流负载线 AB 的 R'$_L$，R'$_L$ 即为最佳负载。

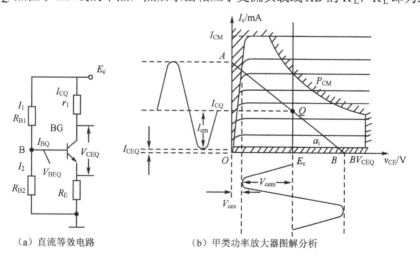

（a）直流等效电路　　　　　（b）甲类功率放大器图解分析

图 6.2-3　单管甲类功率放大器图解分析

6.2.3 甲类功率放大器的输出功率和效率

1．甲类功率放大器的输出功率

放大器都有一定的放大倍数，所以放大器的输出随输入信号的增大而增大，但受晶体管最大输出电流和电压的影响，输出功率也不能无限制增大，有一个极限值，在不失真的前提下，这个功率叫做最大不失真输出功率，简称最大功率。

理论证明，甲类功率放大器的最大输出功率与电路的参数有关，表达式为

$$P_{\text{om}} = \frac{U^2_{\text{CC}}}{2R'_{\text{L}}}$$

式中，U_{CC} 为直流电源电压；R'_{L} 为变压器一次绕组的阻抗。

2．甲类功率放大器的效率

在甲类功率放大器中，由于要给晶体管设置合适的静态工作点，晶体管中流有很大的直流电流，使得晶体管的输出功率仅为电源供给功率的一半，效率很低。实际应用中效率比这个还要低，只有 30%~35%，因为变压器本身也有一定的功率损耗。这是甲类功率放大器最致命的缺点。

6.2.4 甲类功率放大器的特点

甲类功放是重播音乐的理想选择，它能提供非常平滑的音质，音色圆润温暖，高音透明开扬，这些优点足以补偿它的缺点。甲类功率放大器散发热量惊人，为了有效处理散热问题，甲类功放必须采用大型散热器。因为它的效率低，供电器一定要能提供充足的电流。

6.3 乙类功率放大器

甲类功放的效率很低，是因为存在较大的静态电流，使得电源的功率大部分被晶体管消耗，为提高功率放大器的效率，就应将静态电流减小，当它减小到 0 时，管子的静态损耗为0（注意还存在动态的损耗），效率大大提高，将这种静态电流为 0 的功率放大器称为乙类功放。当静态电流为 0 时，管子只能放大半周信号，所以要将两个晶体管组合起来，一只放大正半周，另一只放大负半周，将这样用两只晶体管组成的功率放大器称为对管功率放大器。根据电路的结构不同，对管功率放大器可分为乙类推挽功率放大器、OTL、OCL、BTL 等。

6.3.1 乙类推挽功率放大器

1．乙类推挽功率放大器的电路组成

如图 6.3-1 是乙类推挽功率放大器的电路图。它是由两个特性相同的晶体管 VT_1、VT_2 组成的对称电路，T_1、T_2 为有中心抽头的输入、输出变压器。

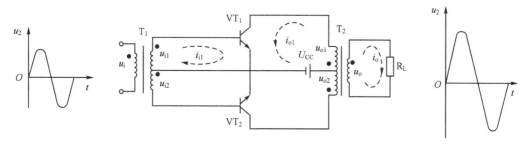

图 6.3-1 乙类推挽功率放大器的电路图

2. 乙类推挽功率放大器的工作原理

当输入信号为正半周时，变压器二次绕组中的极性是上正下负，则 VT_1 导通，VT_2 截止，VT_1 中集电极电流经输出变压器耦合到它的二次绕组，在负载上形成的电流如图 6.3-1 所示，是输出信号的正半周信号。

当输入信号为负半周时，VT_2 导通，VT_1 截止，读者可自行分析，在负载上得到输出信号的负半周。这样一个输入的正弦波信号就分别由两只晶体管放大以后在负载上再合成为一个交流信号，完成了信号的放大。

由此可见，变压器在电路中的作用是，让两个晶体管轮流在正负半周导通和信号在负载上合成，另外还有一个作用是实现阻抗匹配。

3. 乙类推挽功率放大器的最大输出功率

乙类功率放大器的最大输出功率的含义与甲类相同，其与电路参数的关系是

$$P_{OM} = \frac{U_{CC}^2}{2R_L'}$$

式中，U_{CC} 为电源电压；R_L' 为变压器一次绕组的阻抗。

4. 乙类推挽功率放大器的效率

乙类推挽功率放大器的效率理论上的最大值为 78%，在考虑各种因素的影响后，它的实际效率为 60~70%。由此可见，乙类功放明显比甲类功放的效率高。

5. 乙类推挽功率放大器的交越失真

在分析乙类推挽功率放大器的工作原理时，我们认为 VT_1 在整个正半周都导通，而实际上，由于静态电流为 0，正半周信号很小时晶体管并没有导通，这时有输入信号而没有输出信号，造成失真；同样地，在负半周 VT_2 导通时也存在这个问题，这样在负载上得到的信号就是图 6.3-2 所示，在正负半周的交界处产生失真，将这种失真称为交越失真。

为了克服交越失真，可分别给两个晶体管的发射结上各加一个很小的正向偏压，让两管在静态时处于微导通状态，这样只要有信号的到来，该导通的管子就能导通，另一只管子相应就截止，电流如图 6.3-3 所示。

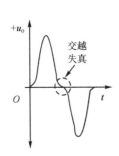

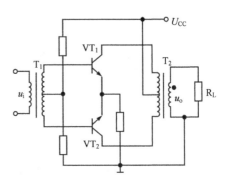

图 6.3-2　有交越失真的输出波形　　　图 6.3-3　克服交越失真的乙类推挽功率放大器

6.3.2　OTL 电路的结构和特点

由于在乙类推挽功率放大器中要用到输入、输出变压器，所以这个电路同样存在一系列的缺点，如变压器的体积大、质量小、存在损耗，使得电路的效率低、频响差等，为了解决这个问题，就要去掉变压器，称为无变压器的功率放大器。这类电路有许多种，其中最常用的是互补对称推挽功率放大器。

互补对称推挽功率放大器一般可以分为两种，由单电源供电的互补对称功率放大器，常将之称为 OTL，由双电源供电的互补对称功率放大器，常将之称为 OCL。

1. OTL 电路的构成及工作原理

OTL 电路构成及工作原理如图 6.3-4 所示。电路 VT_1、VT_2 中是一对特性近似相同的异型管，所以 A 点电压为 $U_{CC}/2$，E_B 取值为 $E_C/2$。静态时，使得 VT_1、VT_2 均工作在乙类状态。

当输入信号为正半周时，对于 VT_1（NPN 型管），基极为正，发射极为负，发射结正偏，VT_1 导通，集电极电流 i_{C1} 开始对电容 C_1 充电并流过负载，VT_2（PNP 型管），发射结正偏，VT_2 导通电容 C_1 放电，电流 i_{C2} 流过负载，两管分别工作在正负半周，使负载 R_L 上获得一个完整的正弦波。

从上面的分析中可以看出，输出耦合电容 C_1 的作用有两个，一个是耦合电容，另一个是给 PNP 管供电。

2. 改善交越失真的 OTL 电路

由于 OTL 电路工作在乙类状态，因此，同样存在交越失真，常用的改善交越失真的电路如图 6.3-5 所示，在这个电路中 VT_1 构成甲类功放推动级，VT_2 和 VT_3 构成 OTL 输出。

在讨论乙类推挽功率放大器时，我们知道了改善交越失真的办法是使晶体管工作在微导通状态，VD_1、VD_2 两个二极管串联在 OTL 输出级的两晶体管基极之间，它的静态电压约为 1.2V，正好使两个晶体管都处于微导通状态，二极管的交流电阻非常小，所以它对交流信号没有影响，VT_1 和 VT_3 两个晶体管得到的输入信号基本相同，不会造成输出信号的正、负不对称。

在实际应用中，这两只二极管的位置有可能是一只二极管和一只电阻的串联，也有可能是电阻和电容的并联电路，但用两只二极管是最常用的电路。

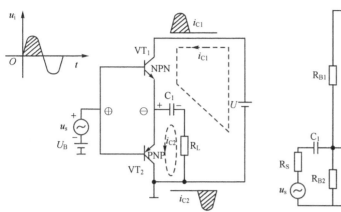
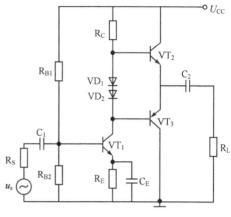

图 6.3-4 OTL 电路原理　　　　图 6.3-5 改善交越失真的 OTL 电路

3．有自举的 OTL 电路

图 6.3-6 所示为典型的 OTL 电路，它的电路结构与 6.3-5 基本相同，但增加了一些功能。

电路中 C_2、R'_C 为自举电路，这个电路的作用是能使两只晶体管都得到充分的利用，在负载上得到最大的输出电压，提高功率。

RP_2 是克服交越失真用的，它的作用与图 6.3-5 中 VD_1、VD_2 作用相同。RP_1 除了是 VT_1 的上偏置电阻，还具有温度补偿的功能。

4．OTL 电路工作点的调整

典型的 OTL 电路如图 6.3-6 所示，调整静态工作点靠两个电位器，首先调整 VT_1 的基极偏置电阻 RP_1，使 A 点电位为 $U_{CC}/2$，然后调 VT_2、VT_3 的偏置电位器 RP_2，使交越失真消失，根据两只晶体管的材料不同，调整的电压也不相同。在调整过程中，RP_2 的变化可能会影响 A 点电位，调 RP_1 可能会影响交越失真，所以要反复调整，直到找到一个最佳点。

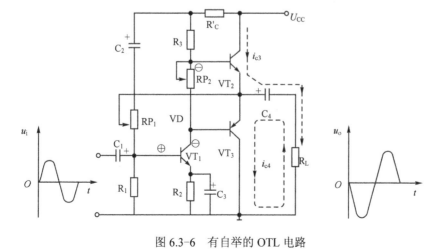

图 6.3-6 有自举的 OTL 电路

6.3.3 OCL 电路的工作原理和特点

1．OCL 电路的工作原理

如图 6.3-7 所示为 OCL 电路工作的原理示意，从图中可以看出，它的结构与 OTL 电路差不多，实际上，它的工作原理与 OTL 电路相似；不同点在于，在 OCL 电路中不用输出耦合电容，因此若还采用单电源供电，就会使得 VT_2 没有电源，为解决这个问题，用了两个电源分别给 VT_1、VT_2 供电。所以说，OCL 是双电源供电的互补对称功放，也叫无输出电容功率放大器（OCL）。

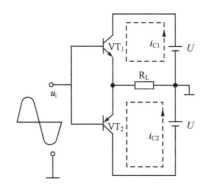

图 6.3-7   OCL 电路工作的原理示意

2．OCL 电路的特点

① 功率放大管与负载直接耦合，在各种功率放大电路中，它的通频带最宽。

② 采用正、负两组直流电源供电。

③ 输出端的静态工作电压为零，这是检测与维修 OCL 功率放大电路的一个重要依据。

6.4 复合晶体管的使用

将两个（或三个）晶体管按一定的方式连接组合在一起使用叫复合管（复合管的成品叫做达林顿管）。将晶体管组成复合管时，各极电位合理，一共有四种组合方式，如图 6.4-1 所示。

两只晶体管组成复合管后，相当于一只晶体管，所以也有它的导电类型，从图 6.4-1 可以看出，导电类型取决于第一只晶体管，而与第二只晶体管无关，所以可以用这种方法改变管子的导电类型。在互补对称功放中，功放管都要采用异型管，在实际应用中，要将这样两只异型管的参数选得一样，是比较困难的事情，如果采用复合管，第一只管子用小功率晶体管来决定导电类型，第二只管子用同导电类型的大功率晶体管，就可以解决上面提到的问题。

6.4.1 复合管在功放电路中的应用

在功率放大电路中，输出的功率比较大，流过功放管的电流会比较大，需要用大功率晶体管，而大功率晶体管的放大都比较小，这样对前级的要求较大。比如有一个功放电路中的功放管输出 2A，其放大倍数 β=20，则需要基极电流达到 100 mA 以上，这样大的基极电流如果由前级来提供是不现实的。如果采用图 6.4-1（a）所示的复合管，就有 $I_{C2} = \beta_2 I_{B2} \approx \beta_2(\beta_1 I_{B1}) = \beta_2 \beta_1 I_{B1}$，则复合管的放大倍数很高，$\beta = I_{C2} / I_{B1} = \beta_2 \beta_1$；于前面提到的电路，若采用复合管，$\beta_2$=20，$\beta_1$=50，则基极电流只要求有 1 mA 以上即可。

可见，复合管可以改变功率管的参数指标和改变功率管的导电类型。

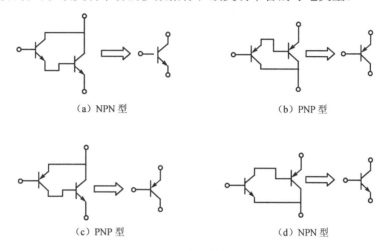

（a）NPN 型   （b）PNP 型

（c）PNP 型   （d）NPN 型

图 6.4-1 复合管的组成

6.4.2 使用复合管的功率放大器

1. 用复合管的 OTL 电路

如图 6.4-2 所示为使用复合管的 OTL 电路，这个电路的基本结构与图 6.3-6 相同，所不同的是用两只复合管代替了图 6.3-6 中的 VT_2 和 VT_3。

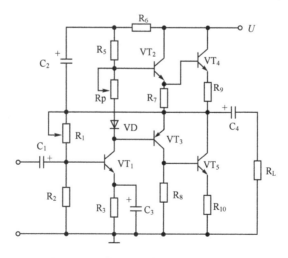

图 6.4-2 使用复合管的 OTL 电路

VT_1 和它周围的电阻构成前置放大级，R_1 用于确定输出中点电压，C_2 和 R_6 是自举电路，

R_4、VD 用于消除交越失真。VT_2、VT_4 复合为 NPN 型管；VT_3、VT_5 复合为 PNP 型管；R_7、R_8 是对复合管的改进；R_8 引入负反馈；R_7 是为增加对称性而设置的电阻。R_9、R_{10} 是限流电阻，是为负载不慎短路时，对管子起保护作用的。

2. 用复合管的 OCL 电路

图 6.4-3 是使用复合管的 OCL 电路。这是一个实用的 40W 功率电路图，所以它的元器件比较多，在读图时先看整体电路的结构，找到信号的主流程，然后再分析单元电路。

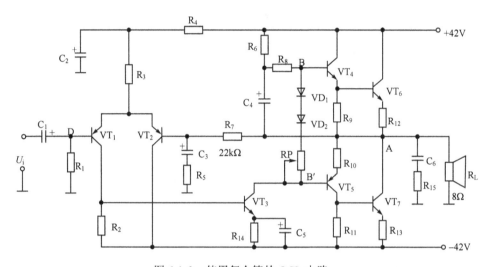

图 6.4-3　使用复合管的 OCL 电路

由 $VT_3 \sim VT_7$ 组成的 OCL 电路与图 6.4-2 所示 OTL 电路相似，不同之处在它的输入级是由 VT_1、VT_2 组成差动放大输入级，其作用是除放大输入信号外，还使中点 A 的直流电压稳定在零。信号经差动放大级放大以后，从 VT_1 的集电极输出，送入由 VT_3 构成的推动级再放大后，送入复合管构成的 OCL 输出级。

在单元电路中，各元器件的作用与 OTL 电路基本相同，如 C_4、R_6 是自举电路，VD_1、VD_2 消除交越失真，在复合管的周围有它的改进电阻、负反馈电阻、均衡电阻等，可参照复合管的 OTL 电路进行分析。在 OCL 电路中还有一些元器件，如 C_3、R_5 和 R_7 的作用是对直流引入深度负反馈，改善其性能，对交流信号引入的负反馈相对比较小（可通过调整 R_5 和 R_7 的比值来改变反馈的深浅），避免降低放大倍数；C_2、R_4 是电源的退耦滤波电路；C_6、R_{15} 是负载（扬声器）的均衡补偿电路，它可以减小因扬声器线圈电感所引起的相移，使感性负载转换为纯阻性负载。

6.5　BTL 功率放大电路

BTL 的含义是平衡式无输出变压器，BTL 功率放大电路又称为桥式推挽功率放大电路，它是由 OTL、OCL 功率放大电路发展而来的一种性能优越的功率放大电路。这种放大电路在大功率音响设备中得到了广泛的应用。

6.5.1　BTL 功率放大电路的特点

BTL 功率放大电路与 OTL、OCL 功率放大电路相比，具有以下特点：

① 输出功率较大。在相同的电源电压及负载的情况下，其输出功率是 OTL 功率放大电路的四倍。它对电源电压的要求不高，在较低的电源电压下，也能有较大的功率输出。

② BTL 功率放大电路由两组 OTL 功率放大电路（或 OCL 功率放大电路）及一个倒相电路组成，结构比较复杂。

③ BTL 功率放大电路的两个输出端静态时直流电位相等。当采用两组 OTL 功率放大电路时，两个输出端的电压相等且均等于电源电压的一半；当采用两组 OCL 功率放大电路时，两个输出端的电压均为零。

6.5.2　BTL 功率放大电路的基本结构

BTL 功率放大电路的结构如图 6.5-1 所示。该电路由两组对称的 OTL 功率放大电路（或 OCL 功率放大电路）及一个倒相电路组成。扬声器接在两组功率放大电路的输出端之间。扬声器不接地，称为"浮地"。

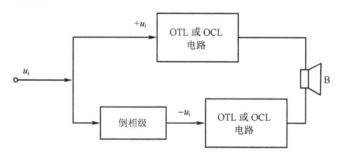

图 6.5-1　BTL 功率放大电路的结构方框图

6.5.3　BTL 功率放大电路的基本工作原理

BTL 功率放大电路的基本工作原理如图 6.5-2 所示。该电路由两组 OTL 功率放大电路组成。由于电路对称，静态时扬声器两端为等电位（均为电源电压之半），无直流电流通过。当有信号输入时，两个输入端加上的是幅度相等、相位相反的倒相信号。

由图 6.5-2 可以看出，在输入信号的前半个周期，$+u_i$ 端为正半周，$-u_i$ 端为负半周。此时，VT_1 和 VT_4 导通，VT_2 和 VT_3 截止。信号电流 i_1 经 $VT_1 \rightarrow$ 扬声器 $\rightarrow VT_4 \rightarrow$ 地，扬声器将正半周信号转变为声音，如图 6.5-2 中虚线所示。在输入信号的后半个周期，$+u_i$ 端为负半周，$-u_i$ 端为正半周。此时，VT_2 和 VT_3 导通，VT_1 和 VT_4 截止。信号电流 i_2 经 $VT_2 \rightarrow$ 扬声器 $\rightarrow VT_3 \rightarrow$ 地，扬声器将负半周信号转变为声音，如图 6.5-2 中实线所示。四只功率放大管以推挽方式工作，共同完成一个周期信号的放大任务。

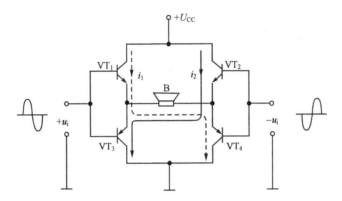

图 6.5-2 　BTL 功率放大电路的工作原理

6.5.4　集成电路 BTL 功率放大电路

1. LA4112 集成电路 BTL 功率放大电路

LA4112 集成电路 BTL 功率放大电路，如图 6.5-3 所示。该电路由两个 LA4112 集成电路组成，静态电流为 30mA，增益为 44dB，谐波失真为 0.43%，输出噪声电压为 0.23～0.53mV，在 9V 电源、8Ω扬声器时，输出功率可达 4.6W。

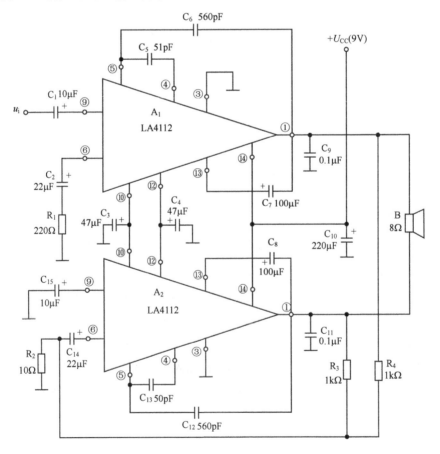

图 6.5-3　LA4112 集成电路 BTL 功率放大电路

集成电路 A_1 组成第一通道，A_2 组成第二通道。输入信号从 A_1 的⑨脚输入，放大后从①脚输出。从①脚输出的信号经 R_4 和 R_2 分压衰减后，送入第二通道 A_2 的⑥脚，再进行反相放大。当 R_4 与 R_2 的分压系数与第一通道的电压放大倍数相吻合时，就能使第二通道的输入信号与第一通道的输入信号成为一对倒相信号，于是实现了 BTL 功率放大。

2. TA7240P 集成电路 BTL 功率放大电路

TA7240P 集成电路是 12 脚、单列直插、双功率放大电路。用一块 TA7240P 即可接成 OTL 双通道功率放大电路，用两块 TA7240P 可接成 BTL 功率放大电路。TA7240P 内部设有过热、过压和短路保护电路，它的电源电压适用范围很宽，在 9～18V 均可正常工作。

TA7240P 集成电路 BTL 功率放大电路如图 6.5-4 所示。图中，TA7240P 的第一通道接成同相放大器，第二通道接成反相放大器，以满足 BTL 电路的倒相要求。

在图 6.5-4 所示电路中，C_1 是输入耦合电容；R_1、C_{11} 和 R_3、C_{13} 分别是两个通道的负反馈网络，它们决定了两个通道各自的闭环增益和低频响应。第一通道输出的同相信号经 R_5 和 R_7 分压衰减后，送至第二通道的反相输入端，再进行反相放大。当 R_5 和 R_7 的分压系数与第一通道的电压放大倍数相吻合时，就能使第二通道的输入信号与第一通道的输入信号成为一对倒相信号，实现 BTL 放大。⑨脚、⑪脚是两个通道的自举端，外接自举电容 C_{18}、C_{20}。③脚是 TA7240P 集成电路内部噪声抑制电路的滤波端，外接滤波电容 C_{14}。

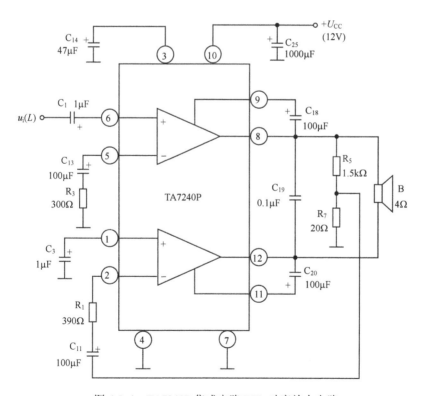

图 6.5-4 TA7240P 集成电路 BTL 功率放大电路

6.6 功率放大管的选择与保护

6.6.1 功率放大管的选择条件

通过以上分析可知，为了使功率放大电路达到预期的最大输出功率和保证功率放大管的安全，在选择功率放大管时，对其应用的极限参数均应留有一定的余量，一般应提高50%～100%作为选择条件。

（1）由于每只功率放大管的最大管耗 $P_{CM}=0.2P_{OM}$，所以功率放大管的 P_{CM} 应满足

$$P_{CM} > \frac{U_{CC}^2}{\pi^2 R_L} \approx 0.2P_{OM}$$

（2）由于导通的功率放大管饱和时，截止的功率放大管承受的反向电压为 $2U_{CC}$，所以功率放大管的反向击穿电压 $U_{(BR)CEO}$ 应满足

$$U_{(BR)CEO} > 2U_{CC}$$

（3）由于功率放大管饱和导通时，最大集电极电流 I_{CM} 为

$$I_{CM} = \frac{U_{CC}}{R_L}$$

所以，功率放大管的 I_{CM} 应满足

$$I_{CM} \geq \frac{U_{CC}}{R_L}$$

6.6.2 功率放大管的散热与保护

由于功率放大管工作在高电压、大电流状态，容易损坏。为此，必须对功率放大管采取必要的散热及保护措施。

1. 功率放大管的散热

功率放大管工作时要损耗一部分功率，这些损耗功率大部分消耗在处于反偏状态的集电结上，并转化为热量，使集电结温度升高。当集电结的温度超过允许的最高限度时，功率放大管将被损坏，这种现象就是三极管的热击穿。如何防止功率放大管出现热击穿呢？一是改善功率放大管的散热条件；二是稳定功率放大管的静态工作点。

（1）改善功率放大管的散热条件。

改善功率放大管的散热条件可有效地提高功率放大管的输出功率。实际应用中，最常用、最有效的方法是给功率放大管安装散热器。一般在功率放大管的手册中，对所加散热片的规格都有明确的要求。例如，低频大功率三极管3AD50，如果按手册要求，安装120mm×120mm×4mm铝质散热片，可使输出功率达10W；如果不安装散热片，输出功率仅为1W。在实际操作中，还需注意将功率放大管妥靠地固定在散热片上，必要时可在管壳与散热片之间涂覆散

热器油。

（2）稳定功率放大管的静态工作点。

功率放大管发射极串联负反馈电阻是用来稳定功率放大管的工作点。负反馈电阻的阻值必须合适，阻值过小，起不到负反馈作用；阻值过大，又会降低功率放大电路的效率和电源电压的利用率。可见，单纯利用负反馈来稳定功率放大管的工作点，效果是有限的。

此外，还可以在偏置电路中使用热敏电阻来稳定工作点。为了加强热敏效果，可将热敏电阻粘在功率放大管的外壳上。

2．防止功率放大管二次击穿

在功率放大电路的实际工作中，有时会发现功率放大管的功耗并未超过允许的最大值，而且功率放大管也不是很烫的情况下，功率放大管的集电极与发射极之间已经短路，或功率放大管的性能显著下降，这种损坏往往是由于功率放大管的二次击穿造成的。

在功率放大管工作时，当 U_{CE} 超过允许值，I_C 会突然增加，这种现象称为一次击穿。这时电路中只要有足够的限流电阻，击穿电压又不过高，持续时间也很短，当集电极电压降低后，功率放大管还能恢复正常工作。所以，一次击穿是可逆的。但是，当功率放大管发生一次击穿时，若集电极电流 I_C 不受限制地上升到某一数值后，U_{CE} 将急剧减小，I_C 将再次急剧增大，这种现象称为二次击穿。由于二次击穿的时间很短，以致管壳还没有发热，功率放大管已经被烧坏。所以，二次击穿是不可逆的。发生二次击穿的原因与功率放大管的制造工艺有关，PN 结面的不均匀性，造成了流过 PN 结的电流不均匀，使 PN 结面的局部产生高温，形成二次击穿。

为了使功率放大电路安全地工作，功率放大管的安全工作区不仅受集电极允许最大电流、集电极允许最大电压及集电极允许最大功耗的限制，还受功率放大管二次击穿临界曲线的限制。功率放大管的安全工作区如图 6.6-1 所示。

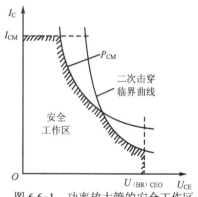

图 6.6-1　功率放大管的安全工作区

在功率放大电路的设计及应用中，为了保证功率放大管不发生二次击穿，在选择功率放大管时，对其极限参数的选择必须留有充分的余地。

3. 功率放大管的保护措施

为了使功率放大管正常而安全地工作，除了按手册的要求安装散热器外，还需在选择电路的设计上采取一些保护措施。常用的保护措施有：加装过压保护电路、过载保护电路及防止电源电压接反等保护电路。下面，以过压保护电路为例，对功率放大管的保护措施予以介绍。

过压保护电路可防止因电源电压过高而损坏功率放大管。图 6.6-2 所示是一种常见的过压保护电路。图中，VT_1 和 VT_2 是功率放大管，VS_1 和 VS_2 是起保护作用的稳压二极管。

稳压二极管的击穿电压应选择为略高于电源电压。在电源电压正常时，稳压二极管不会击穿，处于开路状态，对功率放大电路没有任何影响。若电源电压因出现故障而突然升高时，稳压二极管则会击穿导通，把电源电压钳位在稳压二极管的击穿电压上，从而对功率放大管实施保护。

需要注意的是，由于直流电源的内阻很小，如果 U_{CC} 大幅度地升高，稳压管将因电流过大而烧毁，失去对功率放大管的保护作用；可见，该电路对功率放大管的保护能力是有限的。

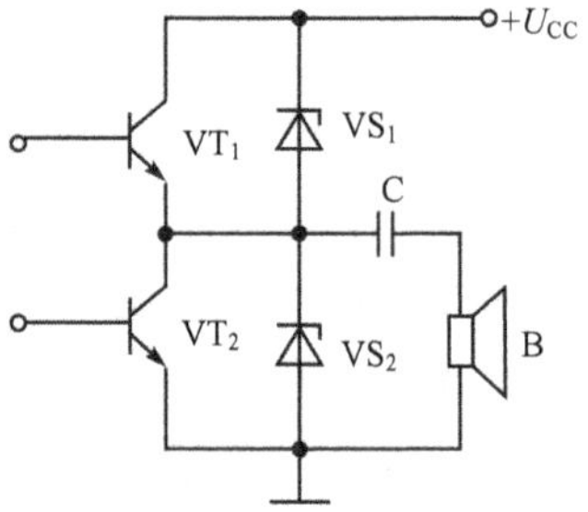

图 6.6-2 过压保护电路

【阅读材料】 功率放大实际电路

LM386 是一种音频集成功放，具有功耗小，电压增益可调节，电源电压范围大，外接元件少和总谐波失真小等优点，广泛应用于录音机和收音机之中。

一、LM386 内部电路

如图 6.6-3 所示为 LM386 内部电路原理图。

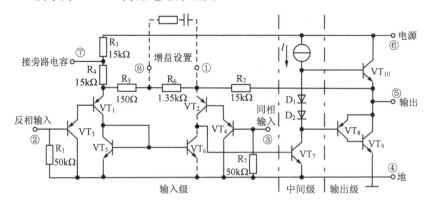

图 6.6-3 LM386 内部电路原理图

第一级：差分放大电路（双入单出）；

第二级：共射放大电路（恒流源作有源负载）；

第三级：OTL 功放电路；

注意：输出端应外接输出电容后，再接负载。

电阻 R_7 从输出端连接到 VT_2 的发射极形成反馈通道，并与 R_5 和 R_6 构成反馈网络，引入深度电压串联负反馈。

二、LM386 的电压放大倍数

（1）当引脚①和⑧之间开路时，LM368 的电压放大倍数的计算式为

$$U_f = U_{R5} + U_{R6} \approx U_i / 2$$

$$F = \frac{\dot{U}_f}{\dot{U}_o} = \frac{R_5 + R_6}{R_5 + R_6 + R_7} \approx \frac{\dot{U}_i}{2\dot{U}_o}$$

$$A_u = \frac{\dot{U}_o}{\dot{U}_i} \approx 2(1 + \frac{R_7}{R_5 + R_6}) \approx \frac{2R_7}{R_5 + R_6} \approx 20$$

（2）当引脚①和⑧之间外接电阻 R 时，LM386 的电压放大倍数为

$$A_u \approx \frac{2R_7}{R_5 + R_6 // R}$$

（3）当引脚①和⑧之间对交流信号相当于短路时，LM386 的电压放大倍数为

$$A_u \approx \frac{2R_7}{R_5} \approx 200$$

（4）在引脚①和⑤之间外接电阻，也可改变电路的电压放大倍数为

$$A_u \approx \frac{2(R_7 // R)}{R_5 + R_6}$$

可见，电压放大倍数可以调节，调节范围为 20~200。

三、LM386 引脚图

（1）LM386 外接元件最少的用法如图 6.6-5 所示。

（2）LM386 电压增益最大的用法如图 6.6-6 所示。

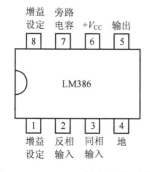

图 6.6-4 LM386 的外形和引脚

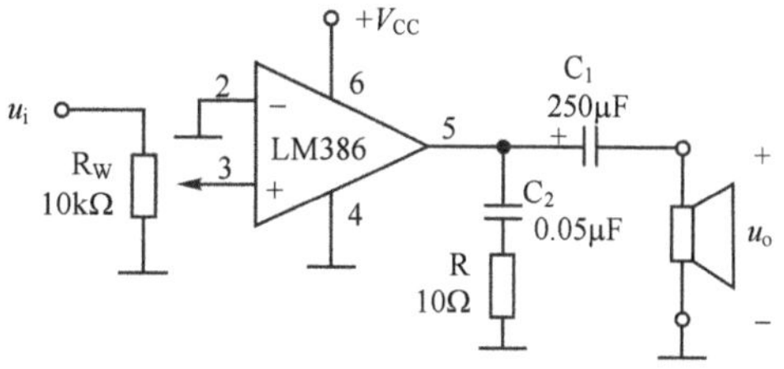

图 6.6-5 LM386 外接元件最少的用法

注意：引脚①和引脚⑧接 10μF 电解电容器，①和⑧之间交流短路。

（3）LM386 的一般用法如图 6.6-7 所示。

注意：引脚①和引脚⑤接电阻，也可改变电压放大倍数。

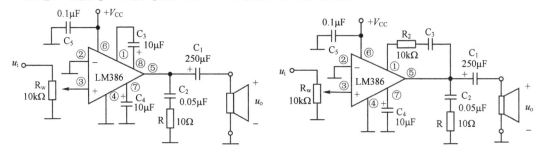

图 6.6-6　LM386 电压增益最大的用法　　　　　图 6.6-7　LM386 的一般用法

技能训练　OTL 功率放大电路

一、技能训练目的

（1）熟悉 OTL 功率放大电路的结构和工作原理。

（2）掌握 OTL 功率放大电路的调试方法。

（3）理解自举电路的原理和作用。

二、技能训练电路

技能训练 6 电路如图实 6-1 所示。该图元器件的参数如下：

VT_1 为 3DG6，VT_2 为 3DG12，VT_3 为 3CG3，VD_1 为 2CP，$R_1=4.7\text{k}\Omega$，$R_2=100\Omega$，$R_3=510\Omega$，$R_4=470\Omega$，$R_{RP1}=100\text{k}\Omega$，$R_{RP2}=470\Omega$，$C_1=22\mu\text{F}$，$C_2=220\mu\text{F}$，$C_3=100\mu\text{F}$，$C_4=2200\mu\text{F}$，$B=8\Omega/1\text{W}$，$U_{CC}=12\text{V}$

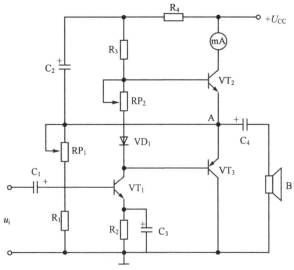

图实 6-1　技能训练 6 电路

三、技能训练步骤

1．安装与调试

（1）按图实 6-1 安装电路。RP$_1$ 应置中间位置，RP$_2$ 应置最小值对应位置。检查无误后，才可进行下面的技能训练。

（2）调整静态工作点。接通电源，调节 RP$_1$，使中点电压等于 6 V。如果中点电压不可调节，则是电路有故障，必须认真检查，排除故障后，才可进行下面的技能训练。

2．观察并消除交越失真

（1）用信号发生器给电路输入 1 kHz 的正弦信号，用示波器在扬声器两端观察输出信号波形。逐渐加大输入信号电压的幅度，直至出现交越失真，记下此时电流表的读数。调节 RP$_2$ 使交越失真消失。此时，中点电压可能有变化，应调节 RP$_1$ 使中点电压仍为 6 V，记下此时电流表的读数。按表 6-1 的要求，将所测数据记入表中。

（2）断开信号源，按表 6-2 的要求，对电路的工作点进行测量，并将测量结果记入表中。

3．自举电容的作用

（1）断开自举电容 C$_2$。在电路的输入端加入频率为 1 kHz 的正弦波信号，用示波器观察输出电压波形。逐渐加大输入信号电压的幅度，使输出电压波形出现明显的削顶失真。用毫伏表测量此时输出信号电压的幅度。

（2）保持输入信号电压幅度不变，接入自举电容 C$_2$，观察输出电压波形，用毫伏表测量此时输出信号电压幅度。

（3）按表 6-3 的要求，将测量结果记入表中。

四、技能训练记录

表 6-1　交越失真现象

实验次数	交越失真现象	功放管集电极电流/mA
1	有	
2	无	

表 6-2　电路的工作点

中点电压/V	VT$_2$集电极电流/mA	推动管 VT$_1$		输出管双偏置电压/V
		U_{BE}/V	U_{CE}/V	

表 6-3　自举电容的作用

实验次数	自举电容 C$_2$	输出波形失真	输出电压 U_O/V
1	有		
2	无		

五、技能训练习题

（1）在进行本技能训练的过程中，应如何保护功率放大管？

（2）若中点电压不对，应调整哪个元件？若中点电压不可调整，可能出了什么问题？应如何处理？

（3）若电路出现交越失真，应调整哪个元件？在调整过程中应注意什么？

（4）某电视机的伴音功率放大电路采用 OTL 功率放大电路，其中，有一只功率放大管 3AX83 损坏，由于当时找不到原型号晶体管，所以换上了一只 3CG3 晶体管。如果不对电路重新调整，可能出现什么问题？为什么？

本章小结

1．功率放大器的主要任务就是在不失真的前提下，获得最大的输出功率。功率晶体管的作用是把电源供给的直流功率，转换为输出信号的交流功率。

2．功率管是处于大信号状态运行的，因此必须考虑由极限参数 I_{CM}、$U_{BR(CEO)}$、P_{CM} 构成的安全工作区，以及管子的散热、二次击穿等保护问题。

3．按功率放大管的工作状态进行分类，功率放大电路主要分为甲类、乙类和甲乙类三种。

甲类功率放大电路的静态工作点选在三极管的放大区内，有较大的偏置电流。它利用变压器的阻抗变换作用，使功率管能够输出尽可能多的功率。甲类功放最大的缺点是效率低。所以一般多用于小功率放大，或作为大功率放大的推动级。

乙类功率放大电路的静态工作点选在三极管放大区与截止区的交界处，无偏置电流。实际应用时是由两个工作点很低的放大器组合而成。它们分别对信号的正、负半周进行放大，然后由输出变压器完成输出波形的合成。由于静态电流小，所以效率较高。在分析乙类功放时，由于电路的对称性，只要对一只管子的工作状态进行图解就可以了。

交越失真产生的原因是由于功放晶体管未加偏置电压或偏置电流过低造成的。

4．OTL 的含义是没有输出变压器。由于两只功率放大管的电路对称，所以两只功率放大管发射极连接点的直流电位为电源电压的一半。

5．复合管的 β 值近似等于原来两管 β 值之积，复合管的极性与前面的小功率放大管相同。

6．OCL 的含义是没有输出电容。在 OCL 功率放大电路中，两只功率放大管输出端的直流电位恒定为零；零点漂移就是零点的直流电位偏离了零电位。零点的直流电位必须始终保持为零，这是 OCL 功率放大电路正常工作所必需的。

7．BTL 的含义是平衡式无输出变压器，BTL 功率放大电路又称为桥式推挽功率放大电路。BTL 功率放大电路由两组 OTL 或 OCL 功率放大电路及一个倒相电路组成。当采用两组 OTL 功率放大电路时，两个输出端的电压相等且等于电源电压的一半；当采用两组 OCL 功率放大电路时，两个输出端的电压均为零。

习题

一、填空题

1. 功率放大器按工作状态可分为_____放大和_____放大两类。

2. 对功率放大器的要求是_____、_____和_____。

3. 为了使功率放大器输出足够大的功率，一般晶体管应工作在_____。

4. 功率放大器主要作用_____，以供给负载_____。功率放大器的形式主要有_____和_____两类。

5. 推挽功率放大电路由两只_____的晶体管组成，且两管的输入信号_____、_____。由此可知，在输入信号的一个周期内，两只晶体管是_____工作。

6. 当推挽功率放大器两只晶体管的基极电流为零时，因晶体管的输入特性_____，故在两管交替工作时将产生_____。

7. 在为功率放大器选用晶体三极管时，应考虑_____、_____和_____三个参数。在实际工作中，除 I_c 不得大于 I_{cm}，U_{ce} 不得大于 BV_{ceo} 外，I_c 与 U_{ce} 的乘积不得大于_____。

8. 为了保证功率放大器晶体三极管的使用安全，既要选用_____、_____足够大的晶体三极管，还应注意_____。

9. 目前电子电路中广泛采用_____互补对称功率放大电路。

10. 甲类功率放大器的静态电流 $I_c = I_{cm}/2$，所以输出的最大功率为_____。

二、问答题

11. 如图题 6-11 所示电路，设 VT_1、VT_2 的特性完全对称，v_i 为正弦波，$V_{CC}=12V$，$R_L=8\,\Omega$，试回答问题：

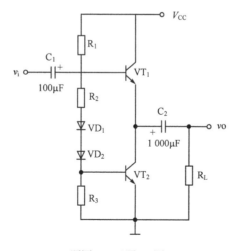

题图 1　习题 11 图

（1）静态时，电容 C_2 两端电压应该是多少？

（2）动态时，若输出电压 V_o 出现交越失真，应调整哪个电阻？如何调整？

（3）若 $R_1=R_3=1.1\text{k}\Omega$，$VT_1$ 和 VT_2 的 $\beta=40$，$|V_{BE}|=0.7\text{V}$，$P_{CM}=40\text{ mW}$，假设 VD_1、VD_2、R_2 中任意一个开路，将会产生什么后果？

12．互补对称功放电路，当输出功率最大时，是否管耗也最大？最大管耗与最大输出功率的关系是什么？

13．什么是功率放大电路？它与小信号放大电路有哪些主要区别？

14．按管子的工作状态来分，功率放大电路可分为几种类型？它们的工作点有什么不同？

15．乙类推挽功率放大电路为什么要有适当的直流偏置电压？直流偏置电压过高、过低会出现什么问题？

16．功率放大管的管耗与功率放大电路的输出功率有什么关系？当电路的输出功率最大时，功率放大管的管耗是否也最大？

17．从功率放大管的工作状态看，OTL 功率放大电路应属于哪种功率放大电路？为什么？

18．电路如题图 2 所示，试回答问题：

（1）调节哪个元件可使中点电压等于电源电压的一半？

（2）调节哪个元件可使输出管有合适的直流偏置？在调节过程中应注意什么问题？

（3）在电路中，为什么要安装电阻 R_4？是否可将 R_4 短路？为什么？

（4）C_2 在电路中的作用是什么？如果 C_2 因损坏而失效，将会出现什么故障现象？

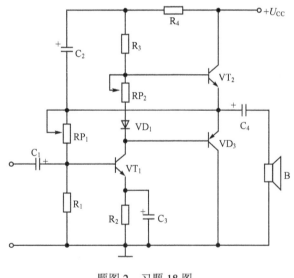

题图 2　习题 18 图

19．OTL 功率放大电路与 OCL 功率放大电路各有什么主要特点？OCL 功率放大电路存在什么问题必须认真解决？常用什么方法解决？

20．什么叫 BTL 功率放大电路？与 OTL 功率放大电路、OCL 功率放大电路相比，BTL 功率放大电路有什么特点？

三、判断题

21．试判断题图 3 所示的复合管中，哪个是正确的？哪个是错误的？标出正确复合管的电极。

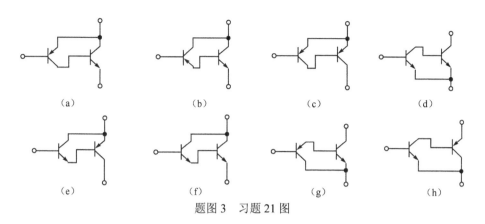

（a）　　　　　（b）　　　　　（c）　　　　　（d）

（e）　　　　　（f）　　　　　（g）　　　　　（h）

题图 3　习题 21 图

四、计算题

22. 要制作 OTL 和 OCL 扩音机各一台，要求输出功率均为 50 W，若 $R_L = 32\,\Omega$ 时，试求电源电压 V_{CC} 为多少？每管需要的峰值电流 I_{cm} 为多少？

23. 已知某 OCL 功率放大电路的电源电压为 16 V，负载为 8Ω。求该功率放大电路在理想条件下的最大输出功率、最大输出功率时直流电源提供的总功率、最高效率及最大总管耗，并指出选择功率放大管的条件。

第7章

直流稳压电源

【学习目标】

- 了解直流稳压电源的构成、滤波电路的工作原理;
- 掌握晶体二极管整流电路的结构、工作原理及其输出电压、电流的估算;
- 掌握串联式稳压电路的工作原理及主要指标;
- 了解集成稳压电路、开关型稳压电路、计算机电源电路的特点和基本工作原理。

电子设备中所用的直流电源,通常是由电网提供的交流电经过整流、滤波和稳压以后得到的。对于直流电源要求输出电压幅值稳定,当电网电压或负载电流波动时,能基本保持不变;直流输出电压平滑,脉动成分小;交流电变换成直流电时转换效率高。

7.1 直流电源的组成

在各种电子电路工作时,为了驱动晶体管,需要使用直流电源。该电源可以是干电池,也可以是直流稳压电源。

虽然干电池体积小、质量小、携带方便而被广泛应用,但是,它不能提供大电流且寿命短、需要不断地更换。因此,比较经济实用的办法是利用由交流电源经过变换而成的直流电源提供能量。

又由于在我国一些农村地区电力不够、电网电压不稳,致使许多家用电器无法正常使用。在这种情况下,如果使用稳压电源,不仅使家里的电源电压得到提升,而且还会变得稳定,很容易解决上述情况所造成的问题。另外在各种电子设备和计算机中都离不开稳压电源。

稳压电源又分为直流稳压电源和交流稳压电源,这里主要学习直流稳压电源。如图 7.1-1 所示为各类电子设备所用的直流电源的外形图。

图 7.1-1　各种电源外形图

能够把交流电转变为平滑的、稳定的直流电的装置叫做直流稳压电源。小功率的稳压电源的组成如图 7.1-2 所示，它由电源变压器、整流电路、滤波电路和稳压电路四部分组成。

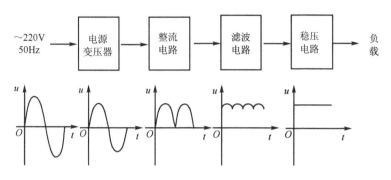

图 7.1-2　直流电源的组成及波形图

1．电源变压器

电网提供的交流电一般为 220V(380V)，而各种电子设备所需要的直流电压幅值各不相同。因此，通常需要将电网电压先经过电源变压器，然后将变换后的二次绕组电压再去整流、滤波和稳压，最后得到所需要的直流电压幅值。

2．整流电路

整流电路的作用是利用具有单向导电性能的整流元件，将正、负交替的正弦交流电压整流成为单方向的脉动电压。应注意，这种单向脉动电压包含着很大的脉动成分，距离理想的直流电压还差得很远。

3．滤波电路

滤波电路是由电容、电感等储能元件组成，它的作用是尽可能地将单向脉动电压中的脉动成分滤掉，使输出电压成为比较平滑的直流电压。但是，当电网电压或负载电流发生变化时，滤波电路输出的直流电压的幅值也将随之变化。在要求比较高的电子设备中，这种情况是不符合要求的。

4．稳压电路

稳压电路的作用是采取某些措施，使输出的直流电压在电网电压或负载电流发生变化时保持稳定。

直流稳压电源技术指标包括输入电压、输出电压、输出电流和输出电压范围等。

7.2　整流电路

经过变压器降压后的交流电，再通过整流电路变成了单方向的脉动直流电，如图 7.2-1 所示。我们知道半导体器件二极管具有单向导电特性，因此利用二极管的单向导电特性即可实现整流。

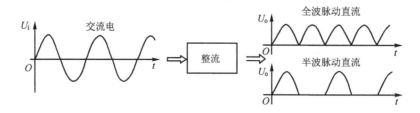

图 7.2-1 整流电路的作用

如图 7.2-2 所示，将整流元件的作用比喻成交通标志，当整流元件正向导通时，相当于标有单向行驶的道路，允许车辆通行；当整流元件反向截止时，相当于禁止通行道路，严禁车辆通过。

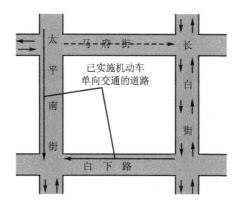

图 7.2-2 整流元件的作用

7.2.1 单相半波整流电路

半波整流就是利用二极管的单向导电性能，使经过变压器出来的电压 u_2 只有半个周期可以到达负载，形成负载电压 u_o 是单方向的脉动直流电压。

1. 半波整流电路的结构

半波整流电路由电源变压器、整流二极管和负载组成，如图 7.2-3 所示。图中 u_2 表示变压器二次绕组线圈的交流电压有效值；u_o 是脉动的直流输出电压。变压器的作用是将交流电（～220V）转化为符合整流器需要的交流电压。

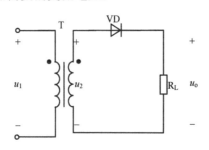

图 7.2-3 半波整流电路

2．半波整流电路的工作原理

电源变压器 T 的一次绕组接交流电压 u_1，则在变压器 T 的二次绕组就会产生感应电压 u_2。当 u_2 为正半周时，整流二极管 VD 上加的是正向电压，处于导通状态，其电流 i_o 流过负载 R_L，于是在 R_L 上产生正半周电压，如图 7.2-4（a）所示。

当变压器 T 二次绕组感应电压 u_2 为负半周时，整流二极管 VD 上加的是反向电压，因而截止，负载 R_L 上无电流流过，如图 7.2-4（b）所示。

当输入电压进入下一个周期时，整流电路将重复上述过程。各波形之间的对应关系如图 7.2-4（c）所示，由波形图可见，它的大小是波动的，但方向不变。这种大小波动，方向不变的电流（或电压）称为脉动直流电。

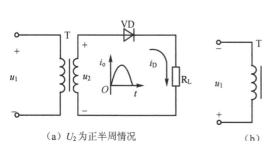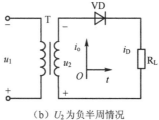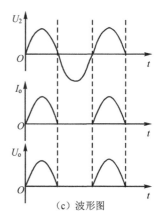

（a）U_2 为正半周情况　　　　（b）U_2 为负半周情况　　　　（c）波形图

图 7.2-4　半波整流电路工作过程及波形

3．半波整流电路的基本参数

（1）整流输出电压的平均值 $\overline{U}_o$。

根据正弦半波电压平均值的计算公式，可得

$$\overline{U}_o = 0.45U_2 \qquad (7.2\text{-}1)$$

式中，U_2 为电源变压器次级交流电压 U_2 的有效值。

（2）整流输出电流的平均值 $\overline{I}_o$。

$\overline{I}_o$ 为在输入电压一个周期内流过负载的电流平均值。根据欧姆定律可知，整流输出电流的平均值为

$$\overline{I}_o = \frac{\overline{U}_o}{R_L} = 0.45\frac{U_2}{R_L} \qquad (7.2\text{-}2)$$

（3）流过整流管的正向平均电流 $\overline{I}_F$。

$\overline{I}_F$ 为在输入电压一个周期内流过整流管电流的正向平均值。对于半波整流电路来说，流过整流管的正向平均电流就是通过负载的整流电流平均值，即

$$\overline{I}_F = \overline{I}_o \qquad (7.2\text{-}3)$$

（4）整流管最大反向峰值电压 U_{RM}。

由图 7.2-3 可知，在 U_2 的负半周，二极管 VD 受反向电压截止时，变压器二次绕组电压 U_2 全部加在二极管的两端。所以，二极管两端的最大反向峰值电压就是 U_2 的峰值电压，即

$$U_{RM} = \sqrt{2}U_2 \qquad\qquad (7.2\text{-}4)$$

4. 半波整流电路的特点

电路简单，使用的原件少，但输出电压脉动很大，效率很低。所以只能应用在对直流电的波形要求不高的场合，而在一般无线电装置中很少采用。

7.2.2　单向全波整流电路

1. 全波整流电路的结构

全波整流电路由两个半波整流电路组合而成，变压器二次绕组具有中心抽头，把二次绕组分成上、下两个相等部分，如图 7.2-5 所示。因此，变压器输出端可得到两个大小相等，相位相反的输出电压。

2. 全波整流电路的工作原理

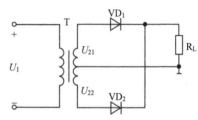

当 U_2 为正半周时，二极管 VD_1 因受正向电压而导通，VD_2 因受反向电压而截止，电流 I_0 通过二极管 VD_1 和负载，在负载两端产生上正、下负的脉动直流电压 U_0，如图 7.2-6（a）所示。

图 7.2-5　全波整流电路

当 U_2 为负半周时，二极管 VD_2 因受正向电压而导通，VD_1 因受反向电压而截止，电流 I_0 通过二极管 VD_2 和负载，在负载两端产生上正、下负的脉动直流电压 U_0，如图 7.2-6（b）所示。

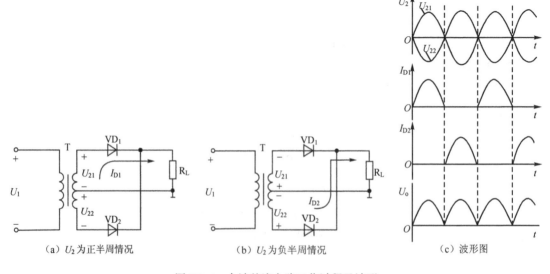

（a）U_2 为正半周情况　　　　（b）U_2 为负半周情况　　　　（c）波形图

图 7.2-6　全波整流电路工作过程及波形

可见，正半周与负半周电压经过二极管 VD$_1$、VD$_2$ 整流后，在负载上合成为全波脉动直流电压 U_O。其波形如图 7.2-6（c）所示。

3．全波整流电路的基本参数

（1）全波整流输出电压的平均值 $\overline{U}_o$。

由图 7.2-6 可以看出，全波整流电路中，在输入交流电压的一个周期内，两个半波均有电流通过负载，因此在负载上形成的直流电压平均值是半波整流电路输出电压的两倍，即

$$\overline{U}_o \approx 2 \times 0.45 U_2 = 0.9 U_2 \qquad (7.2\text{-}5)$$

式中，U_2 为电源变压器二次绕组交流电压 U_2 的有效值。

（2）全波整流输出电流的平均值 $\overline{I}_o$。

根据欧姆定律可知，全波整流电路通过负载的整流电流平均值是半波整流电路输出电路的两倍，即

$$\overline{I}_o = \frac{\overline{U}_o}{R_L} = 0.9 \frac{U_2}{R_L} \qquad (7.2\text{-}6)$$

（3）全波整流电路流过整流管的正向平均电流 $\overline{I}_F$。

在全波整流电路中，由于两只二极管轮流导通，所以流过每只二极管的正向平均电流 $\overline{I}_F$ 均为流过负载整流电流平均值的一半，即

$$\overline{I}_F = \frac{1}{2}\overline{I}_o \qquad (7.2\text{-}7)$$

（4）全波整流电路整流管最大反向峰值电压 U_{RM}。

由图 7.2-5 可以看出，在全波整流电路中，当某一只二极管受反向电压而截止时，变压器二次绕组电压将全部加在这只二极管两端。所以，二极管承受的最大反向峰值电压为半波整流电路的两倍，即

$$U_{RM} = 2\sqrt{2}U_2 \qquad (7.2\text{-}8)$$

4．全波整流电路的特点

全波整流电路的优点是带负载能力较强，输出电压脉动小，容易滤成平滑直流；缺点是由于电源变压器需要中心抽头，所以变压器效率低，整流管承受的耐压高。该电路适用于稳定性要求较高，输出电流较大的场合。

7.2.3　桥式整流电路

桥式整流属于全波整流的一种，该电路是使用最多的一种整流电路。它由四个二极管接成电"桥"形式，使电压 U_2 的正、负半周均有电流流过负载，从而在负载上形成单方向的全波脉动电压。

1. 桥式整流电路的结构

桥式整流电路由电源变压器、四只整流二极管和负载电阻组成，如图7.2-7所示。

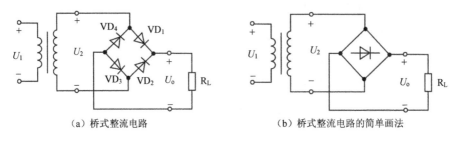

（a）桥式整流电路　　　　　　　　　（b）桥式整流电路的简单画法

图7.2-7　桥式整流电路的结构及简单画法

2. 桥式整流电路的工作原理

当输入电压 U_2 为正半周时，变压器二次绕组线圈的电压极性为 A 正 B 负，整流二极管 VD_1 和 VD_3 因加正向电压而导通，VD_2 和 VD_4 因加反向电压而截止，电流 I_{o1} 流经 VD_1、R_L 和 VD_3 并在 R_L 上产生压降 U_o，如图7.2-8（a）所示。

输入电压 U_2 为负半周时，变压器二次绕组线圈的电压极性为 B 正 A 负，二极管 VD_2、VD_4 因加正向电压而导通，VD_1 和 VD_3 因加反向电压而截止，电流 I_{o2} 流经 VD_2、R_L 和 VD_4 并在 R_L 上产生压降 U_o，如图7.2-8（b）所示。

由此可见，在电压 U_2 的一个周期内，负载 R_L 上均有电流通过，其波形如图7.2-8（c）所示。

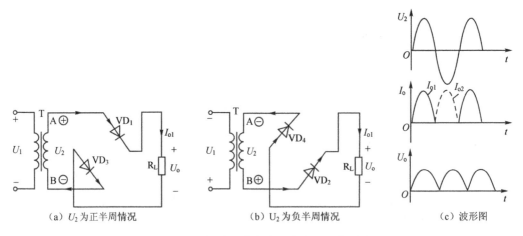

（a）U_2 为正半周情况　　　　　（b）U_2 为负半周情况　　　　　（c）波形图

图7.2-8　桥式整流电路工作过程及波形图

3. 桥式整流电路的基本参数

（1）桥式整流输出电压的平均值 $\overline{U}_o$。

由图7.2-8可以看出，在桥式整流电路中，输入交流电压 U_2 的一个周期内，两个半波均有电流通过负载，因此在负载上形成的直流、电压平均值与全波整流电路相同，即

$$\overline{U}_o \approx 2 \times 0.45 U_2 = 0.9 U_2 \qquad (7.2-9)$$

式中，U_2 为电源变压器二次绕组交流电压 U_2 的有效值。

（2）桥式整流输出电流的平均值 $\overline{I}_o$。

根据欧姆定律可知，桥式整流电路通过负载的整流电流平均值与全波整流电路相同，即

$$\overline{I}_o = \frac{\overline{U}_o}{R_L} = 0.9 \frac{U_2}{R_L} \qquad (7.2-10)$$

（3）流过整流管的正向平均电流 $\overline{I}_F$。

桥式整流电路工作时，由于 VD_1、VD_3 和 VD_2、VD_4 轮流导通，所以流过每只二极管的正向平均电流 $\overline{I}_F$ 均为流过负载平均电流的一半，即

$$\overline{I}_F = \frac{1}{2} \overline{I}_o \qquad (7.2-11)$$

（4）桥式整流管最大反向峰值电压 U_{RM}。

由图 7.2-7 可以看出，在桥式整流电路中，当二极管因受反向电压而截止时，它所承受的最大反向峰值电压为 U_2 的峰值电压，即

$$U_{RM} = \sqrt{2} U_2 \qquad (7.2-12)$$

4. 电路特点及其他画法

（1）电路特点。

桥式整流电路利用了交流输入的整个周期，变压器利用效率高，其输出电压为半波整流的两倍，输出电压的纹波大大减少。由于桥式整流电路不仅保留了半波整流及全波整流的优点，而且克服了它们的缺点，因此，在家用电器、仪器仪表、通信设备、电力控制装置等方面得到了广泛应用。

（2）桥式整流电路的其他画法。

桥式整流电路习惯上还有两种画法，如图 7.2-9 所示。这两种电路虽然画法不同，但是其工作原理与上述电路相同。

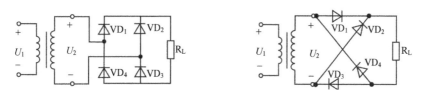

图 7.2-9　单相桥式整流电路的其他画法

【例 7-1】　有一直流负载，要求输出电压 U_o=36 V，输出电流 I_o=1 A，采用图 7.2-7 所示的单相桥式整流电路。（1）试选用所需的整流器件；（2）若 VD_2 因故损坏开路，求 U_o 和 I_o，并画出其波形；（3）若电路中 VD_2 短路，会出现什么情况？

解：（1）根据给定的条件 I_o=1 A，整流器件所通过的电流为

$$I_{\mathrm{D}} = \frac{1}{2}I_{\mathrm{o}} = 0.5\ \mathrm{A}$$

变压器二次电压的有效值为

$$U_2 = \frac{U_{\mathrm{o}}}{0.9} = 1.1U_{\mathrm{o}} = 1.1 \times 36\ \mathrm{V} = 40\ \mathrm{V}$$

二极管所承受的最高反向电压为

$$U_{\mathrm{RM}} = \sqrt{2}U_2 = 1.4 \times 40\ \mathrm{V} = 56\ \mathrm{V}$$

因此，选用的整流器件必须是最大整流电流大于 0.5 A，最高反向工作电压大于 56 V 的二极管，可选用最大整流电流为 1 A，最高反向工作电压为 100 V 的 2CZ11A 型的整流二极管。

（2）当 VD_2 开路时，只有 VD_1 和 VD_3 在正半周时导通，而负半周时，VD_1 和 VD_3 均截止，VD_4 也因 VD_2 开路而不能导通，故电路只有半个周期导通，相当于半波整流电路，输出为桥式整流电路输出电压、电流的一半。所以 U_{o}=18 V，I_{o}=0.5 A。

U_{o} 和 I_{o} 波形与图 7.2-4（c）所示相同，只是参数不同。

（3）当 VD_2 短路后，在 U_2 的正半周，电流的流向为 a→VD_1→VD_2→b。一个二极管的导通压降只有 0.6 V，因此，若变压器二次电流迅速增加，则容易烧坏变压器和二极管。

【例 7-2】　有一台电子设备的整流器采用单相全波整流方式，使用中突然工作失常，发现是由于电源变压器二次绕组有一半发生断线，现有与全波整流管同型号的二极管若干个，在不拆出电源变压器进行修理的条件下，怎样才能尽快地使这台设备正常工作？

解：通过对半波、全波、桥式整流电路参数的分析得出结论：首先只有桥式与全波整流电路负载上的输出电压平均值相等；其次考虑全波所提供的整流管能否用在桥式电路上。由于两种电路流过管子的正向平均整流电流相等；而全波整流电路的最高反向电压 $U_{\mathrm{RM}} = 2\sqrt{2}U_2$，桥式整流电路的最高反向电压 $U_{\mathrm{RM}} = \sqrt{2}U_2$，因此可将全波整流电路改成桥式整流电路。

7.2.4　三种整流电路的比较

单向半波、全波和桥式整流电路都利用二极管单向导电特性。它们的电路结构不同，输出电流、电压不同，对二极管的要求也不一样。表 7.2-1 比较了三种整流电路的各项参数。

表 7.2-1　三种整流电路的比较

整流形式	变压器次级圈电压平均值 u_2/V	负载 R_{L} 上输出电压平均值 $\overline{V_{\mathrm{D}}}$ / V	整流管承受的最大反向电压 u_{RM}/A	流过整流管正向平均电流 $\overline{i_F}$ / A	负载 R_{L} 上整流平均值 $\overline{i_D}$ / A
半波整流	u_2	$0.45u_2$	$\sqrt{2}u_2$	$\dfrac{0.45u_2}{R_L}$	$\dfrac{0.45u_2}{R_L}$
全波整流	u_2	$0.9u_2$	$2\sqrt{2}u_2$	$\dfrac{0.45u_2}{R_L}$	$\dfrac{0.9u_2}{R_L}$
桥式整流	u_2	$0.9u_2$	$\sqrt{2}u_2$	$\dfrac{0.45u_2}{R_L}$	$\dfrac{0.9u_2}{R_L}$

小结

整流元件的选择：

- 整流元件要根据不同的整流方式和负载大小加以选择，否则不能安全工作，甚至烧毁管子，或者大材小用，造成浪费。

- 在高电压或大电流的情况下，如果手头没有承受高电压或额定电流大的整流元件，可以把二极管串联或并联起来使用。

练一练 1

1. 将交流电转换为直流电的过程称为_____。

2. 单相整流电路按其电路结构特点来分，有_____整流电路、_____整流电路和_____整流电路。

3. 电源变压器中，与电源相连的绕组称为_____；与负载相连的绕组称为_____。

4. 在整流电路中，电源变压器的作用是将交流电压变换为_____的电压。

5. 整流电路将交流电变为_____直流电，滤波电路将_____直流电变为_____的直流电。

6. 在变压器二次绕组电压相同的情况下，桥式整流电路输出的直流电压比半波整流电路高_____倍，而且脉动_____。

7. 在单相半波整流电路中，如果电源变压器二次绕组电压的有效值为 200V，则负载电压将是_____。

8. 在单相桥式整流电路中，如果负载电流为 20A，则流过每只晶体二极管的电流为_____。

9. 在单相桥式整流电路中，如果电源变压器二次绕组电压为 120V，则每只晶体二极管所承受的反向电压为_____。

10. 在单相全波整流电路中，如果流过负载电阻 R_L 的电流是 2A，则流过每只晶体二极管的电流是_____。

7.3　滤波电路

整流后输出的直流电，还含有很大的交流成分，所以不能直接作为电子设备的直流电来使用。通常都需要采用一定的措施：一方面尽量降低输出电压中的脉动成分；另一方面又要尽量保留其中的直流成分，使输出电压接近理想的直流电压。这样的措施就是滤波。为此需要将脉动直流电转换成较平滑的直流电。如图 7.3-1 所示为滤波元件的作用。

图 7.3-1　滤波元件的作用

滤波器有多种形式，常用的有电容滤波器、电感滤波器，Π型滤波器等。

7.3.1　电容滤波电路

1. 半波整流电容滤波电路

（1）电路结构。

电容滤波电路是在负载两端并联一个电容器，如图 7.3-2 所示。

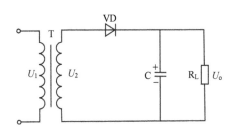

图 7.3-2　半波整流电容滤波电路

（2）电容器的滤波作用。

在图 7.3-3 所示的半波整流电容滤波电路中，负载 R_L 两端并联一个容量很大的电解电容器 C，当输入电压 U_1 为正半周时，整流二极管导通，二次绕组电压 U_2 经 VD 对电容器 C 充电，充电电流同时流入负载，即 $I_D = I_C + I_o$，如图 7.3-3（a）所示。电容器两端电压为 U_C。

当电压 U_2 到达峰值后又下降到小于 U_C 时，整流二极管 VD 因 $U_2 < U_C$ 而截止，于是电容器转而对负载 R_L 放电，放电电流为 I_C（I_o），如图 7.3-3（b）所示。这种放电过程一直持续到输入电压 U_1 的下一个正半周，且在 $U_2 > U_C$，整流二极管 VD 导通时，U_2 又经过 VD 对 C 充电，电容器上的电压继续上升。当 U_2 下降到小于 U_C 时，整流二极管又被截止，电容器 C 又开始对负载 R_L 放电，如此周而复始。

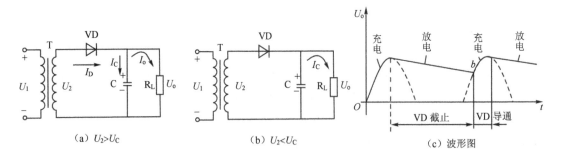

(a) $U_2 > U_C$　　　　　　　(b) $U_2 < U_C$　　　　　　　(c) 波形图

图 7.3-3　半波整流电容滤波作用

显然，由于电容器的滤波作用，输出电压比无电容器时平滑多了，如图 7.3-3（c）所示。

由此可得：当输入二次绕组电压为正半周上升段期间时，电容充电；当输入二次绕组电压由正峰值开始下降后，电容开始放电，直到电容上的电压小于输入二次绕组电压，电容又重新充电；当输入二次绕组电压小于电容上的电压时，电容又开始放电，如此循环下去，达到滤波的目的。

2．全波整流电容滤波电路

（1）电路结构。

在全波、桥式整流电路输出端并联一个电容量很大的电解电容器，就构成了它的滤波电路，如图 7.3-4 所示。

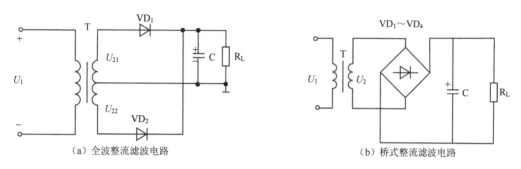

（a）全波整流滤波电路　　　　　　　　（b）桥式整流滤波电路

图 7.3-4　全波整流滤波电路和桥式整流滤波电路的结构

（2）电容器的滤波作用。

电容器的滤波原理类似于半波整流电路中电容器的滤波过程。不同的是,无论输入电压的正半周还是负半周，电容器都有充放电过程。因此，全波整流电容滤波电路的输出电压比半波整流电容滤波电路的输出电压波动更小、波形更平滑，如图 7.3-5 所示。

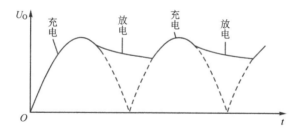

图 7.3-5　全波整流电路电容滤波作用

（3）电路特点。

在电容滤波电路中，$R_L C$ 越大，电容 C 放电越慢，输出的直流电压就越大，滤波效果也越好，但是在采用大容量的滤波电容时，接通电源的瞬间充电电流特别大。电容滤波电路适用于输出电压较高,负载电流较小且负载变动不大的场合。

3．电容滤波的主要特性

（1）滤波后的直流电压平均值 $\overline{U}_o$。

滤波后的直流电压接近 u_2 的峰值，即 $\overline{U}_o \approx \sqrt{2} U_2$。但是，考虑到由于电容器放电所造成的电压下降、二极管的正向电阻及电源变压器的内阻等因素影响，均会造成输出电压 U_o 的下降。所以，滤波后的直流电压平均值 $\overline{U}_o$，可按下式估算：

半波整流电容滤波

$$\overline{U}_o \approx (1.1 \sim 1.2)\, U_2 \qquad\qquad (7.3\text{-}1)$$

全波与桥式整流电容滤波

$$\overline{U}_o \approx (1.1 \sim 1.4)\, U_2 \qquad\qquad (7.3\text{-}2)$$

（2）滤波电容器容量的选取。

滤波电容器的容量越大，输出的直流电压越平滑，输出电压也会有所提高。所以，单纯从滤波的效果来说，电容器的容量越大越好。但是，由于电容器的接入，二极管导通的时间大大缩短，电容器的容量越大，二极管导通的时间越短。为了补充电容器放电而失去的电荷，在电容器开始充电的瞬间，充电电流很大，对整流二极管有很大的冲击；再考虑到成本、体积和重量等因素的制约，在实际应用中，滤波电容器的容量，一般可按下式选取：

$$C \geqslant (3 \sim 5)\frac{T}{2R_L} \qquad\qquad (7.3\text{-}3)$$

式中，T 为交流电的周期，单位为秒（s）；R_L 的单位为欧姆（Ω）；C 的单位为法拉（F）。

（3）整流二极管的选用。

① 二极管最大反向峰值电压 U_{RM} 的选取。在实际应用中，对二极管最大反向峰值电压 U_{RM} 的选取，一定要留有充分的余量。

a. 在半波整流电容滤波电路及全波整流电容滤波电路中，应选取

$$U_{RM} \geqslant 2\sqrt{2}\, U_2 \qquad\qquad (7.3\text{-}4)$$

b. 在桥式整流电容滤波电路中，应选取

$$U_{RM} \geqslant \sqrt{2}\, U_2 \qquad\qquad (7.3\text{-}5)$$

② 二极管正向平均电流 $\overline{I}_F$ 的选取。由于电容器的接入，使整流二极管的导通时间缩短了，在电容器开始充电的瞬间，流过二极管的电流很大；所以，在实际应用中，对二极管正向平均电流 $\overline{I}_F$ 的选取，一定要留有充分的余量。

a. 在半波整流电容滤波电路中，应选取

$$\overline{I}_F \geqslant I_o = \frac{U_o}{R_L} \qquad\qquad (7.3\text{-}6)$$

b. 在全波整流电容滤波电路及桥式整流电容滤波电路中，应选取

$$\overline{I}_F \geqslant \frac{1}{2}I_o = \frac{U_o}{2R_L} \qquad\qquad (7.3\text{-}7)$$

【例 7-3】　桥式整流电容滤波电路，要求输出直流电压 30V，电流 0.5A，试选择滤波电容的规格，并确定最大耐压值。（交流电源 220V，50Hz）

解：由式 $C \geqslant (3 \sim 5)\dfrac{T}{2R_L}$，可得

$$C \geqslant \frac{5T}{2R_L} = 5 \times \frac{0.02}{2 \times 30/0.5}\,F = 830 \times 10^{-6}\,F = 830\mu F$$

其中，$T = \dfrac{1}{f} = \dfrac{1}{50}\text{s} = 0.02\text{s}$

$$R_\text{L} = \frac{U_\text{L}}{I_\text{L}} = \frac{30}{0.5}\Omega = 60\Omega$$

取电容标准值 1000μF，由式（7.3-2），$U_2 = \dfrac{U_\text{o}}{1.2} = \dfrac{30}{1.2}\text{V} = 25\text{V}$

电容器耐压为
$$（1.5{\sim}2）U_2$$
$$=（1.5{\sim}2）\times 25\text{V}$$
$$=37.5{\sim}50\text{V}$$

【例 7-4】　设计一桥式整流滤波电路。已知交流电源电压 u_1=220V，f=50Hz，R_L=50Ω，要求输出直流电压 U_o=24V，波纹较小。要求：

（1）选择整流二极管的型号；

（2）选择滤波电容器；

（3）确定电源变压器的电压和电流。

解体思路与技巧： 由单相桥式整流电路和电容滤波电路的工作原理、结论可知，桥式整流电容滤波输出电压平均值 U_o=1.2u_2（u_2 为整流电路电源变压器二次绕阻电压有效值）。

解：（1）选择整流二极管的型号。
$$I_\text{D} = \frac{1}{2}I_\text{o} = \frac{1}{2}\frac{U_\text{o}}{R_\text{L}} = \frac{1}{2}\times\frac{24}{0.05} = 240（\text{mA}）$$

根据 U_O=1.2U_2，取
$$U_2 = \frac{U_\text{o}}{1.2} = \frac{24}{1.2} = 20（\text{V}）$$
$$U_\text{DRM} = \sqrt{2}U_2 = \sqrt{2}\times 20 = 28.3（\text{V}）$$

考虑到滤波电容的冲击电流余量，可选取 2CZ11A（1000mA，100V）4 只。

（2）选择滤波电容器。

单相桥式整流时，为了得到平滑的负载电压，一般取 $R_\text{L}C \geqslant（3{\sim}5）\dfrac{T}{2}$。

因 f=50Hz，$T = \dfrac{1}{f} = \dfrac{1}{50} = 0.02\text{ s}$，故
$$C = \frac{（3{\sim}5）\dfrac{T}{2}}{R_\text{L}} = \frac{（3{\sim}5）\times\dfrac{1}{2}\times 0.02}{0.05\times 10^3} = 600{\sim}1000（\mu\text{F}）$$

电容器的耐压为
$$U_\text{C} = \sqrt{2}U_2 = \sqrt{2}\times 20 = 28.3（\text{V}）$$

故可选取 1000μF/50V 的电容器。

（3）电源变压器二次绕阻电压有效值为

$$U_2 = \frac{U_o}{1.2} = \frac{24}{1.2} = 20\text{V}$$

二次绕组电流的有效值为

$$I = 1.5I_o = 1.5\frac{U_o}{R_L} = 1.5 \times \frac{24}{0.05} = 720(\text{mA})$$

提示：100μF 电容是个数值较大的电容，在电路刚接通时，由于电容端电压为零，这就有可能引起一个很大的充电电流，通过二极管而使其损坏。有时可在整流电路串入一限流电阻，该电阻一般为（$\frac{1}{50} \sim \frac{1}{20}$）$R_L$。滤波电容的大小与通过负载的电流有关。整流电路中加入滤波电容后，变压器副边电流的波形就变成为脉冲形状，虽然脉冲电流的平均值等于负载电流，但脉冲电流的有效值 I 和 I_o 的关系与脉冲波形有关。波形越尖，有效值越大。

7.3.2　电感滤波电路

1．电路结构

以桥式整流电路为例。电感滤波电路中电感与负载串联，如图 7.3-6（a）所示。

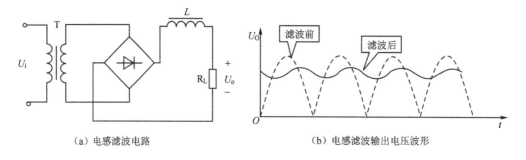

（a）电感滤波电路　　　　　（b）电感滤波输出电压波形

图 7.3-6　电感滤波电路及波形

2．电感器的滤波作用

电感滤波电路是利用"通过电感的电流不能突变的特性"来实现滤波的。对于直流成分，由于电感 L 的电阻一般远小于负载 R_L，所以电路的直流成分几乎全部落在 R_L 上；对于交流分量，由于电感 L 呈现感抗为 $X_L=2\pi fL$，只要 L 足够大，使 $X_L \gg R_L$ 时，电感对交流分量的分压结果，使交流分量几乎全部落在电感上，而负载上的交流压降很小。其结果是输出电压中的脉动成分大大减小，输出波形如图 7.3-6（b）所示。

3．电感滤波器的特点

电感滤波适用于大功率整流设备和负载电流变化大的场合。当电感选得很大，负载很小时，交流分量大部分落在电感上。由此可知，R_L 越小，负载电流越大，电感滤波效果越好。因此电感滤波主要用于负载电流较大的情况。但电感体积大、笨重、成本高。

7.3.3　复式滤波电路

为了进一步提高滤波效果，减少输出电压的脉动成分，常将电容滤波和电感滤波组合成复式滤波电路。常用的有Γ型滤波器、LC 滤波器、RC 滤波器等。它们的电路及特点如表 7.3-1所示。

表 7.3-1　各种复式滤波电路的比较

形　式	电　路	特　点
Γ型滤波		优点：输出电流较大；带负载能力较好；滤波效果好。 缺点：电感线圈体积大，成本高。 适用场合：适于负载变动大，负载电流变动较大的场合
π型LC 滤波		优点：输出电压高；滤波效果好。 缺点：输出电流较小；带负载能力差。 适用场合：适于负载电流较小、要求稳定性高的场合
π型RC 滤波		优点：滤波效果较好；结构简单经济；能兼降压限流作用。 缺点：输出电流较小；带负载能力差；R 上有压降和消耗功率。 适用场合：适于负载电流小的场合

 小结

以全波整流为例，常用滤波电路性能的比较，如表 7.3-2 所示。

表 7.3-2　常用滤波电路性能的比较

滤波形式/性能	输出电压 U_o	适用范围	对整流管的冲击电流	负载能力	滤波效果
电容滤波	$(1.1\sim1.4)U_2$	小电流	大	较强	较差
电感滤波	$0.9U_2$	大电流	小	强	较差
Γ型滤波	$0.9U_2$	大电流	小	强	较好
LC-π型滤波	$(1.1\sim1.4)U_2$	小电流	大	较强	好
RC-π型滤波	$(1.1\sim1.4)U_2$	小电流	大	差	较好

练一练 2

1. 把脉动直流电变成较为平稳的直流电的过程，称为＿＿＿＿＿＿＿＿＿＿＿。

2. 常用的滤波电路有＿＿＿＿＿＿＿＿＿、＿＿＿＿＿＿＿＿＿＿和＿＿＿＿＿＿＿＿＿三种。

3．电感滤波中的电感线圈具有_____整流后的_____流向负载的作用，这就使负载电压较为_____。

4．电容滤波中的电容具有对交流电的阻抗_____，对直流电的阻抗_____的特性，整流后的脉动直流电中的交流分量由电容_____，只剩下直流分量加到负载两端。

5．采用电感滤波时，电感必须与负载_____，它常用于_____的情况。

6．采用电容滤波时，电容必须与负载_____，它用于_____的情况。

7．二极管整流电容滤波电路中，如果误把电解电容器极性接反，会出现什么问题？

_____

7.4　稳压电路

虽然整流、滤波电路能把交流电变为较平滑的直流电，但输出的电压仍是不稳定的。交流电网电压的波动、负载电流变化以及温度的影响等，都会使整流、滤波后输出的直流电压随之变化。为了保持输出电压稳定，通常需要在滤波电路之后接入稳压电路。稳压电路的具体形式有并联型稳压电路、串联型稳压电路和开关型稳压电路等。

7.4.1　硅稳压管稳压电路

硅稳压管是特殊二极管之一，它工作在二极管伏安特性曲线陡峭的反向击穿区，使稳压管在工作电流范围内保持两端电压基本不变。利用稳压管这一特性可实现电源的稳压功能。

1．电路组成

图 7.4-1 是硅稳压管稳压电路。图中稳压管 VD_Z 并联在负载 R_L 两端，因此它是一个并联型稳压电路。电阻 R 是稳压管的限流电阻，是稳压电路中不可缺少的元件。稳压电路的输入电压 U_i 是整流、滤波电路的输出电压。

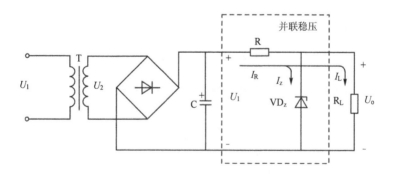

图 7.4-1　硅稳压管稳压电路

2．稳压原理

稳压管是利用调节流过自身电流的大小（端电压基本不变）来满足负载电流的改变，并与限流电阻配合将电流的变化转换成电压的变化，以适应电网电压的波动。

当电网电压波动或负载变化时，假设电路中输出电压 U_o 下降，则流过稳压二极管的反向电流 I_Z 也减小，导致通过限流电阻 R 上的电流也减小，这样使 R 上的压降 U_R 也下降，根据 $U_o=U_i-U_R$ 的关系，使输出 U_o 的下降受到限制，从而起到稳定输出电压的作用。上述过程可用渐变式表示为

$$U_o \downarrow \to I_Z \downarrow \to I_R \downarrow \to U_R \downarrow \xrightarrow{U_o=U_i-U_R} U_o \uparrow$$

3．稳压管的选择

（1）稳压管的稳定电压 U_Z。

由于稳压管在一般情况下与负载并联，所以其稳定电压应与负载直流电压相等，即

$$U_Z=U_o \tag{7.4-1}$$

（2）稳压管最大稳定电流 I_{Zmax}。

一般最大稳定电流为负载最大工作电流的两三倍，即保证负载开路、输出电压增加时，稳压管能稳压。

$$I_{Zmax}=（2\sim3）I_{Dmax} \tag{7.4-2}$$

4．电路特点

硅稳压管稳压电路结构简单，元器件少。但输出电压由稳压管的稳压值决定，不可随意调节，因此输出电流的变化范围较小，只适用于小型的电子设备中。

7.4.2 串联型稳压电路

1．串联型晶体管稳压电路及其稳压过程

在串联稳压法中，如果将晶体管代替图 7.4-1 中的 R，利用晶体管的变阻特性，就能构成串联型晶体管稳压电源，它具有输出电流大、内阻小、输出电压可调节、稳压性能好的特点，在电子线路中广泛应用。

最简单的串联型晶体管稳压电路如图 7.4-2 所示。这就是射极输出器电路。

图中 U_i 是经整流滤波后的输入电压，VT_1 为调整管，VD_Z 为硅稳压管，用稳定晶体管 VT_1 的基极电位 U_B，来作为稳压电路的基准电压；R_1 既是稳压管的限流电阻，又是晶体管 VT_1 的偏置电阻。

电路的稳压过程如下：

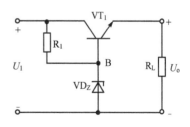

图 7.4-2 简单的串联型稳压电路

若电网电压变动或负载电阻变化使输出电压 U_o 升高，由于基极电位 U_B 被稳压管稳住不变，由图可知，$U_{BE}=U_B-U_E$，这样 U_o 升高时，U_{BE} 必然减小，VT_1 发射极电流 I_E 减小，晶体管管压降 U_{CE} 增大，促使输出电压 U_o 下降，达到输出电压保持不变的目的。上述稳压过程可用渐变式表示为

$$U_o\uparrow \rightarrow U_{BE}\downarrow \rightarrow I_B\downarrow \rightarrow I_E\downarrow \rightarrow U_{CE}\uparrow \rightarrow U_o\downarrow$$

2. 具有放大环节的串联式稳压电路

简单串联式稳压电路的稳压性能之所以差，是由于它只把输出电压的变化量反馈到调整管的基极，当输出电压的变化量很小时，它对调整管的控制作用是不明显的。为了提高稳压电路的稳压效果，通常采用具有放大环节的串联式稳压电路。

（1）具有放大环节的串联式稳压电路的结构。

具有放大环节的串联式稳压电路的结构，如图 7.4-3 所示。图中，VT_1 是调整管；VT_2 是取样放大管；R_1 是 VT_1 的偏置电阻，也是 VT_2 的集电极电阻；VS 是稳压二极管；R_2 是稳压二极管的限流保护电阻；RP 是取样兼输出电压的调节电位器；R_L 是负载；U_i 是来自整流滤波电路的待稳定电压；U_o 是稳压电路的输出电压；U_o' 是取样电压。

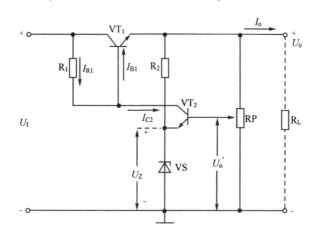

图 7.4-3　具有放大环节的串联式稳压电路的结构

（2）具有放大环节的串联式稳压电路的工作原理。

由图 7.4-4 可以看出，调整管 VT_1 与负载 R_L 是串联关系，所以

$$U_I=U_{CE1}+U_o \tag{7.4-3}$$

$$U_o'=U_{BE2}+U_Z \tag{7.4-4}$$

当交流电网电压或负载发生变化时，输出电压 U_o 就会有变化的趋势；此时，取样电压 U_o' 也会有相应的变化，这一变化电压恰好作用在取样管 VT_2 的基极。由于取样管的发射极电压已被稳压管 VS 固定，所以取样管发射结电压将发生变化。取样管发射结电压的变化将使其基极电流 I_{B2}、集电极电流 I_{C2}、集电极电压 U_{C2} 均发生相应的变化。由于取样管的集电极与调整管的基极连接在一起，所以调整管基极电压 U_{B1} 也要发生变化。而调整管基极电压的变化将引起调整管基极电流 I_{B1}、集电极电流 I_{C1} 和集电极—发射极电压 U_{CE1} 的变化。由于调整管与负载是串联关系，所以调整管集电极—发射极电压 U_{CE1} 的变化将使输出电压 U_o 发生变化，从而抵消了初始的变化趋势，实现了对输出电压的稳定。

① 当电网电压发生变化（如升高）时，输入电压 U_i 就会有相应的变化（升高），输出电

压的稳定过程可用渐变式表示

$U_I \uparrow \rightarrow U_o \uparrow \rightarrow U'_o \uparrow \rightarrow U_{BE2} \uparrow \rightarrow I_{C2} \uparrow \rightarrow U_{C2} \downarrow \rightarrow U_{B1} \downarrow \rightarrow I_{B1} \downarrow \rightarrow U_{CE1} \uparrow \rightarrow U_o \downarrow$（自动稳定输出电压）

② 当负载发生变化（例如 R_L 减小）时，输出电压的稳定过程可用渐变式表示

$R_L \downarrow \rightarrow U_o \downarrow \rightarrow U'_o \downarrow \rightarrow U_{BE2} \downarrow \rightarrow I_{C2} \downarrow \rightarrow U_{C2} \uparrow \rightarrow U_{B1} \uparrow \rightarrow I_{B1} \uparrow \rightarrow U_{CE1} \downarrow \rightarrow U_o \uparrow$（自动稳定输出电压）

（3）输出电压的调节。

① 具有放大环节的串联式稳压电路输出电压的调节。具有放大环节的串联式稳压电路输出电压的高低在一定范围内是可以调节的，这是它的优点，其调节过程可简述如下：

当需要将输出电压调高时，可将直流电压表并联在稳压电路的输出端，以便观察输出电压的变化。将输出电压调节电位器 RP 的滑动端适当向下移动，至输出电压合适。其调节原理可表示为

RP 向下调 $\rightarrow U'_o \downarrow \rightarrow U_{BE2} \downarrow \rightarrow I_{B2} \downarrow \rightarrow I_{C2} \downarrow \rightarrow U_{C2} \uparrow \rightarrow U_{B1} \uparrow \rightarrow I_{BE1} \uparrow \rightarrow U_{CE1} \downarrow \rightarrow U_o \uparrow$

同理，当需要将输出电压调低时，只要将输出电压调节电位器 RP 的滑动端适当向上移动即可。

② 输出电压的调节范围与输出电压的最佳值。通过上述分析可知，具有放大环节的串联式稳压电路的输出电压是可以调节的。那么，输出电压的调节范围是多少呢？输出电压的调节范围是：U_o 的上限是不能使调整管饱和（U_{CE1} 必须大于 4V），否则调整管将失去放大作用；U_o 的下限是输出电压必须高于稳定电压与取样管发射结电压之和。用公式表示为

$$U_I - 4 > U_o > U_Z + 0.7 \qquad (7.4\text{-}5)$$

输出电压 U_o 如果调节得不合适，稳压电路的稳压效果将下降。那么，输出电压 U_o 的最佳值是多少呢？一般说来，应该满足以下关系

$$U_o \approx \frac{2}{3} U_I \qquad U_o \approx 2U_Z \qquad (7.4\text{-}6)$$

例如，输出电压 $U_o=12V$ 的串联式稳压电路，输入电压 U_i 应 $\geqslant 18$ V，应选用稳压值 $U_Z \approx 6V$ 的稳压二极管。

（4）串联式稳压电路的改进。

上述具有放大环节的稳压电路虽稳压效果比简单串联式稳压电路有所提高，输出电压也可以调节，但是它的稳压效果还不是很好。在输出电流较大（例如大于 100mA）时，稳压效果仍然较差，为了提高它的负载能力，必须对它进行改进。

① 利用复合管做调整管。在图 7.4-3 所示电路中，I_{B1} 和 I_{C2} 均为毫安级电流；设 $\beta_1=100$，如果 $I_O=200$mA，则 $I_{B1} = 2$mA。当输出电流 I_o 增大到 1000mA 时，I_{B1} 必须增大到 10mA。由于 I_{C2} 的下降幅度有限，所以 I_{B1} 的增大将使流过 R_1 的电流发生变化，从而使 R_1 两端的电压 U_{R1} 发生变化，于是输出电压 U_o 就不稳定了。如果选用 $\beta_1=5000$ 的调整管，当输出电流 I_o 增大到 1000mA 时，则 I_{B1} 仅为 0.2mA。这时，I_{C2} 下降 0.2mA 是容易满足的，因而能使 U_{R1} 保持稳

定，则输出电压 U_o 也就稳定了。可见，输出电流较大的稳压电源，必须使用超高 β 值的三极管（复合管）做调整管。

② 如何使用复合管做调整管。以图 7.4-3 所示具有放大环节的串联式稳压电路为例，可选择一只 β 值较大（一般应选择 $\beta \geqslant 100$）的硅 NPN 型小功率三极管作调整管的激励管，将激励管与调整管顺向复合即可。改进的串联式稳压电路如图 7.4-4 所示。

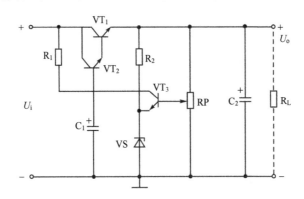

图 7.4-4　改进的串联式稳压电路

③ 增加滤波电容。为了提高稳压电路的质量，进一步减小输出电压的交流成分，可在电路中增加两只滤波电容器 C_1 和 C_2，使输出电压的交流成分减小到 5mV 以下，如图 7.4-5 所示。

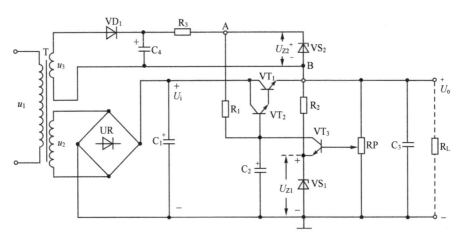

图 7.4-5　有上辅助电源的串联式稳压电路

a. 增加滤波电容器 C_1 的原理：由于激励管 VT_2 的基极电压取自未经稳压的 U_i，增加 C_1 后，可减小 VT_2 基极电压的交流成分，使输出电压的交流成分减少。

b. 增加滤波电容器 C_2 的原理：在稳压电路的输出端并联电容器 C_2，可进一步减小输出电压中的交流成分。

④ 给稳压电路加装"上辅助电源"。由图 7.4-4 可以看出，激励管 VT_2 的基极电压取自未经稳压的 U_i，所以该点的电源是不稳定的，这将直接影响输出电压的稳定性。为了进一步提高稳压电路的性能，可以给稳压电路加装"上辅助电源"。加装"上辅助电源"的方法如

图 7.4-5 所示。

在图 7.4-5 所示电路中，所加的"上辅助电源"，就是利用电源变压器的另一组二次绕组 u_3，再安装一套整流、滤波、稳压电路。VD_1 是整流二极管，C_4 是滤波电容器，VS_2 是稳压管，R_3 是稳压管的限流保护电阻，U_{Z2} 是稳压管 VS_2 的稳定电压。将 R_1 的上端与稳压管 VS_2 的上端（负极）相接，如图中 A 点所示；将调整管 VT_1 的发射极与稳压管 VS_2 的下端（正极）相接，如图中 B 点所示；这样，R_1 上端的电压就等于稳定的电源 "$U_{Z2}+U_o$" 了，而且仍能保证复合调整管 VT_1 和 VT_2 均工作在放大状态。

当然，上述改进的串联式稳压电路也不是最完美的稳压电路，随着电子技术工艺的发展，性能更加优异的集成稳压电路已经大量涌向市场，大有取代分立元件稳压电路的趋势。

7.5　集成稳压电路

集成稳压器具有体积小、使用方便、电路简单、可靠性高、调整方便等特点，近年来已得到广泛的应用。集成稳压器的类型很多，按工作方式可分为串联型、并联型和开关型，按输出电压类型可分为固定式和可调式。

7.5.1　三端集成稳压器的外形及应用

1. 三端集成稳压器的外形

三端固定集成稳压器的输出电压是固定的，且它只有三个接线端，即输入端、输出端及公共端。它分两个系列 W78××、W79××，如图 7.5-1 所示。W78×× 系列输出是正电压，W79×× 系列输出的是负电压。

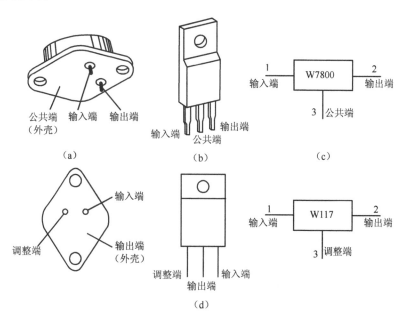

图 7.5-1　三端固定集成稳压器外形

2．三端集成稳压器的基本应用

W7800 系列为正电源输出，典型应用只需在输入端和输出端与地之间各并联一个电容即可。前者抵消较长输入线的电感效应，防止产生自激振荡。后者用于吸收负载突变所产生的电压抖动杂波。

W7900 系列为负电压输出，除功能电极位置有差异外与 W7800 系列的应用电路一致。图 7.5-2 是它们的基本应用电路。

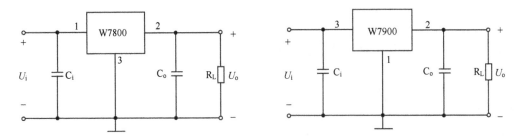

图 7.5-2　三端集成稳压器的基本应用电路

3．正负电源的实用电路

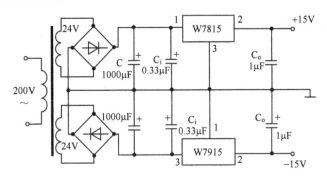

图 7.5-3　正负电源的实用电路

4．三端稳压器的扩展应用电路

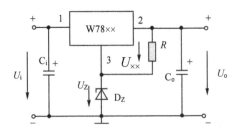

图 7.5-4　三端稳压器的扩展应用电路——提高输出电压

（1）提高输出电压的应用电路。如图 7.5-4 所示。

输出电压为

$$U_\mathrm{o} = U_{\times\times} + U_\mathrm{Z}$$

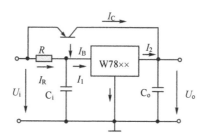

图 7.5-5　三端稳压器的扩展应用电路——提高输出电流

（2）扩大输出电流的电路。如图 7.5-5 所示。

一般 I_3 很小，则

$$I_2 \approx I_1 = I_R + I_B = -\frac{U_{BE}}{R} + \frac{I_C}{\beta}$$

5．输出电压可调的电路

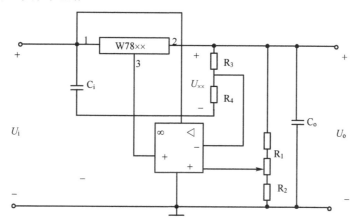

图 7.5-6　输出电压可调的电路

7.5.2　LM317 三端可调集成稳压器

生活中常用的直流稳压器，是由整流、滤波、稳压三部分电路所组成。如图 7.5-7 所示，这是一种输出电压连续可调的集成稳压电源，输出电压在 1.25～37V 连续可调，输出最大电流可达 1.5 A，可用于各种小电器供电。

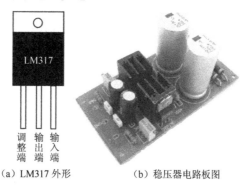

（a）LM317 外形　　　　　　（b）稳压器电路板图

图 7.5-7　LM317 外形及稳压器电路板图

图 7.5-8 所示，是集成稳压电源电路图。

LM317 输出电流为 1.5 A，输出电压在 1.25～37 V 连续可调，其输出电压由两只外接电阻 R_1、RP 决定，输出端和调整端之间的电压差为 1.25 V，这个电压将产生几毫安的电流，经 R_1、RP 到地，在 RP 上分得的电压加到调整端。通过改变 RP 就能改变输出电压。

注意，为了得到稳定的输出电压，流经 R_1 的电流小于 3.5 mA。VD_1 为保护二极管，防止稳压器输出端短路而损害 IC，VD_2 用于防止输入短路而损坏集成电路。

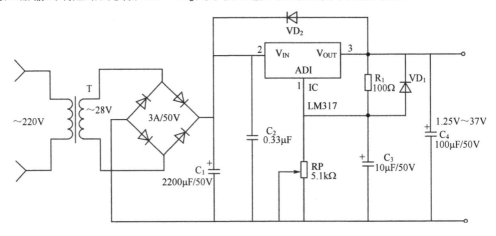

图 7.5-8　LM317 三端可调集成稳压器

技能训练　串联型稳压电源

一、技能训练目的

掌握串联型稳压电源的安装、调整及性能测试的方法。

二、技能训练电路

技能训练电路如图实 7-1 所示。图中，R_3 和 R_4 是为了技能训练安全而设置的。在实际应用中，可将取样电位器 RP 取值为 2.7～3.3 kΩ，并将 RP 的滑动端置中间位置，即可省掉 R_3 和 R_4。

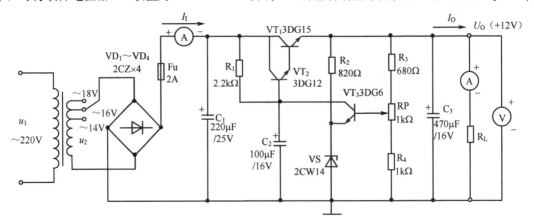

图实 7-1　技能训练 7 电路

三、技能训练步骤

1. 安装与调试

① 按图实 7-1 所示安装元器件。电位器 RP 的滑动端应置中间位置，u_2 接在交流 16 V 端，暂时不接负载电阻 R_L。调整管 VT_1 应紧固在散热片上，以利于散热。安装元器件时，要防止散热片与其他元件相碰撞，以免损坏。

② 元器件安装完后，要认真进行检查。确认无误后，接入交流 220V 电源。此时，输出电压 U_o 应有一定数值（约为 12 V），而且在调节电位器 RP 时，输出电压 U_o 应有所变化。如果不正常，应立即切断电源，进行检查。故障排除后，再继续做下面的实验。

③ 在输入交流电压 $u_2=16V$、$R_L=\infty$（不接负载）的情况下，调节电位器 RP，使输出电压 $U_o=12V$。按表实 7-1 所列要求进行测量，并将结果记入表中。

2. 稳压性能技能训练

稳压性能可用下式计算：

$$稳压性能 = \frac{\left| U_o - 12 \right|}{12} \times 100\%$$

式中，U_o 是实测的输出电压值。

（1）改变负载电流。

① 输入交流电压为 16 V，调节电位器 RP，使空载时输出电压为 12 V。

② 在输出端，分别接入 36Ω、24Ω、12Ω 负载（10W 线绕电阻）。按表实 7-2 所列要求进行测量，并按给出的公式计算稳压性能，将测量及计算结果记入表中。

（2）改变输入交流电压。

① 当输入交流电压为 16 V、R_L 为 24 Ω 时，调节电位器 R_P，使输出电压为 12 V。

② 改变输入交流电压为 18 V、14 V，按表实 7-3 所列要求进行测量，并将测量及计算结果记入表中。

（3）测量交流纹波电压。

① 交流纹波电压是输出电压中所包含的交流电压成分，应利用交流毫伏表并联在 R_L 两端进行测量。

② 测量输入交流电压 u_2 为 16 V、负载 R_L 分别为 36 Ω、24 Ω、12 Ω 时的交流纹波电压，将结果记入表实 7-4 中。

（4）测量稳压电源的效率。

稳压电源的效率可用下式计算：

$$\eta = \frac{U_o \times I_o}{U_i \times I_i} \times 100\%$$

式中，U_i 为输入电压，即电容器 C_1 两端的电压；I_i 为输入电流。

按表实 7-5 的要求进行测量，将测量及计算结果记入表中。

四、技能训练记录

表实 7-1 稳压电路的工作点（u_2=16 V，R_L=∞，U_o=12 V）

C_1 两端电压	稳压管电压	调整管 VT$_1$		激励管 VT$_2$		取样管 VT$_3$	
U_{C_1}/V	U_Z/V	U_{CE1}/V	U_{BE1}/V	U_{CE2}/V	U_{BE2}/V	U_{CE3}/V	U_{BE3}/V

表实 7-2 改变负载时的稳压性能（u_2=16 V）

负载 R_L/Ω	C_1 两端电压 U_{C_1}/V	调整管 VT$_1$ U_{CE1}/V	激励管 VT$_2$ U_{CE2}/V	取样管 VT$_3$ U_{CE3}/V	输出电压 U_o/V	稳压性能/%
36						
24						
12						

表实 7-3 改变输入电压时的稳压性能（u_2=16 V，R_L=24 Ω，U_o=12V）

输入交流电压 u_2/V	C_1 两端电压 /V	调整管 U_{CE1}/V	激励管 U_{CE2}/V	取样管 U_{CE3}/V	输出电压 U_o/V	稳压性能/%
18						
14						

表实 7-4 测量交流纹波电压（u_2=16 V）

负载 R_L/Ω	36	24	12
交流纹波电压/mV			

表实 7-5 稳压电源的效率（U_o=12 V，R_L=24 Ω）

交流输入电压 u_2/V	输入电流 I_I/mA	C_1 两端电压 U_I/V	输出电流 I_o/mA	效率 η/%
14				
16				
18				

五、技能训练习题

（1）根据前面的技能训练，以负载 R_L 变小为例，用增大（↑）或减小（↓）符号，将变化情况填入括号内，以表明稳压电路的工作过程。如根据不足，可进行实际测量，再进行判断。

当 R_L↓ → I_o（ ）→ U_o（ ）→ U_{B3}（ ）→ U_{BE3}（ ）I_{C3}（ ）→ U_{C3}（ ）→ U_{B2}（ ）→ U_{CE1}（ ）→ U_o（ ），使输出电压基本保持不变。

（2）电容器 C_2、C_3 的大小对稳压电源输出的交流纹波电压有何影响？应如何进行验证？

（3）图实 7-2 所示稳压电源是否有错误？试指出错处并予以改正。

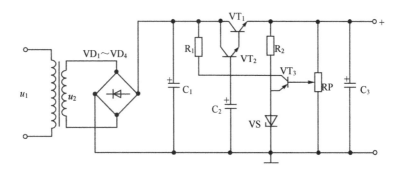

图实 7-2　技能训练习题 3 图

 本章小结

1. 造成电源电压不稳定的因素主要有：电网电压产生的波动和整流滤波电路存在内阻，因此，当负载电流变化时，输出电压随之变化；此外，当环境温度变化时，也要影响元器件的参数，从而使输出电压产生漂移。

2. 一个完整的直流稳压电路是由变压器、整流电路、滤波电路和稳压电路组成。

3. 将交流电变成直流电的过程称为整流。根据电路结构，单相整流电路有半波整流、全波整流和桥式整流三种类型。

4. 滤波电路可以滤除脉动直流电中的交流成分，常用的滤波电路有电容滤波、电感滤波、Γ 型滤波和Π型滤波等几种类型。

5. 稳压管稳压电路是利用稳压管工作在反向击穿状态时，电流 I_Z 有较大的变化范围，而稳压管两端的电压 V_Z 基本不变的原理进行稳压。

6. 在串联式稳压电路中，输出电压的稳定过程是：取样电路取得输出电压的变化量并与基准电压相比较，把比较结果送往调整管，通过调整 U_{CE}，稳定输出电压。与硅稳压管稳压电路相比，串联稳压电路具有输出电压可连续调节、可承受较大的负载电流、稳压性能好等优点，但其电路较复杂。

7. 集成稳压电源稳压性能好、体积小、使用方便，它的应用范围越来越广。W7800 为正稳压电路，W7900 为负稳压电路，有 ±5～±24V 等多种固定输出电压。

 习题

一、填空题

1. 稳压电路使直流输出电压不受_____或_____的影响。

2. 硅稳压二极管是一种具有_____作用的特殊晶体二极管，它可组成稳压电路。这种电路适用于对负载电流要求_____，对电压稳定度要求_____的场合。

3. 硅稳压二极管的稳压电路中，硅稳压二极管必须与负载电阻_____。限流电阻不仅有_____作用，也有_____作用。

4. 一只 2DW7 稳压二极管的稳定电压为 6V，和一只 2CZ52B 晶体二极管反向串联后可作稳压管使用，使稳定电压为_____。

5. 若有一只稳压二极管和一只锗晶体二极管，用万用表欧姆挡测量正向电阻：A 管为 4kΩ，B 管为 30Ω，则_____管为稳压二极管。

6. 具有放大环节的串联型稳压电路在正常工作时，调整管处于_____工作状态。若要求输出电压为 18 V，调整管压降为 6 V，整流电路采用电容滤波，则电源变压器二次绕组电压有效值应为_____V。

二、选择题

7. 在单相半波整流电路中，如果负载电流为 10 A，则流经整流晶体二极管的电流为（　　　）。

　　A. 4.5A 　　　　　　　　B. 5A 　　　　　　　　C. 10A

8. 在单相桥式整流电路中，若电源变压器二次电压为 100V，则负载电压为（　　　）。

　　A. 45V 　　　　　　　　B. 50V 　　　　　　　　C. 90V

9. 在电源变压器二次电压相同的情况下，桥式整流电路输出电压是半波整流电路的（　　　）倍。

　　A. 2 　　　　　　　　　B. 0.45 　　　　　　　　C. 0.5

10. 在整流电路的负载两端并联一只电容，其输出波形脉动的大小，将随着负载电阻和电容量的增加而（　　　）。

　　A. 增大 　　　　　　　　B. 减小 　　　　　　　　C. 不变

11. 某整流电路，$u_2 = 10V$，$I_L = 10mA$，现有一只整流二极管损坏，代用管可采用（　　　）。

　　A. 额定电流为 4mA 的整流管

　　B. 稳定电压为 15V 的稳压管

　　C. 额定功耗 5mW 的整流管

12. 在带电容滤波的单相桥式整流电路中，如果电源变压器二次电压为 100V，则负载电压为（　　　）。

　　A. 100V 　　　　　　　　B. 120V 　　　　　　　　C. 90V

13. 有两个 2CW15 稳压二极管，一个稳压值是 8V，另一个稳压值为 7.5V，若把它们用不同的方式组合起来，可组成（　　　）种不同稳压值的稳压管。

　　A. 1 　　　　　　　　　B. 2 　　　　　　　　　C. 5

14. 用一只伏特表测量一只接在电路中的稳压二极管（2CW13）的电压，读数只有 0.7V，这种情况表明该稳压二极管（　　　）。

　　A. 工作正常 　　　　　　B. 接反 　　　　　　　　C. 处于击穿状态

15. 在单相桥式整流电路中，设电源变压器二次电压的有效值为 u_2，则每只整流二极管所承受的最高反向电压为（　　　）。

　　A. $2u_2$ 　　　　　　　　B. u_2 　　　　　　　　C. $u_2/2$

16. 在单相桥式整流电路中，如果一只整流二极管接反，则（　　　）。

　　A. 将引起电源短路 　　　B. 将成为半波整流电路 　　C. 仍为桥式整流电路

三、问答题

17. 比较半波、全波、桥式整流电路的优、缺点。

18．为什么在整流电路后面加装滤波电容后会使输出电压升高？

19．桥式整流滤波电路如图 7.3-4 所示，该电路使用几年后，发现输出电压降低了。可能是哪个元件出了问题？出了什么问题？应如何处理？

四、分析计算题

20．在题图 1 所示整流滤波电路中，变压器二次绕组电压有效值为 10V。试回答问题：

（1）试求输出直流电压。

（2）在电路图中标出滤波电容器 C 的极性，并指出：如果电容器 C 的极性接反，会出现什么问题？

（3）如电源变压器 T 的中心抽头与整流电路断开，输出电压有何变化？

（4）若 VD_1 发生短路、断路，会出现什么后果？

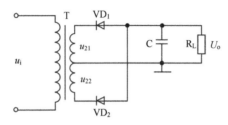

题图 1　习题 20 图

21．在如题图 2 所示电路的空缺处填入二极管，使其成为正确的桥式整流电路。

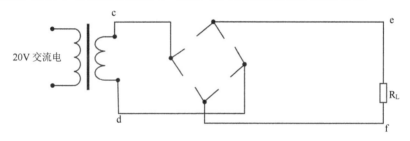

题图 2　习题 21 图

22．整流滤波电路如题图 3 所示，试回答问题：

（1）输出电压 u_o 约为多少？标出 u_o 的极性及电解电容 C 的极性。

（2）如果整流二极管 VD_2 虚焊，u_o 是否是正常情况下的一半？如果变压器中心抽头地方虚焊，这时还有输出电压吗？

（3）如果把 VD_2 的极性接反，是否能正常工作？会出现什么问题？

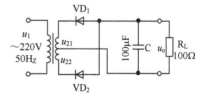

题图 3　习题 22 图

（4）如果 VD_2 因过载损坏造成短路，又会出现什么问题？

（5）如果输出端短路会出现什么问题？

（6）用具有中心抽头的变压器可否同时得到一个对地为正、一个对地为负的电源？

综合实训 直流稳压电源与充电电源的组装与调试

【实训目的】

1. 熟悉直流稳压电源与充电电源整机的组成及工作原理；

2. 通过对电源的安装、焊接及调试，了解电子产品的生产制作过程；

3. 熟悉常用电子器件的类别、型号、规格、性能及其使用范围，能查阅有关的电子器件资料；

4. 掌握电子元器件的检测方法，并且能够熟练使用万用表；

5. 学会利用工艺文件独立进行整机的装焊和调试，并达到产品质量要求；

6. 能按照行业规程要求，撰写实训报告；

7. 训练动手能力，培养职业道德和职业技能，培养严谨细致的科学作风；

8. 通过实训，提高学生分析问题、解决问题的能力，同时培养学生的团队合作意识。

【实训要求】

1. 分析并读懂直流稳压电源与充电电源电路图。

2. 对照电路原理图看懂接线电路图。

3. 认识电路图上的符号，并与实物相对照。

4. 根据技术指标测试各元器件的主要参数。

5. 按照元器件的摆放、焊接工艺，认真、细心地安装焊接。

6. 按照技术要求进行调试。

【实训器材】

1. ZX2052 型直流稳压电源及充电器套件　　　　　1 套

2. MF47 型万用表　　　　　　　　　　　　　　　1 块

3. 电烙铁　　　　　　　　　　　　　　　　　　　1 把

4. （尖嘴/偏口）钳　　　　　　　　　　　　　　　1 把

5. 镊子   1 把

6. 焊锡   若干

7.（大/小/十字/一字）螺丝刀   1 把

实训项目一 直流稳压电源与充电电源套件的清点

【实训目的】

1. 了解直流稳压电源与充电电源的作用及工作原理；

2. 熟悉常用元器件的类别、型号、规格、性能及其使用范围，能查阅有关的元器件资料。

【实训内容及过程】

一、《直流稳压电源与充电电源》的电路原理图

如图 8-1 所示，该电路是中夏牌 ZX2052 型直流稳压电源及充电器的电路原理图。

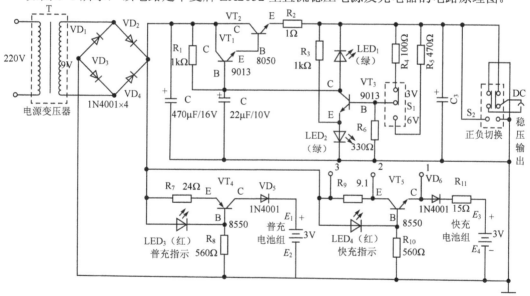

图 8-1 电路原理图

二、直流稳压电源与充电器的功能、主要参数及工作原理

1. 功能、主要参数

直流稳压电源由晶体管稳压、恒流充电、过载保护、直流稳压四部分组成。稳压电源输出为直流 3 V、6 V；最大输出电流为 500 mA；正、负极任意转换，可作为收音机、录音机等小型电器的外接电源。左通道（E_1、E_2）充电电流 50～60 mA（普通充电）；右通道（E_3、E_4）充电电流 110～130 mA（快速充电器），两通道可以同时使用，各可充 5 号或 7 号电池两

节（串接）。稳压电源和充电器可以同时使用，只要两者电流之和不超过 500 mA。

2．工作原理

220V/50Hz 市电通过插头进入电源变压器 T 的一次绕组，经变压后输出 9 V 的交流低压，再经 VD_1～VD_4 桥式整流、电容 C_1 滤波后，得到+11 V 左右的直流电压，然后该电压分为两路：一路送至恒流源充电电路，VT_4、VT_5 及外围元件组成两路完全相同的恒流源。以 VT_4 单元电路为例，由桥式整流电路输出的直流经过电阻 R_7 后，在 VT_4 集电极产生压降，对电池进行普充。LED_3 兼做稳压与充电指示灯双重作用；VD_5 为隔离二极管，可防止电池极性接反。快充部分原理与普充电路原理相同，但由于 R_9 阻值比 R_7 阻值小，而桥式整流电路输出电压一定，因此在快充电路产生的电流大。另一路送至串联型稳压电路，串联型稳压电路由 VT_1～VT_3 及外围元件组成。其中 VT_1、VT_2 组成复合管完成调整电路，LED_2 为发光二极管同时又有稳压管的作用，提供基准电压，R_3 是它的限流电阻，它们在一起组成稳压电路的基准电路。电阻 R_4、R_5 和 R_6 组成分压器，是把输出电压的变化量取出一部分，加到由 VT_3 组成的放大器的输入端，作为取样电路。VT_3 为比较放大管，R_1 是它的集电极负载电阻，也是 VT_2 的基极偏置电阻。R_2 及 LED_1 组成过载及短路保护电路，LED_1 兼做过载指示。输出过载（输出电流增大）时 R_2 上压降增大，当增大到一定数值后 LED_1 导通，使调整管的基极电流不再增大，限制了输出电流的增加，起到了限流保护的作用。C_2、C_3 是滤波电容。

S_1 为输出电压选择开关，S_2 为输出电压极性转换开关。

三、按材料清单清点全套零件

本机所有元器件清单见表 8-1。

表 8-1　中夏牌 ZX2052 型直流稳压电源及充电器电路元件表

序　号	名称和型号规格			位　号	数　量
1	机壳（上下壳、旋钮、推挚）				1 套
2	电池片（正极片：4 个；5、7 号负极片：8 个）				1 套
3	电路板				1 块
4	电源插头输入线　1 m				1 根
5	十字插头输出线　0.8 m				1 根
6	热塑套管　2 cm				2 根
7	直脚开关（1×2；2×2）			S1、S2	2 个
8	自攻螺丝　φ3×6（2 个）；φ3×8（3 个）				5 个
9	功能指示不干胶　2 孔				1 张
10	产品型号不干胶　30×46				1 张
11	装配说明书				1 份
12	电	棕黑红金	1kΩ	R_1、R_3	2 个
		棕黑金金	1Ω	R_2	1 个
		棕黑棕金	100Ω	R_4	1 个
	阻	黄紫棕金	470Ω	R_5	1 个

续表

序　号		名称和型号规格	位　号	数　量
		橙橙棕金　　330Ω	R_6	1 个
		红黄黑金　　24Ω	R_7	1 个
		绿蓝棕金　　560Ω	R_8、R_{10}	2 个
		白棕金金　　9.1Ω	R_9	1 个
		棕绿黑金　　15Ω	R_{11}	1 个
13	电容	C_1：470μF/16V		1 个
		C_2：22μF/10V		1 个
		C_3：100μF/10V		1 个
14	二极管	1N4001		6 个
		$\phi 3$ 绿色（超长脚）		2 个
		$\phi 3$ 红色（超长脚）		2 个
15	晶体管	9013（2 个）；8050（1 个）；8550（2 个）		5 个
16	电源变压器	交流 220V/9V	T	1 个

实训项目二　直流稳压电源与充电电源元器件的检测

【实训目的】

1. 熟练使用万用表检测元器件；
2. 能够正确识别和选用常用的电子器件。

【实训过程】

一、元器件的检测

1. 电阻的测量

（1）测量方法及注意事项。

① 选择合适的倍率。在欧姆表测量电阻时，应选适当的倍率，使指针指示在中值附近。最好不使用刻度左边三分之一的部分，因为这部分刻度比较密集。

② 使用前要调零。如果指针仍然达不到 0 位，这种现象通常是由于表内电池电压不足造成的，应换上新电池即可准确测量。还应注意换挡调零。

③ 不能带电测量。

④ 被测电阻不能有并联支路。测量电阻时，不要用手触及元件裸体的两端（或两支表笔的金属部分），以免人体电阻与被测电阻并联，使测量结果不准确。

⑤ 测量晶体管、电解电容等有极性元件的等效电阻时，必须注意两支表笔的极性。

⑥ 用万用表不同倍率的欧姆挡测量非线性元件的等效电阻时，测出电阻值是不相同的。这是由于各挡位的中值电阻和满度电流各不相同所造成的。机械表中，一般倍率越小，测出的阻值越小。万用表测量电阻的方法，如图 8-2 所示。

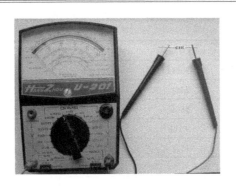

图 8-2 电阻的测量

（2）电阻器的故障。

由于生产中存在的问题或在高度潮湿的地区使用了若干年，电阻可能会出现故障。但是大多数的电阻器故障是由电路故障或雷电/电源冲击引起的，如图 8-3 所示。

烧坏的电阻　　　烧断的电阻　　　有裂纹的电阻

图 8-3 有故障的电阻

如果电阻烧坏，很可能由以下原因引起：

① 电路板或线路短路（可能因为洒上了水等液体）；

② 电容器短路或漏电；

③ 晶体管、二极管或集成电路短路；

④ 电源冲击或避雷针损坏。

如果碳质电阻在长时间里逐渐变得过热，电阻值会降低。如果因为电路短路而快速烧断，电阻可能会冒烟，变为开路。事实上，可能只出现一块黑色烧焦的地方，电阻的两个脚不再连通。大多数电阻很少出现间歇性故障，通常是绕线电阻会出现间歇性故障。有间歇性故障的电阻一般看上去很正常，但是如果出现裂痕，就要更换。

（3）电阻的使用常识。

① 要根据电路的要求选择电阻的种类和误差。在一般的电路中，采用误差在 10%～20% 的电阻就行了。

② 为提高设备的可靠性，延长使用寿命，应选用额定功率大于实际消耗功率的 1.5～2 倍。

③ 电阻在装入电路之前，要用万用表测量它的阻值。安装时，应将电阻标称值标识朝上，且标识顺序一致，以便于观察、核实。

④ 焊接电阻时，烙铁停留时间不宜过长。

⑤ 电路中如需串联或并联电阻来获得所需阻值时，应考虑其额定功率。阻值不同的电阻串联时，额定功率取决于高阻值电阻。并联时，取决于低阻值电阻，且需计算后方可应用。

（4）练习识别和测量电阻器

① 认识不同类型的电阻器。

② 能够准确读出电阻器的阻值。

③ 选择合适量程，准确测量电阻值。

④ 利用万用表判断电阻器的好坏。

⑤ 将电阻的标称值、选择挡位、测量值、计算后的误差值，填写在表 8-2 中。

表 8-2　电阻的测量结果

电　阻	色　环	标 称 值	挡　位	测 量 值	误　差
R_1、R_3	棕黑红金				
R_2	棕黑金金				
R_4	棕黑棕金				
R_5	黄紫棕金				
R_6	橙橙棕金				
R_7	红黄黑金				
R_8、R_{10}	绿蓝棕金				
R_9	白棕金金				
R_{11}	棕绿黑金				

2. 电容器的测量

（1）固定电容器的检测。

① 检测 10pF 以下的小电容。测量时，选用万用表 R×10k 挡，用两表笔分别任意接电容的两个引脚，阻值应为无穷大。若测出阻值（指针向右摆动）为零，则说明电容漏电损坏或内部击穿。

② 检测 10pF 以上的电容器。万用表选用 R×1k 或 R×100 挡，直接测试电容器有无充电过程以及有无内部短路或漏电情况。

（2）电解电容器的检测

① 因为电解电容的容量较一般固定电容大得多，所以，测量时，应针对不同容量选用合适的量程。

一般情况下，1～47μF 的电容，可用 R×1k 挡测量；大于 47μF 的电容可用 R×100 挡测量。

② 将万用表红表笔接负极，黑表笔接正极，在刚接触的瞬间，万用表指针即向右偏转较大偏度（对于同一电阻挡，容量越大，摆幅越大），接着逐渐向左回转，直到停在某一位置。此时的阻值便是电解电容的正向漏电电阻，此值略大于反向漏电电阻。电解电容的漏电电阻一般应在几百千欧以上，否则，将不能正常工作。

在测试中，若正向、反向均无充电现象（即表针不动），则说明容量消失或内部断路；如果所测阻值很小或为零，说明电容漏电大或已击穿损坏，不能再使用。

③ 对于正、负极标志不明的电解电容器，可利用上述测量漏电阻的方法加以判别，即先任意测一下漏电阻，记住其大小，然后交换表笔，再测出一个阻值。两次测量中阻值大的那一次便是正向接法，即黑表笔接的是正极，红表笔接的是负极。

④ 使用万用表电阻挡，采用给电解电容进行正、反向充电的方法，根据指针向右摆动

幅度的大小，可估测出电解电容的容量。

（3）用万用表对电容器进行检测时应注意以下几点。

① 不论对电容器进行漏电电阻的测量，还是短路、断路的测量，在测量过程中要注意手不能同时碰触两根引线。

② 由于电容器在测量过程中要有充、放电的过程，故当第一次测量后，必须要先放电(用万用表表笔将电容器两引线短路一下即可)，然后才可进行第二次测量。

③ 对在路电容器进行检测时，必须弄清所在电路的其他元器件是否影响测量结果，一般情况下应尽量不采用在路测量。

（4）练习识别和测量电容器。

① 认识不同类型的电容器。

② 能够准确读出电容器的阻值。

③ 利用万用表，选择合适量程，判断电容器的好坏。

④ 将测量结果填入表 8-3 中。

表 8-3　其他元件的测量结果

名　称	型号规格	测量结果	位　号	备　注
二极管	1N4001		$VD_{1\sim6}$	
发光二极管	$\phi3$ 绿色		LED_1、LED_2	
	$\phi3$ 红色		LED_3、LED_4	
三极管	9013		VT_1、VT_3	
	8050		VT_2	
	8550		VT_4、VT_5	
电解电容	470μF/16V		C_1	
	22μF/10V		C_2	
	100μF/10V		C_3	
电源变压器	交流 220V/9V		T	

3．电感器的测量

为防止变压器一次绕组与二次绕组之间短路，要测量变压器一次绕组与二次绕组之间的电阻。输出、输入变压器注意区分初级，可通过测量线圈内阻来进行区分。

用万用表的欧姆挡，测量电感线圈的直流电阻 R，并与其技术指标相比较；若阻值比规定的阻值小很多，则说明线圈存在局部短路或严重短路情况；若阻值很大或表针不动，则表示线圈存在断路。将测量结果填入表 8-3 中。

4．二极管的检测

（1）二极管极性判断。

① 普通二极管外壳上一般标有极性，如用箭头、色点、色环或管脚长短等形式做标记。箭头所指方向或靠近色环的一端为阴极(-)，有色点或长管脚为阳极(+)。

② 用万用表的 R×1k 挡（或 R×100 挡），两表笔分别接触二极管两个电极，如果二极

管导通，表针指在 10kΩ左右（5～15kΩ）；两表笔对调后再次接触两个电极，表针不动，则二极管导通时黑表笔一端为正极，红表笔一端为负极，如图 8-4 所示。

（2）二极管好坏的判断。

用万用表检测二极管时，当有下列现象之一者，则二极管损坏或不良。

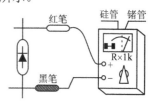

① 两表笔正、反向测量时，表针均不动——开路；

② 两表笔正、反向测量时，阻值均很小或为 0Ω——短路；

③ 正向测量正常，反向测量时，阻值较小——反向漏电流大。

图 8-4　二极管的测量

注意：检测的二极管，正、反向电阻阻值差越大，说明管子的质量越好。

（3）发光二极管的检测。

发光二极管和普通二极管一样具有单相导电性，正向导通时才能发光。发光二极管出厂时，通常较长的引线表示阳极（+），另一根为阴极（−）。若辨别不出引线的长短，则可以用普通二极管管脚的方法来辨别其正负极。

利用具有 R×10k 挡的指针式万用表，可以大致判断发光二极管的好坏。

正常时，发光二极管正向电阻阻值为几十千欧至 200kΩ，反向电阻阻值为∞。如果正向电阻阻值为 0 或为∞，反向电阻阻值很小或为 0，则易损坏。

（4）练习识别和测量二极管。

① 认识不同类型的二极管。

② 利用万用表，选择合适量程，判断二极管的好坏。

③ 将测量结果填入表 8-3 中。

5．晶体管的检测

（1）判别晶体管的类型。

晶体管的管脚必须正确确认，否则，接入电路不但不能正常工作，还可能烧坏管子。

① 先判断基极 B 和晶体管类型。将万用表欧姆挡置 R×100（或 R×1k）处，先假设晶体管的某极为基极，并将黑表笔接在假设的基极上，再将红表笔先后接到其余两个电极上，如果两次测得的电阻值都很大（或都很小），约为几千欧至几十千欧（或约为几百欧至几千欧），而对换表笔后测得两个电阻值都很小（或都很大），则可确定假设的基极是正确的。

如果两次测得的电阻值是一大一小，则可肯定原假设的基极是错误的，这时就必须重新假设另一电极为基极，再重复上述的测试。最多重复两次就可以找出真正的基极。

当基极确定以后，将黑表笔接基极，红表笔分别接其他两极。此时，若测得的电阻值都很小，则该晶体管为 NPN 型管；反之，为 PNP 型管。

② 再判断集电极 C 和发射极 E。以 NPN 型管为例，把黑表笔接到假设的集电极 C 上，红表笔接到假设的发射极上，并且用手捏住 B 和 C（不能使 B、C 直接接触），如图 8-5 所示。通过人体，相当于在 B、C 之间接入偏置电阻。读出表头所示 C、E 间的电阻值，然后将红

黑两表笔反接重测。若第一次测得的电阻值比第二次的小，说明原假设成立，黑表笔所接为晶体管集电极 C，红表笔所接为晶体管发射极 E，因为 C、E 间电阻值小正好说明通过万用表的电流大，偏置正常。

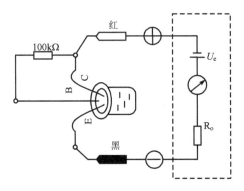

图 8-5　判断晶体管 C、E 极

（2）练习识别和测量晶体管。

① 认识不同类型的晶体管。

② 利用万用表，选择合适量程，判断晶体管的极性及好坏。

③ 将测量结果填入表 8-3 中。

6．开关和插头

用万用表的电阻挡测量开关和插头的连接状态。

实训项目三　直流稳压电源与充电电源的组装

【实训目的】

1．了解电烙铁的结构及正确使用方法；

2．能够做到元件摆放、焊接美观，符合工艺要求；

3．能够按照电工电子的行业规程进行操作，做到安全用电。

【实训内容及过程】

1．电烙铁

在电子制作中，元器件的连接处需要焊接时，使用最普遍、最方便的焊接工具是电烙铁。常用的电烙铁有外热式和内热式两种，如图 8-16 所示。

外热式电烙铁有 25W、30W、45W、75W、100W、150W、200W 和 300W 等多种规格。它适用于焊接大型元器件和零部件，也适用于焊接小型元器件。由于外热式烙铁头是插在传热筒里边的，电阻丝发出的热量大部分散发到空间中，因此加热效率低，烙铁头加热比较缓慢；再有烙铁头体积较大，所以焊接小型元件时，不太方便，人们通常使用内热式电烙铁。

（a）外热式

（b）内热式

图 8-6　电烙铁

内热式电烙铁有 25W、35W、50W 等规格。与外热式电烙铁不同的是，内热式电烙铁的发热器装置于烙铁头空腔内部。由于发热器是在烙铁头内部，热量能完全传到烙铁头上。

内热式电烙铁的特点是热得快，加热效率高，加热时间短，而且它的体积小、重量轻、耗电省、使用灵巧。非常适用于小型电子器件和印制电路板的焊接。我们最常使用的是 30W 内热式电烙铁。

新烙铁使用前，应用细砂纸将烙铁头打光亮，通电烧热，蘸上松香后用烙铁头刃面接触焊锡丝，使烙铁头上均匀地镀上一层锡。这样做，可以便于焊接和防止烙铁头表面氧化。

旧的烙铁头如严重氧化而发黑，可用钢锉锉去表层氧化物，使其露出金属光泽后，重新镀锡，才能使用。

电烙铁要用 220V 交流电源，使用时要特别注意安全。应认真做到以下几点：

① 电烙铁插头最好使用三相插头。要使外壳妥善接地。

② 使用前，应认真检查电源插头、电源线有无损坏。并检查烙铁头是否松动。

③ 电烙铁使用中，不能用力敲击。要防止跌落。烙铁头上焊锡过多时，可用布擦掉。不可乱甩，以防烫伤他人。

④ 电烙铁使用过程中不宜长时间空热，以免铁头被"烧死"和电热丝加速氧化而被烧断。

⑤ 焊接过程中，烙铁不能到处乱放。不焊时，应放在烙铁架上。注意电源线不可搭在烙铁头上，以防烫坏绝缘层而发生事故。

⑥ 使用结束后，应及时切断电源，拔下电源插头。冷却后，再将电烙铁收回工具箱。

2．镊子

镊子，如图 8-7 所示。它的用途是夹取较小的零部件。其使用方法是用大拇指和食指控制镊子的松紧。在焊接过程中，镊子起到固定被焊物件和帮助元件散热的作用。在选择镊子时，要求镊子弹性要好。

3．焊锡

图 8-7　镊子外形

焊锡是焊接的主要用料。焊接电子元器件的焊锡实际上是一种锡铅合金，不同的锡铅比例焊锡的熔点温度不同，一般为 180～230℃。手工焊接中最适合使用的是管状焊锡丝，焊锡丝中间夹有优质松香与活化剂、熔点较低，使用起来极为方便。管状焊锡丝有 0.5、0.8、1.0、1.5 等多种规格，可以方便地选用，如图 8-8（a）所示。

（a）焊锡

（b）松香

图 8-8　焊锡和松香

4．助焊剂

常用的助焊剂是松香或松香水（将松香溶于酒精中），如图 8-8（b）所示。使用助焊剂，可以帮助清除金属表面的氧化物，利于焊接，又可保护烙铁头。焊接较大元件或导线时，也可采用焊锡膏。但是，焊锡膏有一定的腐蚀性，焊接后应及时清除残留物。

5．焊接技术

手工焊接是以焊锡作焊料，在一定温度下焊锡熔化，金属焊件与锡原子之间相互吸引、扩散、结合，形成浸润的结合层。因为印制板铜铂和元器件引线的表面都有很多微小的凹凸间隙，液态的锡借助于毛细管吸力沿焊件表面扩散，形成焊锡与焊件的浸润，把元器件与印制板牢固地黏合在一起，而且具有良好的导电性能。

（1）电烙铁的拿法。

手工焊接握电烙铁的方法，有正握、反握及握笔法三种，如图 8-9 所示。焊接元器件及维修电路板时以握笔法较为方便。

（2）焊接步骤。

焊接步骤如图 8-10 所示。

① 准备。准备好被焊元件，电烙铁加热到工作温度，烙铁头保持干净并吃好锡，一手握好电烙铁，一手拿好焊锡丝，电烙铁与焊料分别位于被焊元件两侧。

（a）正握法

（b）反握法

（c）握笔法

图 8-9　电烙铁的拿法

② 加热。烙铁头接触被焊元件（元件引脚和焊盘）使其均匀受热，一般让烙铁头扁平部分接触热容量较大的焊件，以保证焊件均匀受热。

③ 加焊丝。当元件被焊部位升温到焊接温度时，送上焊锡丝并与元件焊点部位接触，熔化并润湿焊点。焊锡应从电烙铁对面接触焊件。送锡要适量，一般以有均匀、薄薄的一层焊锡，能全面润湿整个焊点为佳。如果焊锡堆积过多，内部就可能掩盖着某种缺陷隐患，而且焊点的强度也不一定高；但焊锡如果填充得太少，就不能完全润湿整个焊点。

④ 移去焊料。熔入适量焊料后，迅速移去焊锡丝。

⑤ 移开电烙铁。移去焊料后，在助焊剂还未挥发完之前，迅速移去电烙铁，否则将留下不良焊点。电烙铁撤离方向与焊锡留存量有关，一般应与轴向成45°的方向撤离。撤掉电烙铁时，应往回收，回收动作要迅速、熟练，以免形成拉尖；收电烙铁的同时，应轻轻旋转一下，这样可以吸除多余的焊料。

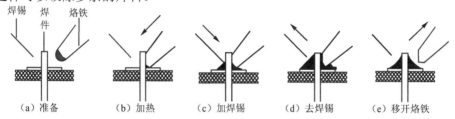

图 8-10　焊接步骤

焊接完毕，看焊点是否圆润、光亮、牢固，是否有与周围元器件连焊等现象。焊锡过量不仅增加了焊后清洗的工作量，延长了工作时间，而且当加热不足时，会造成"夹渣"现象。合适的焊剂是熔化时仅能浸湿将要形成的焊点，不要流到元件面或插座孔里。焊锡过少，不足以包裹焊点，如图 8-11 所示。

　（a）焊锡过多　　　（b）焊锡过少　　　（c）虚焊　　　（d）焊锡拉丝　　　（e）焊锡合适

图 8-11　焊锡易出现的问题

（3）初学时应注意的几个问题。

① 焊锡不能太多，能浸透接线头即可。一个焊点一次成功，如果需要补焊时，一定要待两次焊锡一起熔化后方可移开烙铁头。

② 焊接时必须扶稳焊件，特别是焊锡冷却过程中不能晃动焊件，否则容易造成虚焊。

③ 焊接各种管子时，最好用镊子夹住被焊管子的接线端，避免温度过高损坏管子。

④ 装在印制电路板上的元器件尽可能为同一高度，元器件接线端不必加套管，把引线剪短些即可，这样便于焊接，又可避免引线相碰而短路。

⑤ 元器件安装方向应便于观察极性、型号和数值。

（4）焊接技术练习。

① 在一块废旧电路板上，练习焊接大头钉。

② 对于焊接不好的焊点要会修改。

③ 会拆卸元件。

6．元器件的装配

（1）元器件装前处理。

① 元器件引线表面上锡处理。元器件出厂后，引线的根部会残留漆膜、胶渣，时间长

了会在引线最外层形成一层氧化膜。如果不在焊接前清除，很容易在未擦净的凹坑表面形成虚焊，不能保证整机装配的一致性和可靠性。

一般方法是将元器件引脚表面的污物及氧化层用刮刀刮去，然后用电烙铁沾焊锡在引线表面镀一层约 1μm 的锡层，如图 8-12 所示。但对于表面有金、银、锡三类金属镀层的元器件要注意保护，否则会适得其反。

由于线圈导线非常细，采用刀刮容易损伤线体，可使用去漆剂或 500 号金刚砂纸将漆层砂净，然后上锡。

② 元器件成形工艺。组装电气设备不仅要有优质的效果，还要注重元器件摆放的整齐、美观。通常要求各元器件大小匹配、分立间隔均匀、高低相当，摆放标识一致（字符朝上）。

充电器所采用的元器件外部引线大体有两种形式，一种是两根或多根引线的单端元件；另一种是两端有引线的轴向元件。可使用镊子按照元件孔位，弯曲而成，如图 8-13 所示。

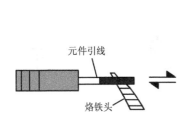

图 8-12　元件引线上锡

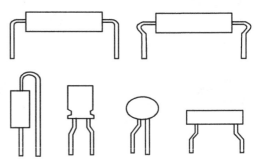

图 8-13　小型元器件成型方法

③ 元器件在装配处理时应注意的问题。

a. 用刀刮除污物时，勿使引线根部受刀伤。

b. 对元件的引脚弯曲成形时，不得从引脚根部弯曲（应大于 1.5mm）。

c. 对内部有塑料的元件进行上锡时，电烙铁接触引线时间不能超过 3s，否则容易造成塑料变形，元件不能使用。

d. 变压器忌用去漆剂或稀料（香蕉水）等物除漆，以免溶液腐蚀内部导线漆膜造成漏电或短路。

e. 为了使元件散热和防止热源影响电路板强度，通常要悬空安装元件。

（2）装配。

如图 8-14 所示为中夏牌 ZX2052 型直流稳压电源及充电器的印制电路板图。

在插装元件前一定要检查印制电路板的可焊性、图形、孔位及孔径是否符合图纸要求，有无断线、缺孔等；表面处理是否合格，有无氧化发黑或污染变质；并看其有无短路、断路、孔氧化以及是否涂有助焊剂或阻焊剂等。

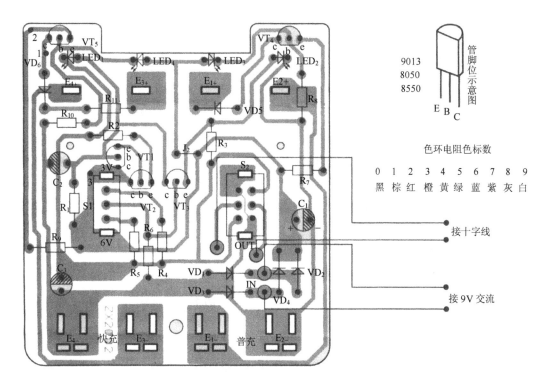

图 8-14　直流稳压电源及充电器的印制电路板图

根据元件孔位，将上好锡，并加工成形的元器件，标识面向上（或前），按照从左向右（或从上向下）的顺序依次插装元器件。一般先焊接低矮、耐热元件。要求摆放整齐、美观，如图 8-15 所示。

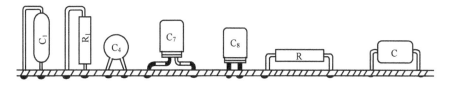

图 8-15　被焊元件的插装方法

（3）安装提示。

① 注意所有与面板孔嵌装元件的高度与孔的配合（如发光二极管的圆顶应与面板孔相平，面板与拨动 S_1、S_2 开关是否灵活到位）；

② VT_1、VT_2、VT_3 采用横装（卧式），焊接时引脚稍留长一些；

③ C_1、C_2、C_3 卧装（C_1 体积太大，可跨接在电路板边缘），VT_4、VT_5、LED_1、LED_2、LED_3、LED_4 采用直立装（最后安装，以调试管脚长度），其他元件一律卧装；（C_3 印制板上极性标错）；

④ 整流二极管全部卧装，电源变压器的一次绕组与电源插头输入线相连时一定要套上热缩管，然后用电烙铁将热缩管缩紧，使接头处不外露，以保证安全，二次绕组直接焊在电路板上；

⑤ 电池卡子要按实，焊接牢固，以防使用过程中松动；

⑥ 线路板上使用短螺丝，后盖使用长螺丝；

⑦ 为了便于焊接，可根据具体情况采用分类、分片焊接；

⑧ 整机装配不合适的部位自己调整好，做到工整、美观。

（4）焊后处理。

① 焊接后，元件的腿尽量要直，而且不要伸出太长，以1 mm为好，用偏口钳将多余的引脚线可以剪掉。检查所有焊点，对有缺陷的焊点进行修补，焊点最好呈圆滑的圆锥状，而且还要有金属光泽，必要时用无水酒精清洗印制板。

② 盖后盖前检查。

a. 所有与面板孔嵌装的元器件是否正确到位；

b. 变压器是否坐落在安装槽内；

c. 导线不可紧靠铁心；

d. 是否有导线压住螺钉孔或散露在盖外。

后盖螺钉的松紧应适度，若发现盖不上或盖不严，切不可硬拧螺钉，应开盖检查处理后再上螺钉。

实训项目四　直流稳压电源与充电电源的调试

【实训目的】

1. 了解电子产品的调试过程；

2. 能够对电路中简单的故障进行排除。

【实训内容及过程】

一、通电前检测

总装完毕后，按原理图、印制板装配图及工艺要求检查整机安装情况，着重检查电源线、变压器连线及印制板上相邻导线或焊点有无虚焊、错焊或短路之处。一切正常时，用万用表欧姆挡测得电源插头两引脚间的电阻大于500Ω以上，即可通电检测。

二、通电测试

（1）接通电源，绿色通电指示灯（LED$_2$）亮。

观察电路有无冒烟、焦煳味、放电火花等异常现象，如果无异常现象，可用万用表的交流电压挡测量变压器的一次电压应为220V左右，二次电压应为9V左右，用直流电压挡测量整流滤波后的直流电压为11V左右。

（2）空载时测量通过十字插头输出的直流电源，其值应略高于额定电压值。

（3）输出极性：拨动S$_2$开关，输出极性应作相应变化。

（4）负载能力：当负载电流在额定值150mA时，输出电压的误差应小于±10%。

（5）过载保护：当负载电流增大到一定值时，LED_1 绿色指示灯逐渐变亮，LED_2 逐渐变暗，同时输出电压下降。当电流增大到 500 mA 左右时，保护电路起作用，LED_1 亮，LED_2 灭。若负载电流减小则电路恢复正常。

（6）充电电流：充电通道内部装电池，置万用表于直流电流挡，当正、负表笔分别短时触及所测通道的正、负极时（注意两节电池为一组），被测通道充电指示灯亮，所显示的电流值即为充电电流值。也可用仪器分别测量 1、2、3 的测试点。

三、整机调试与故障分析

如果电路工作不正常，可用下面的方法进行检修。常见的故障及排除方法如下。

（1）如果二极管冒烟，变压器发热，无输出电压或输出电压很低，电流很大，说明出现短路故障，检查整流二极管或滤波电容极性是否接反。

（2）若输出电压低，输出电流小，则应检查整流二极管、滤波电容、稳压器的输入端是否出现脱焊。

（3）若稳压电源的负载在 150 mA 时，输出电压误差大于规定值的 ±10% 时，3V 挡更换 R_4，6V 挡更换 R_5，阻值增大电压升高，阻值减小电压降低。

（4）若要改变充电电流值，可更换 R_7（R_9），阻值增大，充电电流减小，阻值减小，充电电流增大。

教学方法与考核方式

（一）教学方法

1. 由指导教师讲清实验的基本原理、要求，实训目的及注意事项。

2. 学生认真阅读实训指导书并观摩教师操作。

3. 实训小组人数为 1 人，独立完成实训题目。

4. 实训除巩固课程理论外，还要求学生了解相关行业规范并具备一定的分析故障和调试机器正常运行的能力。

5. 要求学生记录实训经过、实训结果，撰写实训报告。

（二）考核要求

1. 各元器件摆放整齐、美观，做到各元器件高低相当，摆放标识一致；

2. 焊点大小适中、圆润、光亮、牢固，没有与周围元器件连焊等现象；

3. 指示灯显示正常，输出电压、电流符合要求。

（三）考核方法

1. 实训后，学生按要求撰写实训报告（实训报告包括：实训题目、实训目的、实训仪器设备、实训过程、元器件测量结果、实训体会），得到指导教师认可后打印成册。

2．指导教师对实训报告进行评分。

3．采用操作考核方式。每项实训内容结束后，教师按实训操作结果对每位学生进行评定。

4．评分标准

成绩评定是对每个学生实训成果的评价，本着全面、公正、公开、客观的衡量标准。制订如下评订方案：

（1）焊接工艺（共 30 分，分为 30、24、18、15 四个等级）。

（2）元器件摆放工艺（共 30 分，分为 30、24、18、15 四个等级）。

（3）整机效果（共 20 分，分为 20、16、12、10 四个等级）。

（4）撰写实训报告（每份 10 分，分为 10、8、6、5 四个等级）。

（5）考勤、学习态度（共 10 分，分为 10、8、6、5 四个等级）。

各章部分习题答案

第1章　半导体器件

练一练1

1．导体　绝缘体　2．N　P　3．电子　空穴　4．空穴　电子　5．电子　空穴

6．正　负　7．单向导电　导通　截止

练一练2

1．正向　反向　0.7V　0.2V　2．最大整流电流IF　最高反向工作电压UR

3．硅　锗　点接触型　面接触型　硅　面接触型　4．小　大　5．R=U/I　也要改变

练一练3

1．发射　基　集电　e　b　c　2．正向　反向　3．截止区　放大区　饱和区

4．集电结　发射结　5．PNP　NPN　NPN　PNP　6．发射　集电　基　发射　集电

7．$I_E = I_B + I_C$　直流电流放大系数　$\overline{\beta}$　交流电流放大系数，β

8．基极　集电极　微弱　较大　9．反向　反向　零　10．正向　正向　零

 习题

一、选择题

1．A　2．C　3．B　4．C　5．C　6．C

7．B　8．B　9．B　10．A　11．C　12．C

二、名词解释

13．略

三、问答题

14．从晶体二极管的伏安特性曲线上看，导通电压低的为锗管，导通电压高的为硅管。

15．略

16．晶体三极管电流放大作用的实质是用微弱的电流控制较大的电流。晶体三极管具有电流放大作用必须给它的各极加上适当的电压，即发射结正偏，集电结反偏。

17．略

18．用万用表欧姆挡置"R×100"或"R×1k"处，将红、黑表笔对调分别接触二极管两端，表头将有两次指示。若两次指示的阻值相差很大，阻值大的那次红笔所接为正极，黑笔所接为负极。

19．因为在测量阻值时，为使测试棒和管脚接触良好，用两只手捏紧进行测量，相当于给所测元件并联一个人体电阻，所以测量值比较小，认为不合格，但用在设备上却工作正常。

20．（a）截止区   （b）放大区   （c）饱和区

第2章　放大电路

练一练1

1．180°放大器的倒相作用   2．共发射极　共集电极　共基极

3．发射极　基极　发射极　集电极　电流　电压   4．隔直流作用

5．发射结　集电结   6．不能放大交流信号的电路为（a）、（b）、（c）、（f）
能放大交流信号的电路为（d）、（e）

练一练2

1．没有输入信号　估算　图解   2．I_{BQ}　I_{CQ}　U_{CEQ} 3．减小　增加   4．右

5．陡   6．晶体管的特性曲线　放大电路的工作状态

练一练3

1．倒相　反相器   2．特性曲线　输入电阻　输出电阻   3．输入电阻 r_{be}

4．输出电阻 r_o 5．$\dfrac{1}{R'_L}$　陡一些　$R'_L = R_C // R_L$ 6．大　小

7．直流负载线的中心   8．短

 ## 习题

一、选择题

1．B   2．A   3．B   4．C   5．B   6．C   7．C

二、计算题

8. I_{BQ}=11 A I_{CQ}=0.9mA U_{CEQ}=4.2V A_u=−61 r_{be}=2640Ω r_o=2kΩ

9. I_{CQ}=3mA U_{CEQ}=6V

10. r_i=1668Ω r_o=2kΩ A_u=−72

第3章　放大电路中的反馈

练一练1

1. B 2. B 3. A 4. C 5. C 6. A B B B

7. 图 3.2-11 所示电路中，通过 R3 和 R7 引入的是：直流电压并联负反馈；

通过 R4 引入的是：交、直流电流串联负反馈。

8.（1）× （2）√ （3）× （4）√

练一练2

1. 合适的静态工作点（Q 点） 稳定工作点

2. 几十欧到几千欧 负 并联一个较大的电容器 3. 温度 4. 截止 饱和

5. 上移 饱和 下移 截止 6. 正 负 负 正 7. 增大

练一练3

1. 发射 基 集电 2. 电压跟随 3. 1 电压 电流 同相

4. 电流 电压 一致 5. 共集电极基本放大

练一练4

1. 结型 绝缘栅 2. 栅极偏压 分压式 3. 栅流 很大 4. U_g I_d U_d

5. 输入电流 很高 6. 多数载流子 单极型 多数载流子 少数载流子 双极型

7. 小 8. 源极 漏极 栅极

练一练5

1. 阻容 2. 后级 前级 前级 后级 前级 后级 3. 效率低 前置 4. 变压
器 5. 阻容耦合 直接耦合 变压器 电压放大器 直流放大器 功率放大器 6. K_u^3

 习题

1. A 2. A 3. A B C D B A 4. B C A D

5. B 6. A 7. C 8. B 9. A

10．图题3-1（a）R_f：负反馈；图题3-1（b）R_f：负反馈。

11．图题3-2（a）R_{f1}：电流并联负反馈；R_{f2}：电压串联负反馈。

图题3-2（b）R_{f1}：电流串联负反馈；R_{f2}：电流并联负反馈。

图题3-2（c）R_{f1}、R_{f2}：电压并联负反馈。

12．图题3-3

（a）R_F：电压串联交流负反馈。减小输出电阻、增大输入电阻，稳定输出电压。

（b）R_f：电流并联交流负反馈。增大输出电阻、减小输入电阻，稳定输出电流。

13．$I_{CQ}=2.3\text{mA}$，$U_{CEQ}=5.1\text{V}$，$I_{BQ}=23\mu\text{A}$。

14．（略）

15～17．（略）

第4章 集成运算放大电路及其应用

练一练1

1．正、负两组电源 2．愈严重 3．电源电压波动 温度变化

4．差动式放大 5．差模输入 共模输入 6．差模放大能力 共模抑制能力

7．输入和输出端各有一端接地 8．大小相等 相位相反 9．共模信号 差模信号

10．缓慢的 不规则 11．恒流源 12．相等

练一练2

1．深度负反馈的高增益 2．运算 放大 3．多个引脚作业 4．很高的输入阻抗
差动输入端的电压近似为零 5．固定常数 6．各输入电压之和 7．反馈元件不是
电阻而是电容 8．薄膜 厚膜 混合 半导体 9．环境条件 温差 10．输入端

 习题

1．C 2．A 3．B 4．B 5．C 6．B 7．B 8．A 9．C 10．A

11～13．略

14．答：通用型集成运放由输入级、中间级、输出级和偏置电路四部分组成。

通常，输入级为差分放大电路，中间级为共射放大电路，输出级为互补对称功率放大电路，偏置级为电流源电路。

对输入级性能的要求：输入电阻大，温漂小，放大倍数尽可能大。

对中间级性能的要求：放大倍数大，一切措施几乎都是为了增大放大倍数。

对输出级性能的要求：带负载能力强，最大不失真输出电压尽可能大。

对偏置级性能的要求：提供的静态电流稳定。

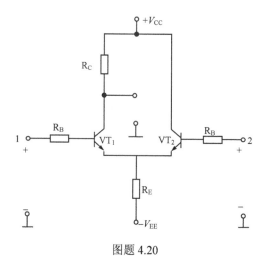

图题 4.20

15～18．略

19．R_2=15kΩ，R_f=60kΩ。

20．解　由于输出 V_o 与 1 端输入信号反相，所以 1 端是反相输入端，2 端是同相输入端。

静态时，每管的静态电流等于流过 R_E 上电流的一半，即

$$I_{C1Q} = I_{C2Q} = \frac{1}{2}I_E \approx \frac{-V_{BE1}-(-V_{EE})}{2R_E} = \frac{6-0.7}{2\times6.2} \approx 0.42\text{mA}$$

$$r_{be} = r_{bb'} + (1+\beta)\frac{26}{I_{CQ}} = 300 + (1+50)\times\frac{26}{0.42} \approx 3.4\text{kΩ}$$

差模放大倍数　　　$A_{Vd} = \frac{\beta R_C}{2(R_B + r_{be})} = \frac{50\times5.1}{2\times(10+3.4)} \approx 9.5$

共模放大倍数　　　$A_{VC} = \frac{\beta R_C}{R_B + r_{be} + (1+\beta)2R_E} = \frac{50\times5.1}{10+3.4+51\times2\times6.22} \approx 0.4$

共模抑制比　　　$K_{CMR} = \frac{A_{Vd}}{A_{VC}} = \frac{9.5}{0.4} = 23.8$

第5章　正弦波振荡电路

练一练 1

1．外加信号　交流　2．正　正　相同　相等

3．放大电路　正反馈网络　选频　稳幅　4．AF=1　正　5．C

练一练 2

1．×　2．×　3．√　4．√　5．LC　RC　石英晶体　6．能量　交流

7．正反馈

8．（a）变压器反馈式，不能满足自激振荡的相位条件；（b）电感三点式，不能满足自激

振荡的相位条件；（c）电容三点式，不能满足自激振荡的相位条件。

练一练3

1．×　　2．×

3．在很低频率的正弦振荡器中，L、C的数值都要取得很大，尤其 L 的数值很大时，所用的电感线圈的体积和质量增大、品质因数下降并且难以起振。所以在几百千赫兹以下的低频信号振荡电路中，广泛采用 RC 振荡器。因电阻的结构简单，体积与阻值无关。能克服 LC 正弦振荡器在低频时的缺点。

频率越高，R、C 的取值越小，当频率过高时，电阻、电容的数值必将很小。但电阻太小会使放大电路的负载加重；电容太小会因寄生电容的干扰使振荡频率不稳定。同时，普通集成运算放大器的带宽也有限。所以 RC 正弦波振荡器的振荡频率一般不能超过 $1\,\mathrm{MHz}$。更高频率的正弦波振荡器可采用 LC 正弦波振荡器。

 习题

1．B　　2．A B C　　3．A B C C　　4．C　　5．C

6～11．略

12．630~2350kHz　　13．$f_0 = 56\mathrm{MHz}$

14．（a）1 和 2 连接，3 和 4 连接。电感三点式 LC 正弦波振荡器。

（b）1 和 3 连接，2 和 4 连接。电容三点式 LC 正弦波振荡器。

第6章　功率放大电路

 习题

1．甲类　乙类　　2．有足够大的功率输出　非线性失真小　效率高　　3．极限状态

4．大信号　足够大的功率　单管功率放大器　推挽功率放大器

5．特性相同　大小相等　相位相反　交替　　6．非线性　交越失真

7．BV_{CEO}　P_{CM}　I_{CM}　P_{CM}　　8．BV_{CEO}　P_{CM}　散热条件　　9．乙类　　10．$I_{\mathrm{c}}E_{\mathrm{c}}/2$

11．（1）$V_{\mathrm{C2}} = \dfrac{V_{\mathrm{CC}}}{2} = 6\mathrm{V}$　　　　（2）可增大 R_2

（3）静态时，$P_{\mathrm{T1}} = P_{\mathrm{T2}} = \beta I_{\mathrm{B}} V_{\mathrm{CE}} = \beta \dfrac{V_{\mathrm{CC}} - |V_{\mathrm{BE}}| - \dfrac{V_{\mathrm{CC}}}{2}}{R_1} \times \dfrac{V_{\mathrm{CC}}}{2} \approx 1156\mathrm{mW} > P_{\mathrm{CM}}$

假设 D_1、D_2、R_2 中任意一个开路，将会使管子烧毁。

12．图中 P_0 代表输出功率，P_E 代表电源功率，P_T 代表管耗。由图可知，当输出功率最

大时，管耗不是最大。

13～21．略

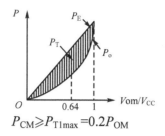

$$P_{CM} \geqslant P_{T1max} = 0.2 P_{OM}$$

22．解：OTL 电路

$$V_{CC} = \sqrt{8 R_L P_{OM}} = \sqrt{8 \times 32 \times 50} \approx 113(\text{V})$$

由　　$P_{OM} = \dfrac{1}{2} I_{cm}^2 R_L$　　解得　$I_{cm} \approx 5.74$（A）

OCL 电路

$$V_{CC} = \sqrt{2 R_L P_{OM}} = \sqrt{2 \times 32 \times 50} \approx 56.6(\text{V})$$

$I_{cm} \approx 5.74$（A）（与 OTL 相同）

23．$P_{OM} = 16\text{W}$，$P_{EM} \approx 20\text{W}$，$\eta_{max} = 80\%$，$P_{Vmax} = 6.4\text{W}$；$P_{CM} > 3.2\text{W}$，$U_{(BR)CEO} > 32\text{V}$，$I_{CM} > 2\text{A}$

第7章　直流稳压电源

练一练1

1．整流　2．半波　全波　桥式　3．一次绕组　二次绕组　4．大小符合整流所需要

5．单相脉动　单相脉动　比较平稳　6．1　小　7．90V　8．10A　9．170V　10．1A

练一练2

1．滤波　2．电容滤波　电感滤波　复式滤波电路　3．阻碍　交流分量　平滑　4．较小　较大　旁路　5．串联　负载电流较大　6．并联　负载电流较小　7．能出现电容器爆裂，必须注意不能接错

 习题

1．交流电源波动　负载大小变动　2．稳压　较小　不高　3．并联　限流　调压

4．6.7V　5．A　6．放大　20 7．C　8．C　9．A　10．B　11．B　12．B

13．A　14．B　15．B　16．A　17～21略

22.（1）在 R_LC 比 $\dfrac{T}{2}$ 大得多时，$u_o \approx 1.2u_2$，u_o 的极性及电解电容的极性如图所示。

（2）如果整流二极管 VD_2 虚焊，就成了对 u_2 进行半波整流的滤波电路，虽然副边电源只有一半在工作，因滤波电容很大，输出电压不是正常情况下的一半，而是 $u_o \approx u_2$，稍低一点，而流过二极管 VD_1 的电流比正常值约大一倍。

如果变压器中心抽头虚焊，因没有通路则没有输出电压。

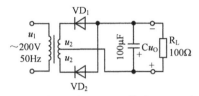

（3）如果 VD_2 的极性接反，二极管 VD_1、VD_2 将变压器副边在半周时间内短路，形成很大的电流，可能烧坏二极管、变压器，或将供电的熔断器烧坏。如果二极管损坏是开路，则不会烧坏变压器。

（4）如果 VD_2 因过载损坏造成短路，将和（3）的情况接近，可能使 VD_1 也损坏，如果 VD_1 损坏后造成短路，将可能进一步烧坏变压器。

（5）如果输出端短路，和（3）、（4）的情况接近。

（6）利用具有中心抽头的变压器可以得到一个对地为正和一个对地为负的电源，图略。

附录 A
EDA 电子电路仿真软件介绍

——Multisim 7 电路设计与仿真应用

一、概述

1. 什么是 EDA

EDA 是 "Electronic Design Automation" 的缩写，即电子设计自动化。电子设计是人们进行电子产品设计、开发和制造过程中十分关键的一步，其核心工作就是电子电路的设计。在电子技术的发展历程中，按计算机辅助技术介入的深度和广度，出现了三种设计方法，或者说是三个发展阶段：第一种方法是所谓传统的设计方法，它涉及的电子系统一般较为简单，工作量也不大，从方案的提出、验证、修改到完全定型都采用人工手段完成；第二种方法是所谓的计算机辅助设计（CAD）方法，就是由计算机完成数据处理、模拟评价、设计验证等部分工作，由人和计算机共同完成（或者说由计算机辅助人完成）设计工作的方法，这种方法是在电子产品由简单向复杂、电子设计工作量由小到大发展过程中产生的；第三种方法是所谓的 EDA 方法，它是在电子产品向更复杂更高级、向数字化、集成化、微型化和低功耗化方向发展过程中逐渐产生并日趋完善的，在这种方法中，设计过程的大部分工作（特别是底层工作）均由计算机自动完成。可见，EDA 是电子技术发展历程中产生的一种先进的设计方法，是当今电子设计的主流手段和技术潮流，是电子设计人员必须掌握的一门技术。

2. EDA 能干些什么

归结起来，EDA 涵盖以下三个方面：

（1）电路（含部件级电路和系统级电路）设计。

电路设计主要指原理电路的设计、PCB 设计、专用集成电路（ASIC）设计、编程逻辑器件设计和单片机（MCU）的设计。

（2）电路仿真。

电路仿真是利用 EDA 系统工具的模拟功能对电路环境（含电路元器件及测试仪器）和电路过程（从激励到响应的全过程）进行仿真。这个工作对应着传统电子设计的电路搭试和性能测试。由于不需要真实电路环境的介入，因此花费少、效率高，而且结果快捷、准确、形象。正因为如此，电子仿真被许多学校引入到电路实验的辅助教学中，形成虚拟实验和虚拟实验室。在这里，实验环境是虚拟的，即模型化了的实验环境，实验过程也是理想化的模拟过程，没有真实元器件参数的离散与变化，没有元器件的损坏与接触不良，没有操作者的错误操作损坏元器件及仪器设备，没有仪器精度变化带来的影响等。总之，一切干扰和影响都被排除了，实验结果反映的是实验过程的本质过程，因而准确、真实、形象。

（3）系统分析。

利用 EDA 技术及工具能对电路进行直流工作点分析、交流分析、瞬态分析、噪声分析、失真分析、直流扫描分析、DC 和 AC 灵敏度分析、参数扫描分析、温度扫描分析、用户自定义分析等。

3. 关于 Multisim and Ulfiboard

EDA 软件起源于版图（特别是印制电路板）设计和计算机辅助分析，随后向集成化、多功能化、普及化方向发展，出现了众多的优秀软件，如 Protel、or- CAD、Multisim、SystemView、MAXPLUS Ⅱ、Fundation、isplsi、ABEL 等，Multisim 是其中较为突出的软件之一，它是加拿大 Interactive Image Technologies 公司（简称 IIT 公司）1988 年推出的 EDA 软件"ElectronicsWorkbench" 6.0 以后的版本，其中，Multisim 7 是 IIT 公司 2003 年推出的版本，是 Muhisim 2001 的升级版，这个软件在我国的工程技术界和教育界拥有较多用户。IIT 公司的电路输入与仿真模块 Muhisim 如果和 PCB 软件模块 Ultiboard 配合使用，可以完成电路原理图输入、电路分析、仿真、制作印制电路板全套自动化工序，如果再加上自动布线模块 Uhiroute 和通信电路分析与设计模块 Commsim 等，功能就更加强大。

二、创建电路图的基本操作

1. 电路界面的设置

改变当前电路的设置，一般在电路窗口中的空白处右键单击鼠标，选择弹出式菜单，这种方法方便快捷。

用户喜好设置（用 Options / Preference 进行设置）造成了所有后续电路的默认设置，但是不影响当前电路。默认情况下，任何新建电路都使用当前的用户喜好设置。

（1）控制当前显示方式

可以控制当前电路和元件的显示方式，以及细节层次。

控制当前电路的显示方式，右键单击电路窗口选择弹出式菜单：

1）Grid Visible：显示格点。

2）Show TitleandBorder：显示标题栏与边界。

3）Color 颜色（可以选择电路窗口中不同元素的颜色）。

4）Show 显示（显示元件及相关元素的细节情况）。

（2）设置默认的用户喜好

新建立的电路使用默认设置。使用用户喜好进行默认设置，它影响后续电路，但不影响当前电路。

选择 Options/Preference 进行默认设置。

如附图 A-1 所示为用户喜好对话框。选择希望的选项，例如，要对元件标志和颜色进行设置，则单击"Circuit"选项卡；要设置格点、标题栏和页边界是否显示，单击"Workspace"选项即可；要进行欧、美的元件符号系统转换，可单击翻页标签"Component Bin"（选择"ANSI"或"DIN"即可）。

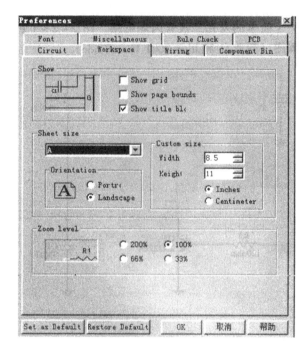

附图 A-1　用户喜好对话框

2．元器件的选取操作

（1）从元件工具栏中选取元件。

（2）启动菜单的放置元件命令。

"Place"菜单下的"Component"命令。

（3）从 In Use List 中选取相同的元件。

（4）放置虚拟元件：可以随意修改元件的参数。

（5）放置三维立体元件。

3．线路的连接

（1）自动连线：用户只要选中连线的起点引脚和终点引脚，Multisim 7 软件就自动将两个引脚连接起来，并自动绕过连线中间的元件，所以称为自动连线。

（2）手动连线：人工控制连线的方向和长短。

（3）混合连线。

（4）放置节点："Place"菜单下的"Junction"命令。

（5）连线的调整。

（6）连线的颜色的设置：右键单击连线选择"Color"命令。

4．添加文本："Place"菜单下的"Place Text"命令

右键单击文本框→Pen Color→改变字体颜色。

Font：字体　　　　　　　Font Style：字体格式　　　　　　Size：字号

选择好后在"Change all"中选中"Schematic text"选项，单击"OK"。

5．添加电路描述窗

电路描述窗不受空间限制，可以对电路的功能和使用说明进行详细的描述，在需要查看时打开，否则关闭，不会占用电路窗口有限的空间。

"View"菜单下的"Circuit Description Box"命令，在其中可以输入说明文字、还可插入图片、声音和视频。

三、绘制桥式整流电路图

要求：按照以上步骤和方法绘制如附图 A-2 所示的桥式整流电路图。

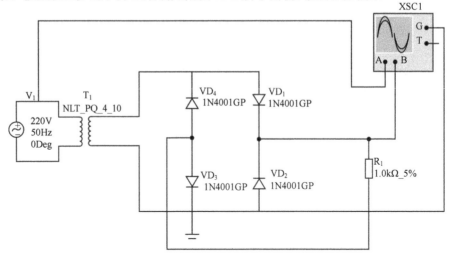

附图 A-2　桥式整流电路

四、数字式万用表的使用

与实验室的数字万用表一样，虚拟数字万用表是一种多功能的常用仪器，可用来测量直流或交流电压、直流或交流电流、电阻器的电阻以及电路两节点的电压损耗等。它的量程是根据待测量参数值，也可以根据需要更改。

1．数字万用表的连接

虚拟数字万用表的图标和面板如附图 A-3 所示。

（a）万用表的图标   （b）万用表的面板

附图 A-3   虚拟数字万用表的图标和面板

可见，虚拟数字万用表的外观与实际仪表基本相同，其连接方法与现实万用表完全一样，都是通过"+""-"两个端子来连接仪表。

2．数字万用表的设置

在数字万用表面板中的参数显示框下面，有 4 个功能选择键，具体功能如下所述。

电流挡：测量电路中某支路的电流。测量时，数字万用表应串联在待测支路中。

电压挡：测量电路两节点之间的电压。测量时，数字万用表应与两节点并联。

欧姆挡：测量电路两节点之间的电阻。被测节点和节点之间的所有元件当做一个"元件网络"。测量时，数字万用表应与"元件网络"并联。

注意：

（1）为了测量结果的准确性，要求电路中没有电源，并且元件和元件网络有接地端。

（2）如果改变了电路中欧姆表的连接方式，重新开启仿真按钮才能读出新的数据。

电压损耗分贝挡：测量电路中两个节点间压降的分贝值。测量时，数字万用表应与两节点并联。

（3）被测信号的类型。

交流挡：测量交流电压或电流信号的有效值。

直流挡：测量直流电压或者电流的大小。

3．面板设置

步骤如下：

（1）单击数字万用表面板的"设置"按钮，弹出数字万用表设置"对话框"。

（2）设置相应参数。

（3）设置完成后，单击"Accept"按钮保存所作的设置，单击"Cancel"按钮取消本次设置。

4．应用举例

（1）欧姆定律：如附图 A-4 所示。

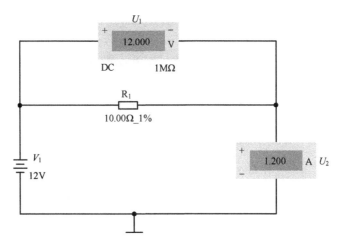

附图 A-4　欧姆定律的验证

（2）共射单管分压式偏置电路，如附图 A-5 所示。

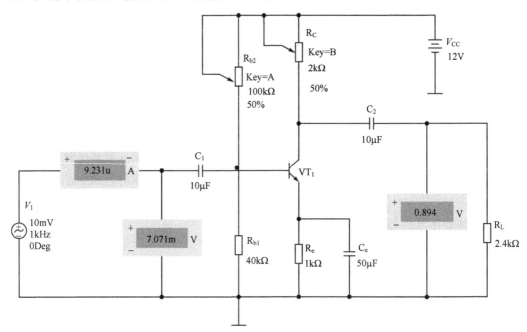

附图 A-5　具有直流电流负反馈的分压式偏置电路

单位是表示数量大小的基准。国际上采用的是国际单位制（Le Systeme Intèrnational d'Unites），其简称为 SI，它是在 1960 年第 11 届国际计量大会上通过的、国际上共同遵循的计量单位制。附表 B-1 为 SI 基本单位，它是国际单位制的基础。

附表 B-1　SI 基本单位

量的名称	单位名称	单位符号
长度	米	m
质量	千克（公斤）	kg
时间	秒	s
电流	安[培]	A
热力学温度	开[尔文]	K
物质的量	摩[尔]	mol
发光强度	坎[德拉]	cd

SI 导出单位是用 SI 基本单位以代数形式所表示的单位。某些 SI 导出单位具有国际计量大会通过的专门名称和符号。常用的包括 SI 辅助单位在内具有专门名称的 SI 导出单位见附表 B-2。

附表 B-2　包括 SI 辅助单位在内具有专门名称的 SI 导出单位

量的名称	SI 导出单位		
	名　称	符　号	用 SI 基本单位和 SI 导出单位表示
[平面]角	弧度	rad	$1\ rad=1\ m/m=1$
立体角	球面度	sr	$1\ sr=1\ m^2/m^2=1$
频率	赫[兹]	Hz	$1\ Hz=1\ s^{-1}$
力	牛[顿]	N	$1\ N=1\ kg \cdot m/s^2$
压力，压强，应力	帕[斯卡]	Pa	$1\ Pa=1\ N/m^2$
能[量]，功，热量	焦[耳]	J	$1\ J=1\ N \cdot m$
功率，辐[射能]通量	瓦[特]	W	$1\ W=1\ J/s$
电荷[量]	库[仑]	C	$1\ C=1\ A \cdot s$

续表

量的名称	SI 导出单位		
	名　　称	符　号	用 SI 基本单位和 SI 导出单位表示
电压，电动势，电位（电势）	伏[特]	V	1 V=1 W/A
电容	法[拉]	F	1 F=1 C/V
电阻	欧[姆]	Ω	1 Ω=1 V/A
电导	西[门子]	S	1 S=1 Ω^{-1}
磁通[量]	韦[伯]	Wb	1 Wb=1 V·s
磁通[量]密度，磁感应强度	特[斯拉]	T	1 T=1 Wb/m^2
电感	享[利]	H	1 H=1 Wb/A
摄氏温度	摄氏度	℃	1 ℃=1 K
光通量	流[明]	lm	1 lm=1 cd·sr
[光]照度	勒[克斯]	lx	1 lx=1 lm/m^2

模拟电路中的常用单位，见附表 B-3。

附表 B-3　常用单位名称及符号

单位名称	单　　位	
	名　　称	符　　号
电阻	欧姆	Ω
电容	法拉	F
电导	西门子	S
电量	库仑	C
电压	伏特	V
电流	安培	A
电感	亨利	H
频率	赫兹	Hz
周期	秒	S

SI 词头不得单独使用。词头符号与所紧接的单位符号应作为一个整体对待，它们共同组成一个新单位，并具有相同的幂次，如 $1cm^3=10^{-3}dm^3=10^{-6}m^3$。倍数单位可与其他单位构成组合单位。词头符号的字母当其所表示的因数小于 10^6 时，必须用小写体，大于或等于 10^6 时必须用大写体。如附表 C-1 所示。

附表 C-1　SI 词头

倍　　数	词头名称	词头符号
10^{18}	艾 [可萨]（exa）	E
10^{15}	拍 [它]（peta）	P
10^{12}	太 [拉]（tera）	T
10^9	吉 [咖]（giga）	G
10^6	兆（mega）	M
10^3	千（kilo）	k
10^2	百（hecto）	h
10^1	十（deca）	da
10^{-1}	分（deci）	d
10^{-2}	厘（centi）	c
10^{-3}	毫（milli）	m
10^{-6}	微（micro）	μ
10^{-9}	纳 [诺]（nano）	n
10^{-12}	皮 [可]（pico）	p
10^{-15}	飞 [母托]（femto）	f
10^{-18}	阿 [托]（atto）	a

附表 D-1　常用图形符号

名　称	图形符号	名　称	图形符号
电阻		电位器	
电解电容		双连可变电容	
电感线圈		变压器	
二极管		发光二极管	
稳压二极管		晶闸管	
NPN 型三极管	e 发射极　　c 集电极　　b 基极	PNP 型三极管	e 发射极　　c 集电极　　b 基极
连接导线		交叉导线	
直流信号		交流信号	
单掷开关		拨动开关	
扬声器		接地	

附录 E

电路中电压、电流符号的意义

附表 E-1　电路中电压、电流符号的意义

基本符号	符号的意义
$I,\ U$	直流电流、电压值
$i,\ u$	电流、电压瞬时值
i_B	基极电流总瞬时值
i_b	基极电流交流分量瞬时值
I_B	基极直流电流
I_{BQ}	基极静态电流
E	直流电源电压
U_i	正弦输入电压有效值，直流输入电压增量值
U_o	正弦输出电压有效值，直流输出电压增量值
$i_D,\ U_D$	整流二极管电流、电压瞬时值
$\bar{i}_D$	整流二极管电流平均值
U_{RM}	整流二极管反向峰值电压

附表 F-1　我国集成电路的命名法

第零部分		第一部分		第二部分		第三部分		第四部分	
用字母表示器件符合国家标准		用字母表示器件的类型		用阿拉伯数字和字符表示器件的系列和品种代号		用字母表示器件的工作温度范围		用字母表示器件的封装	
符号	意义	符号	意义			符号	意义	符号	意义
C	符合国家标准	T	TTL 电路			C	0~70℃	F	多层陶瓷扁平
		H	HTL 电路			G	−25~70℃	B	塑料扁平
		E	ECL 电路			L	−25~85℃	H	黑瓷扁平
		C	CMOS 电路			E	−40~85℃	D	多层陶瓷双列直插
		M	存储器			R	−55~85℃	J	黑瓷双列直插
		μ	微型机电路			M	−55~125℃	P	塑料双列直插
		F	线性放大器					S	塑料单列直插
		W	稳定器					K	金属菱形
		B	非线性电路					T	金属圆形
		J	接口电路					C	陶瓷芯片载体
		AD	A/D 转换器					E	塑料芯片载体
		DA	D/A 转换器					G	网络陈列
		D	音响、电视电路						
		SC	通信专用电路						
		SS	敏感电路						
		SW	钟表电路						

附录 G
无线电广播接收机的基础知识

无线电接收机是接收无线电信号的电子设备。

一、无线电波

无线电波是指在高频电流作用下，导线周围的电场和磁场交替变化向四周传播能量的电磁波。无线电波在真空中的传播速度跟光速相等，即 $c = 3 \times 10^8$ m/s。无线电波在一个周期内传播的距离叫做波长。波长、频率和速度 c 之间的关系为

$$\lambda = c/f$$

式中：λ 为无线电波的波长，单位为 m；c 为无线电波的传播速度，单位为 m/s；f 为无线电波的频率，单位为 Hz。

1. 无线电波的频段

无线电波的频率范围一般用频段（或波段）表示。其波段划分如附表 G-1 所示。

附表 G-1　无线电波波段的划分

波段名称	波长范围	频率范围	频段名称	用　途
短长波	$10^4 \sim 10^5$ m	30～3kHz	甚低频 VLF	海上远距离通信
长　波	$10^3 \sim 10^4$ m	300～30kHz	低频 LF	电报通信
中　波	$2 \times 10^2 \sim 10^3$ m	500～300kHz	中频 MF	无线电广播
中短波	$50 \sim 2 \times 10^2$ m	6 000～1500kHz	中高频 IF	电报通信、业余通信
短　波	10～50m	30～6MHz	高频 HF	无线电广播、电报通信和业余通信
米　波	1～10m	300～30MHz	甚高频 VHF	无线电广播、电视、导航和业余通信
分米波	1～10dm	000～300MHz	特高频 UHF	电视、雷达、无线电导航
厘米波	1～10cm	30～3GHz	超高频 SHF	无线电接力通信、雷达、卫星通信
毫米波	1～10mm	300～30GHz	极高频 EHF	电视、雷达、无线电导航
亚毫米波	1mm 以下	300GHz 以上	超级高频	无线电接力通信

2. 无线电波的传播途径

无线电波是横波，即电场和磁场的方向与波的传播方向垂直。不同波长的电磁波，传播

方式不同，其传播方式大致可分为三种形式。

（1）沿地面表面传播——地面波；

（2）在空间直线传播——空间波；

（3）依靠折射和反射传播——天波。

二、无线电广播的发射与接收

以无线广播为例来说明无线电波发射与接收。

1. 载波

无线电广播是利用空中传播的电磁波来传递语言和音乐的。由于低频电磁波的辐射需要足够长的天线，而且能量损失大，所以，语言、音乐等低频信号不能直接由天线发射。只有波长足够，即频率足够的电磁波，才能有足够的能力由天线辐射出去。因此无线电广播要用高频电磁波载上低频信号传播到空间去。在无线电广播中，通过高频振荡电路产生的高频、等幅电磁波，叫载波。载波是运输工具，起运载信号的作用。

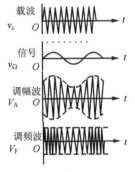

附图 G-1　调制方式

（1）调制。

用低频信号控制高频载波参数的过程称为调制，低频信号称为调制信号。如果载波的幅度被调制信号控制，这种调制称为调幅（AM）；如果载波的频率被调制信号控制，这种调制称为调频（FM）；如果载波的相位角被调制信号所控制，这种调制称为调相（PM），如附图 G-1 所示。经过调制后的电磁波称为已调波，它可以通过天线向空间辐射出去。不同的电台有不同的载波频率，同时广播，互不干扰。

（2）解调。

解调是调制的反过程。从已调波中，将调制信号还原出来的过程称为解调。

2. 无线电广播的基本原理

无线电广播主要由话筒、高频振荡器、调制器、放大器和发射天线组成。其方框图及波形图如附图 G-2 所示。

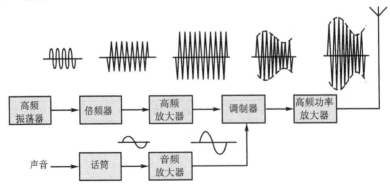

附图 G-2　无线发射机的组成方框图及波形

工作过程：话筒把声音转换成电信号，经放大器放大后，去调制高频振荡器产生的高频等幅正弦波，产生已调波，再通过高频功率放大器放大，由传输线送到天线，以电磁波的形式发射出去。

3．无线电波的接收

最简单的接收机由输入调谐回路、解调器、扬声器等部分组成，其方框图及波形图如图附 G-3 所示。

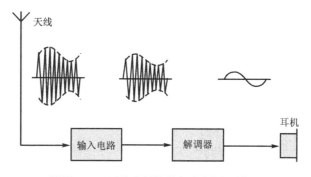

附图 G-3　无线广播接收机方框图及波形

接收和解调：在接收机中，从天线感应出的不同频率的已调波中选出所需信号的过程，称为接收。从已调波中检取出音频信号的过程，称为解调。

输入电路的作用是选台和放大。天线接收到不同频率的微弱已调波，通过输入调谐回路，将不需要的信号抑制掉，将有用信号放大，再送到解调器。

解调器的作用是从已调波信号中还原出音频信号，并送入音频放大器进行放大，去驱动耳机或扬声器还原成声音。

三、无线电广播收音机

1．收音机种类

（1）按电子器件分有电子管、晶体管；
（2）按电路特点分有直接放大式、超外差式；
（3）按波段分有中波、短波；
（4）按调制方式分有调幅、调频；
（5）按电源分有交流、直流、交直流；
（6）按用途特点分有收录、收扩、立体声等。

2．直接放大式调幅收音机

直接放大式调幅收音机的方框图及波形图如附图 G-4 所示。

工作原理：输入回路从天线上的感应信号中选出某一高频调幅信号，经高频放大器直接放大，然后进行检波，输出音频信号；再经过低放和功放，最后通过扬声器发出声音。

这种机型现已很少采用。

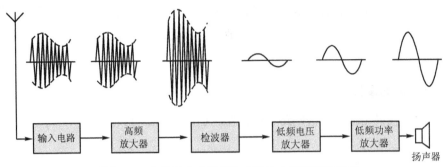

附图 G-4　直接放大式调幅收音机的方框图及波形图

3. 超外差式调幅收音机

超外差式调幅收音机的方框图及波形图如附图 G-5 所示。

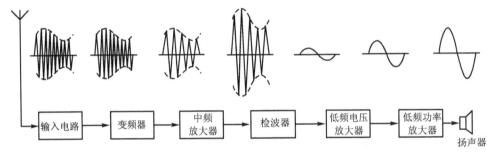

附图 G-5　超外差式调幅收音机的方框图及波形图

超外差式收音机的主要特点是设置了一个变频器。其作用是把高频调幅信号变成固定中频（国标为 465k Hz）调幅信号，从而避免了放大电路因信号频率过高使增益下降及不稳定的现象。

（1）工作原理。

输入电路从天线感应信号中选出某一高频调幅广播信号，送入变频器与本机振荡信号混频，产生一个调制内容相同的中频调幅信号，经中频放大器放大后，由检波器解调出音频信号，经低放和功放，送给扬声器发出声音。

这种机型因稳定性好、灵敏度高、选择性好而被广泛采用。

（2）超外差式调幅收音机的变频、中放、检波及自动增益控制电路。

① 变频电路。变频电路如附图 G-6 所示，其作用是把不同频率的输入信号变成频率固定的 465 kHz 的中频信号。

V_1、L_4、L_3、C_{2b} 组成本机振荡电路，产生一个比输入信号频率高 465 kHz 的等幅振荡信号。V_1、C_5、T_1 组成混频器，把输入信号和本振信号在 V_1 中进行混频，利用晶体管的非线性，产生各种频率的电信号，再通过负载谐振电路，从众多频率的信号群中选出 465 kHz 的中频信号。

② 中频放大器。中频放大器如附图 G-7 所示，电路中 V_2、V_3 为中放管。T_2、T_3 为中频变压器，因谐振频率为 465 kHz，故简称"中周"。电路作用是放大 465 kHz 的中频信号，提高灵敏度和选择性。

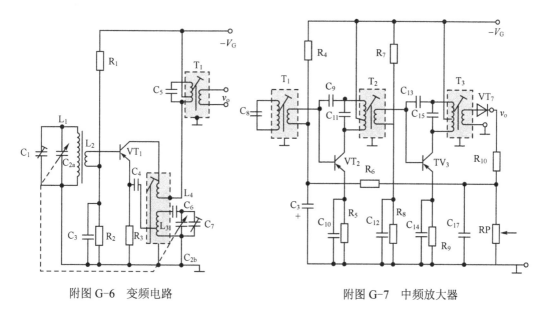

附图 G-6　变频电路　　　　　　　　　　附图 G-7　中频放大器

③ 检波器。检波器如附图 G-8V7 所示，V_7 为检波二极管。C_{16}、C_{17}、R_{10} 组成高频滤波电路。R_P 为检波负载。电路的作用是利用 VD_7 的单向导电性，取出中频调幅信号中的音频信号，以便放大和声音还原。

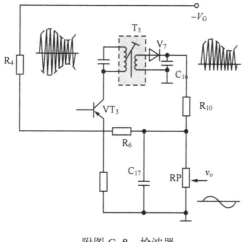

附图 G-8　检波器

④ 音频放大器。音频放大器如附图 G-9 所示，VT_4 为前置放大管。VT_5、VT_6 为推挽功放管。T_4、T_5 为输入、输出变压器。电路的作用是放大音频信号，输出足够的音频功率，推动扬声器 Y 发声。

⑤ 自动增益控制电路（AGC 电路）。自动增益控制电路如附图 G-10 所示。R_6、C_8 组成音频滤波电路。电路的作用是利用音频滤波电路输出的随音频信号强弱变化的直流电压，控制放大管 VT_2 的静态工作电流，从而控制增益。保证中频信号不随电台信号强弱而变化，趋于稳定。

⑥ 六管超外差式调幅收音机的整机电路。六管超外差式调幅收音机的整机电路如附图 G-11（a）所示。

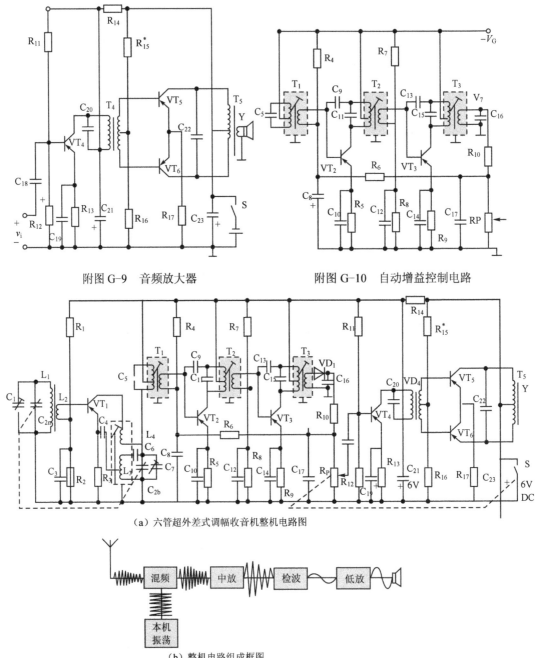

附图 G-9　音频放大器　　　　　　　附图 G-10　自动增益控制电路

（a）六管超外差式调幅收音机整机电路图

（b）整机电路组成框图

附图 G-11　六管超外差式调幅收音机的整机电路及方框图

🐧 **小结**

- 无线电波是电磁波，频率为几十千赫至几百兆赫，它以电场和磁场交替变化向四周传播并把能量传播出去。波长 λ、频率 f 和波的传播速度 c 的关系为

$$c = \lambda f$$

- 无线电波的传播途径有三种：地面波、空间波和天波。

- 高频电磁波要携带低频信号，是通过用低频信号去控制等幅高频振荡来达到的。
- 超外差式调幅收音机是应用广泛的无线电接收机，它的变频电路、中放电路、检波电路和自动增益控制电路是无线电接收机的基本单元电路。

参考文献

[1]　宋桂林，胡春萍.《模拟电子线路》[M]. 北京：电子工业出版社，2005.

[2]　左野敏一等.《模拟电路Ⅰ》[M]. 北京：科学出版社，2003.

[3]　福田等.《电子电路》[M]. 北京：科学出版社，2004.

[4]　饭高成男等.《图说电子电路》[M]. 北京：科学出版社，2005.

[5]　陈振源.《电子技术基础》[M]. 北京：高等教育出版社，2004.

[6]　王军伟.《电子线路》[M]. 北京：电子工业出版社，1997.

[7]　肖耀南.《电子技术》[M]. 北京：高等教育出版社，20040

[8]　清华大学电子教研组.《模拟电子技术基础》[M]. 北京：高等教育出版社，1990.

[9]　王慧玲.《电工电子实验与实训》[M]. 北京：机械工业出版社，2004.

[10] 于占河，李世伟.《电工电子技术实训教程》[M]. 北京：化学工业出版社，2005.

[11] 童诗白，华成英.《模拟电子技术（第四版）》[M]. 北京：高等教育出版社，2006.

[12] 赵淑范，王宪伟.《电子技术实验与课程设计》[M]. 北京：清华大学出版社，2006.